北京理工大学"双一流"建设精品出版工程

Introduction to Reliability Engineering
可靠性工程基础

李淼 王磊 熊芬芬 徐超 聂辰 ◎ 编著

北京理工大学出版社
BEIJING INSTITUTE OF TECHNOLOGY PRESS

内容简介

本书面向可靠性工程基础，阐述了工程产品设计过程中可靠性的重要地位，主要介绍了产品可靠性特征量，产品可靠性评定，系统可靠性建模及计算，系统可靠性要求、分配与预计，故障分析，故障预防与控制的可靠性设计等方法的基本原理及其实施流程，同时通过给出这些方法在实际工程设计，尤其是武器装备设计中具体应用的若干案例和具体实现过程，让读者能快速理解掌握这些方法的原理，明确其在产品可靠性分析和设计中的应用及实现。

本书可作为高等院校各理工科尤其是航空宇航类相关专业的本科生、研究生教材或教学参考书，也可供从事可靠性工程技术研究的工程技术和科研人员参考使用。

版权专有　侵权必究

图书在版编目(CIP)数据

可靠性工程基础 / 李淼等编著. -- 北京：北京理工大学出版社，2023.3

ISBN 978-7-5763-2224-8

Ⅰ. ①可… Ⅱ. ①李… Ⅲ. ①可靠性工程 Ⅳ. ①TB114.3

中国国家版本馆 CIP 数据核字(2023)第 054871 号

责任编辑：多海鹏	**文案编辑**：闫小惠
责任校对：周瑞红	**责任印制**：李志强

出版发行 /	北京理工大学出版社有限责任公司
社　　址 /	北京市丰台区四合庄路 6 号
邮　　编 /	100070
电　　话 /	(010) 68944439（学术售后服务热线）
网　　址 /	http://www.bitpress.com.cn
版 印 次 /	2023 年 3 月第 1 版第 1 次印刷
印　　刷 /	保定市中画美凯印刷有限公司
开　　本 /	787mm×1092mm　1/16
印　　张 /	12.75
字　　数 /	297 千字
定　　价 /	45.00 元

图书出现印装质量问题，请拨打售后服务热线，负责调换

PREFACE 前言

随着产品性能的日臻完善、结构日益复杂、功能日趋多样,航空航天、化学化工、机电工业、车辆船舶和工程机械等许多行业和领域中的产品,都对长寿命以及高可靠性提出了迫切的需求。尤其对于复杂军事武器装备,可靠性是其型号研制必须满足的重要技术指标,而开展基于可靠性的分析设计是保证武器装备适用性和有效性的有力手段。可靠性技术已成为数学、物理、化学、环境科学、人机工程、电子技术、机械技术、管理科学等多门学科密切相关的综合技术。产品的可靠性是设计出来的,作为衡量产品质量的动态指标,极大地反映了产品的安全程度和市场竞争力。因此,面向工程产品设计,深入研究可靠性相关理论和方法,编制一本基础性的教材具有重要意义。

本书主要面向武器装备的研发和设计,介绍相关的可靠性分析和设计方法,各个章节内容上承上启下、结构上逻辑清晰,按照可靠性表征、评定、建模、分配和预计、故障分析、故障控制层层递进,编写中注重基本概念和基本知识的准确翔实,由浅入深、通俗易懂、简明扼要、重点突出,以形象直观的图表配合文字表述,同时精心引入大量工程案例展示方法的实施流程,有机结合了理论方法与工程实践,使读者读完本书即可根据所介绍的理论方法和工程案例举一反三,初步实现工程产品设计中的可靠性分析和设计。

考虑到国内面向航空宇航类专业的同类书籍并不多见,本书充分发挥校企联合的优势,精心设计了大量源于工程和实战的武器装备相关的可靠性分析和设计案例,穿插于教材的各个章节,贯穿在全书的知识体系之中,可让学生更加便捷清晰地掌握基本概念和基础知识,了解可靠性工程的应用对象和实施流程,切实体会可靠性工程在产品设计中的重要地位,提升学生理论联系实际的能力。

在本书的编著过程中,编著者参考和引用了大量国内外相关书籍、网络资料以及众多学者的研究成果,为此向这些作者表示衷心感谢。同时,在编著教材的过程中得到了李泽贤、杨涵、姜浩舸、李超、赵越、张馨方、张千晓等研究生的大力支持,在此一并对他们表示感谢。另外，特别感谢北京理工大学出版社刘琳琳编辑的大力支持和帮助。

由于编著者在时间和经验上的欠缺，书中难免存在疏漏与不足之处，敬请广大读者批评指正。

编著　者

2022 年 10 月 13 日

目 录
CONTENTS

第1章 概述 ·· 001
- 1.1 可靠性研究的重要性 ··· 002
  - 1.1.1 丰田公司的"刹车门"事件 ··· 002
  - 1.1.2 "长尾鲨"号攻击核潜艇爆炸 ·· 002
  - 1.1.3 长征五号火箭发射失利 ··· 002
  - 1.1.4 美国波音737MAX事故 ··· 003
  - 1.1.5 V-22"鱼鹰"倾转旋翼机 ··· 003
  - 1.1.6 其他灾难性事故 ··· 004
  - 1.1.7 软件可靠性 ··· 004
- 1.2 可靠性的相关概念 ··· 005
- 1.3 工程设计与产品质量 ··· 007
- 1.4 研究可靠性的意义 ··· 008
  - 1.4.1 长寿命和高可靠性产品的迫切需求不断增加 ··· 008
  - 1.4.2 可靠性水平与产品寿命周期的经济性紧密相关 ······································· 008
  - 1.4.3 可靠性水平决定企业市场竞争力和综合国力 ··· 009
  - 1.4.4 《中国制造2025》与可靠性 ·· 009
- 1.5 可靠性工程的发展历程 ··· 010
  - 1.5.1 萌芽期 ·· 010
  - 1.5.2 形成期 ·· 010
  - 1.5.3 成熟与综合发展 ··· 011
  - 1.5.4 我国可靠性技术发展 ··· 011
- 1.6 可靠性设计和分析的地位 ··· 012
- 1.7 本书内容 ··· 013

第 2 章　可靠性特征量 ··· 014

- 2.1　故障的随机性 ··· 014
- 2.2　随机变量 ··· 015
- 2.3　可靠性的概率度量 ··· 016
  - 2.3.1　可靠度及可靠度函数 ································· 016
  - 2.3.2　累积故障（失效）概率 ······························· 018
  - 2.3.3　故障（失效）概率密度函数 ··························· 019
  - 2.3.4　故障（失效）率 ····································· 021
  - 2.3.5　浴盆曲线 ··· 025
  - 2.3.6　对故障发生规律认识的变化 ··························· 026
- 2.4　可靠性的时间度量 ··· 028
- 2.5　可靠性特征量关系 ··· 031
- 2.6　常用故障分布及可靠性特征 ································· 031
  - 2.6.1　指数分布 ··· 032
  - 2.6.2　威布尔分布 ··· 034
  - 2.6.3　正态分布 ··· 036
  - 2.6.4　对数正态分布 ······································· 036
  - 2.6.5　二项分布 ··· 037
  - 2.6.6　泊松分布 ··· 038
- 2.7　本章小结 ··· 039

第 3 章　产品可靠性评定 ··· 040

- 3.1　单元产品可靠性评估流程 ··································· 040
- 3.2　可靠性估计方法 ··· 042
  - 3.2.1　矩量法 ··· 042
  - 3.2.2　置信区间估计 ······································· 046
  - 3.2.3　极大似然函数法 ····································· 047
  - 3.2.4　最小二乘法 ··· 054
  - 3.2.5　贝叶斯法 ··· 058
  - 3.2.6　最大后验估计 ······································· 060
- 3.3　可靠性试验 ··· 061
  - 3.3.1　分类 ··· 061
  - 3.3.2　无替换定数截尾寿命试验 ····························· 063
  - 3.3.3　有替换定数截尾寿命试验 ····························· 063
  - 3.3.4　无替换定时截尾寿命试验 ····························· 063
  - 3.3.5　有替换定时截尾寿命试验 ····························· 064
  - 3.3.6　平均寿命点估计 ····································· 064
  - 3.3.7　示例 ··· 065

3.4 复杂产品可靠性评估 ·· 065
3.5 本章小结 ··· 066

第 4 章 系统可靠性建模及计算 ··· 067

4.1 概述 ··· 067
4.2 系统和单元的概念 ·· 068
4.3 可靠性框图模型 ··· 068
4.4 基本可靠性模型和任务可靠性模型 ·· 071
4.5 典型的可靠性框图模型及可靠度计算 ··· 072
    4.5.1 串联系统 ·· 073
    4.5.2 并联系统 ·· 075
    4.5.3 混联系统 ·· 077
    4.5.4 表决系统 ·· 078
    4.5.5 非工作贮备模型（旁联系统） ··· 080
4.6 复杂系统可靠度计算 ··· 083
    4.6.1 分解法 ·· 083
    4.6.2 枚举法 ·· 086
    4.6.3 蒙特卡罗仿真 ·· 088
    4.6.4 路集法和割集法 ··· 089
    4.6.5 事件空间法 ··· 091
4.7 故障树模型 ·· 092
    4.7.1 故障树常用事件符号 ·· 092
    4.7.2 故障树示例 ··· 095
4.8 基于行为仿真模型的系统可靠性模型 ··· 101
4.9 本章小结 ··· 102

第 5 章 系统可靠性要求、分配与预计 ··· 103

5.1 基本概念 ··· 103
    5.1.1 寿命剖面与任务剖面 ·· 104
    5.1.2 基本可靠性与任务可靠性 ··· 105
    5.1.3 固有可靠性与使用可靠性 ··· 105
    5.1.4 单元可靠性与系统可靠性 ··· 105
5.2 可靠性参数指标 ··· 105
5.3 可靠性分配与预计的关系 ·· 106
5.4 可靠性分配 ·· 107
    5.4.1 概述 ··· 107
    5.4.2 基本原理 ·· 109
    5.4.3 主要方法 ·· 109
    5.4.4 可靠性分配注意事项 ·· 123

5.5 可靠性预计 ·· 124
 5.5.1 概述 ·· 124
 5.5.2 单元可靠性预计 ·································· 125
 5.5.3 系统可靠性预计 ·································· 130
 5.5.4 可靠性预计注意事项 ····························· 136
5.6 本章小结 ·· 137

第 6 章 故障分析 ·· 138

6.1 概述 ·· 138
6.2 故障模式影响及危害性分析 ························· 140
 6.2.1 基本概念 ·· 140
 6.2.2 FMECA 的步骤 ·································· 141
 6.2.3 FMECA 案例应用 ································ 152
6.3 故障树分析 ·· 153
 6.3.1 故障树定义、目的和特点 ······················· 153
 6.3.2 工作要求 ·· 154
 6.3.3 故障树的定性分析 ······························ 155
 6.3.4 故障树的定量分析 ······························ 159
6.4 本章小结 ·· 162

第 7 章 故障预防与控制 ·· 163

7.1 零部件和材料选择 ··································· 163
7.2 余度设计 ·· 164
 7.2.1 基本思想 ·· 164
 7.2.2 余度分类 ·· 166
 7.2.3 工作要求 ·· 167
7.3 降额设计 ·· 168
 7.3.1 基本思想 ·· 168
 7.3.2 方法介绍 ·· 169
 7.3.3 工作要求 ·· 171
7.4 裕度设计 ·· 171
 7.4.1 基本思想 ·· 171
 7.4.2 方法特点 ·· 172
7.5 概率设计 ·· 173
 7.5.1 应力与强度的随机性 ···························· 173
 7.5.2 应力与强度的分布 ······························ 175
 7.5.3 应力-强度干涉理论 ····························· 175
7.6 稳健性设计 ·· 183
 7.6.1 基本思想 ·· 183

7.6.2 田口的3次设计 …………………………………………………………… 184
7.6.3 稳健优化设计 …………………………………………………………… 187
7.7 耐环境设计 ………………………………………………………………………… 189
7.8 简化设计 …………………………………………………………………………… 189
7.9 本章小结 …………………………………………………………………………… 190

参考文献 ……………………………………………………………………………………… 191

第 1 章
概　　述

可靠性问题广泛存在于人们的日常生活中。人们在选购商品时，除了对商品的外观及性能提出各种要求之外，很大程度上还要考虑商品的经久耐用，这个经久耐用即可以认为是产品的可靠性问题。关于可靠性的概念，在殷商时代已有的文字记载中，就有关于生产状况和产品质量的监督和检验，对质量和可靠性方面已经有了朴素的认识。北宋时期，《武经总要》就记载了弓箭多次使用弓力不减弱，天气冷热弓力保持不变的问题，这就是早期的武器可靠性。尽管当时人们并没有明确认识到可靠性问题，但是可靠性问题存在于任何产品中，可靠性是产品必须具备的特性之一。

可靠性问题始于第二次世界大战。当时军事装备已大量采用电子产品，但是产品不可靠，造成重大损失。因此，20 世纪 50 年代初，人们开始有组织地、系统地研究电子产品的可靠性问题。在作战方面，低水平的可靠性会导致作战时可用性降低，对作战人员造成巨大的负面影响。例如，MV-22"鱼鹰"运输机的可靠性水平低于预期，在作战时需要更多的备件。当海军陆战队部署到伊拉克时，该型号的飞机维修人员不得不拆卸其他同型号飞机上的零件以维持飞机的作战能力，导致用于执行任务的飞机减少。此外，运行保障的成本约占美军武器系统全生命周期成本的 70%，可靠性低的武器系统需要广泛的后勤系统为其提供保障，以确保备件和其他物品在需要时可用。

接下来读者思考几个问题：可靠性是什么？可靠性意味着什么？消费者和使用者往往无法给出明确的答案。有人或许会说，可靠性是指产品始终正常工作、不故障，或者说产品始终能够按要求正常使用；也有一些人完全不知道可靠性是什么。如果导弹能够击中目标，是不是说明武器系统就可靠呢？如果汽车能够立刻正常起动，它是否就可靠呢？如果点了两次火才起动，你是否依然觉得它可靠呢？三次呢？运载火箭要把探测器运到太空，成功送到了预定轨道，但是返回的时候失败了，这是不可靠的吗？卫星在轨工作，需要其在轨工作时间达到 1 个月，运行了半个月发生了故障，或者运行了一个半月发生了故障，这能说明它不可靠吗？由此可以看出，没有一个量化标准，就很难定义或衡量可靠性，所以需要首先对可靠性给出定义。所谓可靠还是不可靠，必须要给定一个条件，不同的工作条件和时间段，产品的可靠性不同。

可靠性作为一门系统的学科，相信大家在平时生活中也经常听说这个词。产品的可靠性为什么如此重要，接下来给出一些历史上由可靠性问题导致的灾难性事故的案例。

1.1 可靠性研究的重要性

1.1.1 丰田公司的"刹车门"事件

关于丰田公司的"刹车门"事件，最严重的一次是 2009 年 8 月，一辆雷克萨斯 ES350 由于脚垫缺陷导致车突然加速。事后调查发现，事故的原因是 ES350 驾驶座的橡胶地毯没有固定装置，会滑动，使油门踏板无法复位，以致一直在加速，速度高达 160 km/h，且刹车系统失灵，一家四口因此丧生。接着在 2009 年 11 月，美国加利福尼亚州又发生了另一起据称是汽车突然加速撞到路边石头的事故，这个"突然加速"使丰田公司开始了真正的噩梦。

据报道，2010 年丰田公司"刹车门"带来了严重的后果，15 美分的刹车板，导致美国 1 400 万辆汽车召回、美国市场销量骤降 16%、股价暴跌 22%、召回维修费 15 亿美元、停售损失 9 000 万美元/天。由此可见，消费者对制造商的看法很大程度上取决于产品的可靠性。消费者对于汽车召回、维修和保修等的经历和体验会决定汽车未来的价格走势和生产商的生存发展，大多数制造商都会有至少 1.2%~6% 的收益用于支付汽车召回和大规模保修的费用。显然，汽车召回的数量和规模之大，直接反映了车辆的可靠性及制造商的潜在生存能力。

1.1.2 "长尾鲨"号攻击核潜艇爆炸

1963 年 4 月 10 日，"长尾鲨"号攻击核潜艇潜入大西洋深海，其下潜的深度超过了它试验的最大深度，发生了内部爆炸，导致 129 名艇内人员的死亡。虽然按照当时的计算，它可以承受这一深度的压力，但还是出现了灾难性的事故。这是世界海军史上第一艘沉没的核潜艇。"长尾鲨"号攻击核潜艇是美国海军隶下的一艘核动力攻击核潜艇，从美国攻击核潜艇发展时间和级别来看，它是第三代攻击核潜艇。几个月后，美国海军派出潜艇进行事故调查，美国海军技术分析人员认为"长尾鲨"号发动机房水管接头出现了迸裂问题，海水的喷涌导致电力系统短路。然而，在出事前该艇第一任艇长阿克森曾警告说，"长尾鲨"号最危险的问题是下潜到试验深度时容易出现海水涌进的情况。一旦该艇下潜，把海水送入艇内用于冷却的管子将面临巨大的压力，随时可能爆裂。这样一个没有被重视的"小问题"，却把"长尾鲨"号送进了灾难的深渊。

1.1.3 长征五号火箭发射失利

长征五号系列运载火箭（Long March 5 Series Launch Vehicle），又称"大火箭""胖五"。2017 年 7 月 2 日 19 时 23 分，我国在中国文昌航天发射场组织实施长征五号遥二火箭飞行任务，火箭飞行出现异常，发射任务失利。这次发射若成功意味着长征五号运载火箭工程研制圆满收官，进入正式应用阶段，同时也是我国在同年下半年探月三期嫦娥五号月球探测器发射前，对"胖五"火箭的最后一次实战演练。然而，始料未及的发射失利仿佛打乱了原来的节奏，也让很多人瞬间被惊到了，毕竟火箭发射失利这种事情在中国确实少见。很多人不禁会问，这次的发射失利究竟意味着什么？既然是科学试验，当然就有失败的可能，长征五号火箭研制中遇到很多"拦路虎"。首先,在整体技术方面,要实现运载火箭能力的跨越式发展,整体就必须采用全新的技术,相比以往新火箭研发中 30% 左右的新技术比例,长征五号可以说是另起炉灶,全箭采用了 247 项核心关键新技术,全箭新研产品比例达 90% 以上。其次,火箭的大结构需要基础机械加工、贮箱焊接、铆接等所有工装的巨大飞跃,有很多技术难题需要克服。2018 年 4 月 16 日,国家国防科工局发布消息称,长征五号遥二火箭飞行失利故障原因基本查明,故障出自火箭的液氢液氧(YF-77)发动机,长征五号工程研制团队正在全面落实故障改进措施。在此之前,3 台 YF-77 发动机一共进行了 15 次试车,均顺利通过考核。这次它将在地面接受工况环境最为恶劣的一次"加试",迎来 500 s 的长程试车。试车开始没多久,氧涡轮泵的局部结构断裂,"心脏"停止跳动。这是中国现役最大运载火箭长征五号发射失利后,出现的首次发动机地面试车失败。从发射失败原因分析,是发动机可靠性出现了问题。

1.1.4 美国波音 737MAX 事故

波音 737MAX 在 2018—2019 年发生了两次空难,埃航空难客机黑匣子数据分析显示,这两次有明显的相似之处,有报告称由于错误的信息,飞机防失速机动特性增强系统被错误激活导致空难。要命的是这个机动特性增强系统(MCAS)操作指令在飞行员的权限之上,它不受飞行员的控制,当它出现误判,进入死亡俯冲状态,飞行员试图操控它也是徒劳的,只能眼睁睁地看着飞机坠毁。

2018 年 10 月 29 日,波音公司 CEO 承认波音公司在开发 737MAX 客机时犯了错误。具体原因分析认为:由于波音 737MAX 是已经设计好的,波音公司为了节省成本就没有重新设计,而新发动机却比原发动机大一些,这样就造成了飞机在飞行途中会出现抬头趋势的隐患。波音公司为了解决这一隐患,专门增加了一个机动特性增强系统,帮助飞机避免失速坠毁。当飞机的速度过慢或者飞行角度过高时,机翼上的气流就会停止流动,飞机就会失去升力开始下坠,如果机动特性增强系统认为飞机要失速坠毁,它就会自动压低机头,进入死亡俯冲状态。

同样,波音 737MAX 的空难事件也是在设计中未充分考虑到会出现的故障问题,未对故障做深入分析评价,可靠性不足。波音 737MAX 飞机两次事故及全球停飞已经给波音公司带来了严重影响。

1.1.5 V-22 "鱼鹰"倾转旋翼机

V-22 "鱼鹰"是 1986 年由美国波音公司和贝尔直升机公司联合研制的倾转旋翼机,主要服役于美国海军和海军陆战队。研制初期,该型号的平均无故障工作时间要求大于等于 1.4 h,但在试验中发现该型号的平均无故障工作时间仅为 0.4 h。2000 年进行的运行评估显示,该型号的平均无故障工作时间仅为 0.5~0.7 h。在海军陆战队改型的 MV-22 中,大量组件和子系统故障高发,包括发动机、变速箱和发电机等关键子系统。V-22 采用了全新的概念设计,一次性引入了许多新功能。在可靠性方面,设计要求来源于本就不可靠的直升机型号,还低估了 V-22 在直升机模式下的使用时间。同时,V-22 项目中明确将与负载、作战半径、速度等和性能特征相关的设计要求放在首要位置,而不是可靠性和维修性,可靠性和维修性排名明显低于其他主要性能指标。2003 年 5 月,美国国防部采办主管奥尔德里奇领导的专门小组同意将 V-22 "鱼鹰" 倾转旋翼机增大产量的关键决定日期推迟到 9 月，V-22 型飞机开发过程中的试验或被删除，或被推迟，或以模拟仿真的形式进行，实际进行的试验不到计划的 1/3。由于可靠性要求主要在飞机（整机）层面定义，导致组件和子系统过早出现故障。此外，为了使飞机尽快服役，纠正措施被推迟到开发后期并仓促投产。正是设计要求和后续验证中对可靠性的忽视，导致后来该型号的平均无故障工作时间不到设计目标的一半。

1.1.6　其他灾难性事故

1967 年，美国 "阿波罗 1 号" 飞船，在模拟发射过程中起火（大概是一个电火花点燃了该飞船座舱的纯氧），直接导致 3 名宇航员丧生。

1986 年，"挑战者" 号航天飞机，在发射后的第 73 秒空中解体，机上 7 名机组人员无一幸免，解体后的残骸掉落在美国佛罗里达州中部的大西洋沿海处。事故原因是右侧固体火箭助推器的 O 形环密封圈失效，使原本应该是密封的固体火箭助推器内的高压高热气体泄漏。这影响了毗邻的外储箱，使其在高温的烧灼下结构失效，同时也让右侧固体火箭助推器尾部脱落分离。最后，高速飞行的航天飞机在空气阻力的作用下解体，直接损失 12 亿美元。

2003 年，美国 "哥伦比亚" 号航天飞机在得克萨斯州上空爆炸解体，7 名宇航员丧生。"哥伦比亚" 号航天飞机外部燃料箱表面脱落的一块泡沫材料击中该飞机左翼前缘的名为 "增强碳碳" 的材料。"哥伦比亚" 号航天飞机返回时经过大气层，产生剧烈摩擦，温度高达 1 400 ℃ 的空气在冲入左翼后熔化了内部结构，致使机翼和机体熔化。根据美国国家航空航天局 2003 年 8 月 26 日公布的最终调查报告，宇航局一位工程师就曾在电子邮件中警告说，"哥伦比亚" 号航天飞机外部隔热瓦受损，有可能导致轮舱或起落架舱门出现裂孔。

可靠性极低的客机——DC-10，它是美国道格拉斯（后并入麦道公司）应美国航空的需求而研制的三发动机中远程宽机身客机，也作军用，现已停产。DC-10 投入运营后，发现在设计上有缺陷，货舱舱门设计缺陷较为严重，直接导致数次事故，因此需要对货舱舱门进行重新设计。到 1979 年，DC-10 在一年内涉及两起重大空难事故，当时航空当局以安全为由要求全球的 DC-10 停飞。

1967 年的 Point Pleasant 大桥、1998 年的 USS Yorktown 导弹巡洋舰、1999 年的火星极地登陆车、2003 年的北美历史上最大规模的停电，这些都是可靠性导致的问题。此外，地铁故障应该是大家最为常见的可靠性问题。

以上这些事故，最终都可归结到可靠性问题。也就是说，产品并不是在各种工作条件下都能正常运行，一旦条件恶劣，系统就无法正常工作，那就说明可靠性不够。原因是在设计中未全面充分考虑这些可能会出现故障的情况，在有限的试验中也未得到暴露，导致实际中可靠性不足，造成重大损失。这些重大故障与事故更向世人证明了可靠性在关键及复杂系统设计中的设计、运行、维护等方面的重要性。

1.1.7　软件可靠性

随着软件系统在工业产品中所占的比重越来越大，软件的可靠性要求也越来越高。例如，前面提到的波音 737MAX 出现的事故，很大程度上归因于软件的故障。虽然近几年航空装备软件质量与可靠性水平在不断提高，但与航空装备对软件高可靠、高安全的要求相比还有较大的差距，总体水平仍然较低。据软件测评单位的专家介绍，我国航空装备软件的错误率在每千行 10 个左右，有些还存在严重错误。新研某型飞机航电系统在地面试验中，有 70% 以上的故障是软件故障。

部队装备中的软件也暴露了不少问题，如惯导除零死机、飞参数据丢失、对空雷达连续使用超过 24 h 死机等。装备试验、试飞中软件问题已超过问题总数的 50%，软件质量与可靠性问题已经成为影响型号装备质量和进度的一个重要因素。有的单位没有严格实施软件工程，软件的可维护性也较差，这给软件使用维护带来了很大的困难。如何改变这种局面呢？这也需要规范软件编制流程，严格按照软件可靠性规范来编制。

大家可以看到，可靠性问题几乎无处不在，产品可靠性出现问题，导致各种严重后果。尤其是航空航天产品，经受的使用环境条件等更加苛刻恶劣，造价非常高。例如，神舟五号载人航天飞行花费 10 亿元，载人航天工程到现在为止已超过 30 年，使用资金 390 亿元左右。此外，很多航空航天产品需要长寿命。例如，卫星等由于维修非常困难，往往需要设计较长的寿命；深空探测器，"天问一号"搭载的火星探测器，实际上确实容不得它发生任何故障，因为维修的成本太高，甚至说基本不可能维修。

关系到人生命安全的产品，汽车、火车、飞机等，一旦出现重大故障，就可能导致人员伤亡，保证这类产品的可靠性尤为重要。近几年在汽车领域，提出主动安全防护策略，即当汽车感应到不安全因素时，它会自动采取一些措施辅助驾驶员，确保驾驶安全。

可靠性问题几乎无处不在，由于可靠性的问题带来的直接损失是非常严重的。美国人预言：今后只有那些具有高可靠性指标的产品和企业才能在激烈的市场竞争中幸存下来。日本人预言：今后产品竞争的焦点是可靠性。对于武器系统，随着武器装备功能的强大，性能日臻完善，但其系统却更加庞大，结构日益复杂，如导弹及新型智能弹药等。历次战争已经证明，世界各国为武器系统的可靠性问题付出了沉重的代价，引起各国对武器系统可靠性研究的广泛重视。可靠性工程已经成为多种学科的边缘学科，从航空、宇航、兵器工业等行业普及到民用行业。

在工业领域，几乎所有的产品在设计的早期就确定组件级别的可靠性，从而可以有效避免后期产生高昂的返工费用。对于武器装备，很多产品在研发时优先考虑进度和成本，严重忽视可靠性工作，没有尽早发挥可靠性工程师的作用，提可靠性指标要求时没有结合项目的实际需求，没有有效地向供应商强调可靠性，并且可靠性工程活动能拖就拖，导致开发出来的系统通常不如承诺的那样可靠，严重影响武器装备的作战能力。

1.2 可靠性的相关概念

可靠性是指产品在规定的条件下和规定的时间内完成规定功能的能力。可靠性的概率度量称为可靠度。可靠性工程是为了达到产品的可靠性要求所进行的一系列技术和管理活动。换句话说，可靠性是描述偶然故障发生可能性的尺度，而可靠性工程是在产品研制的生命周期过程中，研究、分析、控制各种偶然故障，并尽可能根除各种必然故障的技术，即可靠性工程是研究产品全寿命过程中同产品故障作斗争的工程技术。

首先看对象的定义，对象是在可靠性定义中所称的"产品"，包括零件、机构、部件，直至大的系统。如果对象是系统的话，其不仅包括硬件，还包括软件以及人的操纵等。讨论可靠性，必须明确对象是什么。关于可靠性的定义中有3个如下规定：

（1）规定功能，即产品必须具备的功能及其技术指标，不能完成规定的功能就是故障（失效），研究可靠性应明确给出故障判据。例如，对于一个电灯，它的功能是能够点亮照明；减速器的功能是降低转速和传递转矩。因此，规定的功能与失效的含义密切相关。

（2）规定条件，即产品的使用条件（载荷大小、操纵方法等）、储存条件、维护条件、环境条件（温度、湿度、压力等）。不同条件下的可靠性不一样，对于汽车的承载重量，正常载荷和超载的情况下，汽车的可靠性是不同的，显然超载会降低汽车的可靠性。因此，大家可以看到产品在使用说明书上都会有关于这些条件的规定，否则当产品出现故障，无法判断责任在哪一方。例如，我国地铁出入口的闸机，最初是采用西门子产品，我们国产的产品不是没有，但是总出故障，影响使用，特别是高峰期，闸机出故障影响不好。鉴于西门子产品的可靠性很好，于是安装了西门子闸机。一开始闸机状况良好，但是当地铁载客量越来越多时，西门子产品的故障率也高了起来。西门子公司也很奇怪，伴随着一百多年地铁历史而发展的公司，怎么到中国闸机就不好用了。西门子公司进行服务跟踪，先查看我们的使用场景，然后发现中国人太多了，一个一个过闸机的频率是全世界最高的，频率不一样，他们的软件、硬件不适应这个频率，于是出现故障。因此，使用条件不一样，也会影响可靠性，定义可靠性必须规定使用条件。

（3）规定时间，即指所研究的对象的工作期限。这里的时间是广义的，如汽车和车轮常用里程数表示，齿轮等一些零件常用应力循环次数表示。总之，对时间也要有明确的规定。产品可靠性随使用或储存时间的增加而降低，因此可靠性是时间的函数。

对于汽车而言，这3个规定可以理解为：规定的条件包括公路条件、气候条件、行驶速度；规定的时间包括行驶里程、行驶时间、日历时间；规定的功能包括不发生安全性事件（致命的）、能够正常行驶（严重的）、不降低功能（一般的）、不会引起维修（轻微的）。对于导弹武器而言，这3个规定可以理解为：规定的条件包括天气条件、战场情况等；规定的时间包括工作时间、运输时间、储存时间；规定的功能包括可命中目标、可命中目标且高效毁伤、储存过程性能不降低等。

应该注意到，可靠性定义中的"3个规定"，只有明确了3个规定才能建立产品可靠性设计和试验的基准条件。这就引出了固有可靠性和使用可靠性的概念。

固有可靠性（Inherent Reliability）是由设计和制造赋予产品的，并在理想的使用和保障条件下产品所具有的可靠性，产品的开发者可以对其控制。本书讲述的可靠性没有考虑使用和维修因素的影响，属于固有可靠性的范畴。

使用可靠性是产品在实际使用过程中表现的可靠性，除固有可靠性的影响因素外，还要考虑安装、操作使用、维修保障等方面因素的影响。它反映了产品设计、制造、使用、维修、环境等因素的综合影响。

产品可靠性的现实价值体现为使用可靠性，当然高固有可靠性是高使用可靠性的基础。固有可靠性和使用可靠性都属于产品的工作可靠性。工作可靠性（Operational Reliability）是指产品在运行时的可靠性。

此外，可靠性工程研究中还会涉及如下一些名词术语。

产品：一个非限定性的术语，用来泛指元器件、零部件、组件、设备、分系统或系统。它可以是硬件、软件或两者的结合。这里的产品可以是零件、部件，也可以是由它们装配而成的机器，或由许多机器组成的机组和成套设备，甚至还把人的作用也包括在内。

故障：产品不能执行规定功能的状态。

失效：产品丧失完成规定功能能力的事件。

可靠性特征量：产品总体可靠性高低的各种可靠性参数指标，如可靠度、故障概率密度、故障率、平均寿命。研究可靠性，肯定要对可靠性进行量化，什么情况下可靠性高，什么情况下可靠性能够符合要求，那么这就需要用可靠性特征量来表示。

1.3 工程设计与产品质量

工程设计与产品质量是相关的。如何评价设计的好坏？通常我们认为一个产品的质量好，则认为产品设计得好。下面看看现代质量观的内容，产品质量固有特性包含产品的性能（专用）特性、专门（通用）特性、经济性、时间性、适应性等方面，如图 1.1 所示。其中，性能（专用）特性是通常所追求的特性，如武器射程、载荷比、打击精度等。同时，产品设计中也要兼顾和重视专门（通用）特性。

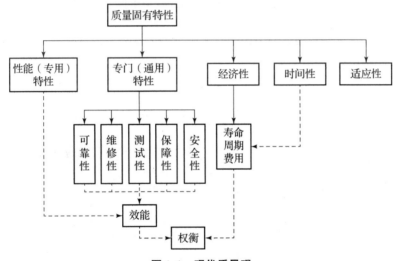

图 1.1 现代质量观

可以看出，可靠性（Reliability）是产品质量（Quality）的一个重要组成部分。事实上，产品质量是一个很大的命题，可靠性只是其中的一小部分，二者的概念很接近。可靠性通常被认为是产品质量概念的一个子集。在企业里，可靠性工作往往放在质量体系里。很多专家学者认为可靠性工作放到产品质量部门不太合适，应该放到设计部门，因为只有在设计之初，设计人员考虑可靠性的问题进行设计，才能设计出高可靠性的产品，而放到产品质量部门，则很难说服设计人员更改设计。这样可靠性只能沦为表面工作，光写报告没有实际用处。好的可靠性工程师一定是对产品设计非常了解。可靠性关心的是只要产品开始工作，它就能连续正常工作多长时间，低质量的产品可靠性可能很低，高质量的产品可靠性可能很高，但是可靠性不仅受产品本身质量的影响，还受外界因素的影响。可靠性可以认为是产品的工作性能在时间上的延伸。

产品的可靠性在设计阶段就已经决定，产品设计往往要在效能和寿命周期费用二者之间进行权衡。这里寿命周期是指产品从论证、研制、生产、使用、退出使用所经历的整个时间。可靠性是产品质量固有特性的核心和基础，它直接针对产品的故障隐患进行预防、控制、改进和评价。产品可靠性水平的高低直接影响产品的维修保障费用，而维修保障费用是产品寿命周期费用的关键影响因素。根据美国诺斯罗普公司估计，研制阶段为改善可靠性所耗费的每一美元，将可在以后的使用与维修保障费用方面节省30美元。可见，在设计阶段去提高可靠性意义重大。

1.4 研究可靠性的意义

1.4.1 长寿命和高可靠性产品的迫切需求不断增加

民用大飞机、航天飞机等都属于非常复杂的系统，由众多学科、部件组成。由于复杂度高，其发生故障和失效的可能性较简单系统更大，由此导致的危害和损失也就越大。前面已经列举了很多关于复杂系统故障导致的灾难性事故。当今，对长寿命和高可靠性系统和产品的迫切需求不断增加。例如，卫星、月球车、空间站，由于维修困难、造价高，这些产品一旦发射到太空，就需要其尽可能长时间地正常工作，不发生故障，也就是说需要较高的可靠性水平。武器系统的导弹也需要有很高的可靠性水平，尤其是储存可靠性，否则一旦战争，无法正常工作，严重影响战斗力。此外，对于飞机的航空发动机，对其可靠性的要求更加苛刻。

1.4.2 可靠性水平与产品寿命周期的经济性紧密相关

全寿命周期费用（Life Cycle Costs，LCC）是指系统寿命周期内系统的研制费用、生产费用、采办费用、使用与维修保障费用，直到退役所付出的所有的费用之和。通常论证和退役所用的费用比例较小，在效费分析时可略去不计。图1.2展示了某产品的全寿命周期费用比例。

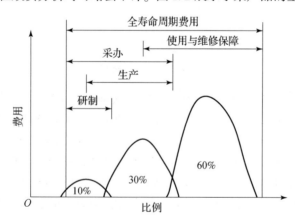

图1.2 某产品的全寿命周期费用比例

研制费用：指研究设计和发展费用，是从系统立项开始到系统研制完成（定型生产）为止所需的费用之和。

生产费用：指系统投入生产后所需的重复性和非重复性费用，以及其他生产阶段所需费用之和。

使用与维修保障费用：指系统投入使用后所需的使用费用与维修保障费用之和。其在全寿命周期费用中所占比例最大（约60%），如图1.2所示，并以每年3%左右的速率持续增长。可靠性水平的高低直接影响产品的维修保障费用，其是产品全寿命周期费用的关键影响因素。上述已经提到，据美国诺斯罗普公司估计，研制阶段为改善可靠性所耗费的每一美元，将可在以后的使用与维修保障费用中节省30美元。因此，我们说可靠性水平与系统和产品寿命周期的经济性紧密相关。

1.4.3 可靠性水平决定企业市场竞争力和综合国力

大家非常熟悉的产品就是手机，对各个品牌的手机在使用一年之后的返修率进行统计，发现某些品牌的手机是最低的。大家也都看到了，有些品牌的手机虽然价格略贵，但是还是有那么多的人愿意买，在世界手机市场中的占有率越来越高。丰田汽车由于各类故障，截至2010年10月，召回的汽车达到约854万辆，这对整个丰田公司都将是一笔巨大的经济损失。前面提到的波音飞机737MAX事故，直接导致波音公司的股价大跌，市值瞬间损失几百亿。

尤其对于武器系统，其可靠性高低直接影响并危及人的生命，同时造成严重的经济损失和不良的政治影响。例如，导弹使用和研制的经验表明，目标毁伤概率在相当大的程度上取决于整个导弹系统工作的可靠性，在许多场合下导弹系统的可靠性不够往往导致导弹飞行失败或完成任务的概率下降。德国在第二次世界大战中曾因V-2导弹的可靠性差造成战场上的失利；美国20世纪50年代后期曾因"阿特拉斯""北极星"等导弹可靠性不高导致竞争的失利。在武器系统设计中，可靠性已经成为与安全性等其他性能指标同等重要的设计要求。因此有人明确指出，武器装备的主要指标不是它的技术性能和费用，而是其可靠性。

再来看看美国在各场战争中所用的主力飞机。随着飞机可靠性的提高，战斗力明显增强，从平均一天出动0.33架次增长到3.8架次。这些都要归功于武器系统较高的可靠性，否则一到战争武器系统就出问题，甚至无法使用，如何确保战争的胜利呢？即使不考虑性能，由于可靠性的提高，1架F-15E战斗机相当于12架F-100的战斗力，因此高可靠性是武器系统装备战斗力的保障。可见，武器系统的可靠性基本决定战争的成败。1991年1月17日，巴格达时间凌晨2时40分左右，以美国为首的驻海湾多国部队向伊拉克发动了代号为"沙漠风暴行动"的大规模空袭。在这场信息化的战争中，他们的武器系统保证了高完好率、高出动强度以及较高的成功率，这些都需要系统的高可靠性来保障。

对于民用产品，提高产品的可靠性意味着提高市场竞争力，增加效益；对于军用产品，提高产品的可靠性意味着战争的胜利。提高产品的可靠性水平，可提高市场的竞争力、产品的任务成功率、系统的安全性，同时减少法律纠纷，降低产品全寿命周期费用，保持产品的型号/批次的性能稳定性。

1.4.4 《中国制造2025》与可靠性

《中国制造2025》指出，"加快提升产品质量。实施工业产品质量提升行动计划，针对汽车、高档数控机床、轨道交通装备、大型成套技术装备、工程机械、特种设备、关键原材料、基础零部件、电子元器件等重点行业，组织攻克一批长期困扰产品质量提升的关键共性质量技术，加强可靠性设计、试验与验证技术开发应用，推广采用先进成型和加工方法、在线检测装置、智能化生产和物流系统及检测设备等，使重点实物产品的性能稳定性、质量可靠性、环境适应性、使用寿命等指标达到国际同类产品先进水平。在食品、药品、婴童用品、家电等领域实施覆盖产品全寿命周期的质量管理、质量自我声明和质量追溯制度，保障重点消费品质量安全。大力提高国防装备质量可靠性，增强国防装备实战能力。"

当前，中国装备在质量可靠性、安全性方面与国外相比存在很大差距，人民生活水平的提高对产品质量可靠性和安全性要求越来越高，社会对于低质量产品的容忍度也越来越低。作为想有所作为的制造性企业，加强研发制造管理，提升质量可靠性、安全性工作在企业现有业务流程中的价值，建立闭环的质量可靠性管理形态势在必行。

北京航空航天大学可靠性与系统工程学院的康锐教授撰文写到，《中国制造2025》的前两年，中国工程院组织了制造强国战略研究的重大咨询项目，有了这个咨询项目才有后来的《中国制造2025》规划。在整个战略研究里，第三个课题是制造质量强国战略研究，其中一个专题就是"我国制造业可靠性工程的质量强国战略"，目的是把航空航天过去将近30年的可靠性系统工程的实践总结提炼，以及结合笔者最近十余年参与的非军工行业可靠性咨询服务过程中的一些体会，形成的一个发展战略报告。中国制造走向强国的一个重要基础工作就是可靠性系统工程，需要用系统工程的方法推进可靠性工作。这是在航空航天或者说整个武器装备领域推进可靠性工作的一套方法论，对外公开的名称就是"可靠性系统工程理论与技术"。

1.5　可靠性工程的发展历程

1.5.1　萌芽期

可靠性的概念最早出现在保险业的精算业务中，特别是对人类生存概率（Survival Probability）方面的研究。20世纪三四十年代为可靠性技术的初期发展阶段，可靠性问题最早由美国军用航空部门提出。1939年，美国航空委员会出版的《适航性统计学注释》一书中，首次提出飞机故障率不应超过10^{-5}/h，相当于1 h内飞机的可靠度R_s=0.999 99。可以认为这是最早的飞机安全性和可靠性定量指标。可靠性问题首先是从军用航空电子设备开始的。第二次世界大战期间，由于使用雷达、飞航式导弹等较复杂的新式武器，而这些武器的心脏——电子设备则暴露非常高的故障率，尤其是电子管（60%~70%故障），这些新式武器的故障率严重影响了部队的战斗力，从而引起了军方和舆论界对武器装备可靠性的重视。例如，美国空军由于飞行故障事故而损失的飞机达21 000架，比被敌方击落的多1.5倍；运往远东的机载电子设备中有60%在运输中故障；海军舰艇电子设备有70%因"意外"事故而故障。于是，1943年，美国成立电子管研究委员会，专门研究电子管的可靠性问题。

1.5.2　形成期

1952年，美国国防部成立了电子设备可靠性咨询组（Advisory Group on Reliability of Electronic Equipment，AGREE），研究电子产品的设计、制造、试验、储备、运输及使用。1955年，AGREE开始实施从设计、试验、生产到交付、储存和使用的全面的可靠性发展计划。1957年，AGREE发表了《军用电子设备可靠性》的研究报告，即AGREE报告，标志着可靠性已经成为一门独立的学科。

第二次世界大战结束后，工程技术人员和数学家们运用概率论与数理统计知识，对产品的可靠性问题进行了大量的定性和定量研究。美国先后研制出 F-111A 和 F-15A 战斗机、M1 坦克、"民兵"导弹、"水星"和"阿波罗"宇宙飞船等装备。这些新一代装备对可靠性提出了严格要求。

日本于 1952 年从美国引进可靠性技术，1958 年成立了可靠性研究委员会。日本的可靠性工作虽然开展较晚，但主要注重民用产品的可靠性研究，强调实用，从而促进了机电产品可靠性水平的提高，带来了巨大的经济效益和社会效益。因此，日本的汽车、工程机械、发电设备、彩电、复印机、电冰箱、照相机等产品才会风靡全球。

进入 20 世纪 60 年代，在工业发达国家，产品的复杂化和工作环境的严酷化，对产品的可靠性要求越来越高，可靠性研究工作已从电子产品扩展到机械产品。

1.5.3　成熟与综合发展

20 世纪 70 年代以后是可靠性工程全面发展和步入成熟的阶段。美国在许多武器装备中推行可靠性工程，美军形成了一系列较完善的标准。20 世纪 80 年代，美国空军发布的《R&M2000》，标志着可靠性工程全面成熟。20 世纪 80 年代以后，可靠性向更广泛和更深入的方向发展，并以武器装备的效能为目标，将可靠性、维修性和保障性有机综合。

1965 年，国际电子技术委员会（IEC）设立可靠性技术委员会（TC56），标志着可靠性工程成为一门国际化技术。在这一阶段，可靠性理论研究从数理基础发展到故障机理研究，形成了可靠性试验方法及数据处理方法，重视机械系统的研究及维修性的研究，建立了可靠性管理机构，颁布了一批可靠性标准。

1980 年以后，可靠性工程向着更深、更广的方向发展。从元件的可靠性研究发展到了系统的可靠性研究，形成了以故障模式影响分析（FMEA）、故障模式影响及危害性分析（FMECA）、故障树分析（FTA）和框图法等为标志的一套较完整的系统可靠性分析与设计理论和方法，并且有大型的工具软件，如 Relisoft 和 Blocksim 等。同时，人们开始研究大型机电产品的可靠性分析与增长理论和方法、软件可靠性与维修性分析与设计理论和方法等深层次的问题。

进入 21 世纪，与产品可靠性相关的产品维修性、测试性和综合保障技术也越来越受到重视并得到发展，出现了以可靠性为核心的维修理论（RCM），可分别对飞行器电气系统和非电气系统进行状态监控和检测的机内自检测（BIT）及横向航空电子现代化规划（HAMP）系统，以保证战斗力、降低成本和提高营运效益为目标的军（民）用飞行器的综合保障技术、飞行器的远程健康监控技术等。提高产品的可靠性和降低产品的使用成本是人类永恒的追求。

1.5.4　我国可靠性技术发展

我国可靠性技术大致始于 20 世纪 60 年代初，可靠性研究工作从电子工业部门开始开展。1955 年，广州成立中国电子产品可靠性与环境试验研究所——中国赛宝实验室，是中国最早从事可靠性研究的权威机构。20 世纪 60 年代初，该研究所开始进行可靠性评估的研究工作。1956 年成立的中国航天科技集团公司第一研究院北京强度环境研究所（702 所），是我国运载火箭、航天飞行器结构强度和环境工程试验与研究中心，是航天系统从事结构强度、环境与可靠性工程的专业研究所。1962 年，我国第一个自行研制的近程导弹飞行试验失败，提醒我们要注意可靠性问题。1964 年，钱学森提出了组建可靠性与质量控制研究所，并在总体设计部、分系统设计所建立可靠性与质量控制研究组。1965 年，周恩来总理提出"严肃认真、周到细致、稳妥可靠、万无一失"的十六字方针，明确了军工产品要重视可靠性工程。1965 年，中央批准在航天系统正式成立可靠性与质量控制研究所，代号 705 所。1979 年，中国电子学会成立可靠性与质量管理委员会。

20 世纪 80 年代，可靠性工程在我国进入全面、迅速的发展阶段。1980 年，中国赛宝实验室为我国构建了首个可以进行信息交换的平台，并展开了电子产品可靠性数据的收集与分析研究。1981 年，中国数学会运筹学会成立可靠性数学专业委员会，中国航空学会成立维修工程专业委员会。1982 年，中国机械工程学会成立机械可靠性学科组。1983 年，航天部成立可靠性专业委员会。1984 年，中国汽车工程学会成立汽车可靠性专业委员会。1985 年，《航空技术装备寿命和可靠性工作暂行规定》得以出台，为可靠性工作的顺利开展提供了前提。1987 年，国防科工委颁布了《军工产品质量管理条例》，要求在军品的设计过程中，必须要考虑其可靠性和维修性。此后，国家还组织专业人员制定了自己的可靠性、维修性、保障性军用标准及手册，还颁布了大量的指导性文件。1987 年 12 月和 1988 年 3 月先后颁布的国家军用标准《装备维修性通用规范》（GJB 368—1987）和《装备研制与生产的可靠性通用大纲》（GJB 450—1988），可以说是目前我国军工产品可靠性技术具有代表性的基础标准。1988 年，中国机械工程学会成立可靠性工程专业管理委员会。我国在 2004 年与 2009 年根据实际情况调整了原有的规范与大纲，分别颁布了《装备维修性工作通用要求》（GJB 368B—2009）与《装备可靠性工作通用要求》（GJB 450A—2004），这也是我国军工产品可靠性技术的最新标准。

可靠性研究方面，我国加大了人力资源的投入，改善了工程技术教育系统，但是质量与创新仍然是弱势，中国工业界还在继续认识可靠性和可重复性的重要性。

1.6　可靠性设计和分析的地位

图 1.3 展示了产品整个寿命周期中所进行的活动。可靠性设计和分析存在于方案设计、初步设计和详细设计阶段。可靠性设计完成之后，决定了产品的固有可靠性，接下来产品要定型装配和生产，然后就要进行可靠性试验，如可靠性增长试验，来测试评定产品可靠性是否达标。使用过程中，要进行相应的维修保障，以保证系统的可靠性，维修使用不当肯定会影响系统的可靠性。

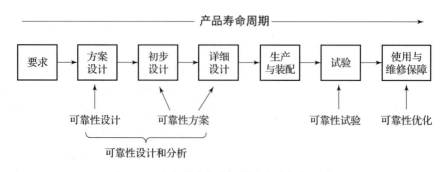

图 1.3　产品整个寿命周期中所进行的活动

产品的可靠性是设计和管理出来的。在复杂产品研制中，故障隐患的引入不可杜绝。故障隐患虽然可在使用阶段暴露后排除和改进，但是代价昂贵，且改进空间小。更好的办法是，在产品的早期设计阶段有序地预防、激发和改进。国内外开展可靠性工作的经验表明，要提高产品的可靠性，关键在于做好产品的可靠性设计和分析工作。

那么为什么说要将可靠性工程的重点放在设计阶段呢？设计阶段决定了产品的固有可靠性，设计阶段提高产品可靠性的效费比高，设计阶段重视产品可靠性有助于一次成功；钱学森提出"可靠性是设计出来的、生产出来的、管理出来的"。此外，许多企业运行维护费用占利润的1/4，企业家有足够的动力推动研发部门去搞可靠性。国内非军工企业，要做可靠性的起点都是基于这样的成本倒逼机制。因此，在产品的设计研发中，可靠性设计和分析非常重要。

1.7 本书内容

可靠性工程属于交叉型学科，宏观上涉及系统学、概率论、统计学，微观上涉及材料学、力学。可靠性技术是一门综合性的边缘学科，它是研究如何提高产品可靠性的技术。可靠性技术是和数学、物理、化学、环境科学、人机工程、电子技术、机械技术、管理科学等多门学科密切相关的综合技术，其中概率论和数理统计学是可靠性研究的数学工具，环境与寿命试验是检查产品和验证薄弱环节的工具，数理统计和推论分析是可靠性研究的依据，应用管理科学是提高可靠性的工具。本书主要内容如下：

第1章概述。介绍可靠性的定义、相关概念、发展历史和研究意义等。

第2章可靠性特征量。要研究产品的可靠性，首先需要对可靠性进行量化，因此该章介绍描述产品可靠性的数学模型，包括可靠性的概率度量和时间度量，为后续进行可靠性建模、分配与预计等奠定基础。

第3章产品可靠性评定。明确了可靠性的特性量，但如何知道某种产品的可靠性或寿命等服从哪种分布？分布中的参数如何求得？因此，该章主要介绍单元产品的可靠性评定方法，包括参数估计方法、可靠性试验及简单的寿命点估计方法。

第4章系统可靠性建模及计算。介绍常见的串联、并联、混联系统以及复杂系统可靠性模型的建立方法，为后续进行可靠性分配、预计、分析和设计提供基础模型。

第5章系统可靠性要求、分配与预计。介绍工程中开展可靠性分析和设计的常用方法——可靠性分配和可靠性预计，给出了几种常用的可靠性分配和可靠性预计方法。

第6章故障分析。可靠性工程中需要对产品可能发生故障的部位和模式进行分析，发掘产品的薄弱环节，从而可以进一步采取设计改进或者使用补偿以提高产品的可靠性。因此，本章主要介绍故障模式影响及危害性分析和故障树分析两种常用的故障分析方法。

第7章故障预防与控制。当分析出产品可能发生故障的薄弱环节之后，需要根据产品故障发生的规律采取针对性的设计措施进行故障预防控制。因此，本章主要介绍故障预防和控制的可靠性设计相关方法，包括余度设计、降额设计、裕度设计、概率设计、稳健性设计等常用方法。

第 2 章
可靠性特征量

一个产品是否可靠，有多可靠，如何来表示和衡量呢？要进行产品可靠性分析，首先需要对产品可靠性进行定量描述。应尽可能把产品的可靠性特性以及它们之间的关系用定量的形式描述出来，或者建立定量的模型，这样可使系统可靠性分析设计建立在更严密的基础上，从而便于用户与厂方商定产品的可靠性水平，同时这些指标可以使产品的购销双方在设计中进行设计、分配、预计、评定及比较，在验收中进行验证，在使用中进行可靠性评价，分清责任，向厂方反映可靠性信息等。因此，这就需要学习可靠性的特征量。表示和衡量产品可靠性的各种量统称为可靠性的特征量。

研究可靠性的特征量，必须首先明确"寿命"的含义。在可靠性工程中，不可修复产品的寿命是指发生故障前的实际工作时间；可修复产品的寿命是指相邻两次故障间的工作时间，也称为无故障工作时间。很明显，每个产品都有其固定的寿命，但是只有在使用后（包括有关试验后）才能确定，故产品的寿命是一个随机变量。从数学上看，研究产品的可靠性主要研究产品寿命的概率分布，而可靠性的特征量则是随机变量寿命的一些描述量。寿命的单位多为时间单位（如小时、千小时、年等），也可以是其他非时间单位（如动作次数、工作周期、运动距离等）。

对产品故障进行度量的主要目的是比较不同产品故障的危害程度，而产品的故障特性难以用单一参数描述，需要从多个方面进行比较。可靠性的特征量有两类：一类以概率指标表示，如可靠度、故障率等；另一类以寿命指标表示，如寿命方差、平均寿命等。本章的主要任务是明确各主要特征量的概念、定义和它们的相互关系，并介绍其基本计算方法。本书不涉及产品的维修等，简单点说，本书主要针对一次性产品介绍可靠性工程相关方法。对于可修复的产品，其可靠性特征量还有平均修复时间、可维修度等。有些国外的标准和书籍将失效和故障分别定义，本书不强调失效与故障的区别，认为二者内涵一致。

本章首先从故障的随机性谈起，然后依次介绍可靠性的概率度量和时间度量，最后对常见的可靠性分布及其可靠性特征量的计算进行介绍。

2.1 故障的随机性

前面已经提到，产品的可靠性（或寿命）是一个随机变量，即故障具有随机性。影响故障过程的不确定性包括：

（1）制造过程。产品和部件的制造加工过程无法百分之百的控制，因此造成的偏差和缺陷不可预知。

(2) 使用过程。产品的使用环境和使用过程存在差异。

(3) 分析过程。掌握产品和部件物理状态数据有限,对造成产品和部件的物理和化学过程了解不够深入,无法用确定性的模型描述。

例如,对于一枚导弹命中目标的可靠性,命中目标这个事件是随机的,受很多因素影响,如生产制造、运输储存、发动机推力、使用时的环境因素等;手机发生故障也是随机的,不同的人使用、使用环境不同,几乎不可能每个人使用相同的手机在同一时间段出现相同的故障;对于汽车的故障,同一型号的车也几乎不会在同一时间段出现相同的故障。尤其对于航空航天机电产品,结构复杂而且在设计过程中有很多缺陷,同时产品往往工作在复杂的环境和应力下,此时机电产品的各种缺陷会被激发,因此所发生故障的随机性较强。

产品故障分布模型主要有3种形式,即成败型、寿命型、压力强度型或性能型。本章主要围绕寿命型对可靠性的特征量进行介绍。

2.2 随机变量

可靠性特征量的描述基于概率理论,首先对相关基础理论方法进行大致介绍。产品的可靠性是一个随机变量。随机变量是表示"随机试验结果的一个变量",随机变量取什么值,在试验前是无法知道的,它取决于试验结果。假设一个设备正常工作称其处于0状态,发生故障时处于1状态,那么到底这个设备处于什么状态,只有实际运行之后才知道。由于影响设备正常运行或出现故障的因素很多,没法事先判断,所以0和1是随机的。因此,若引入一个变量 x 表示该状态,将其取值规定为1与0,那么变量 x 为随机变量,且为离散随机变量。对某机械零件的故障时间 t 来讲,影响零件寿命的因素非常复杂,t 也是一个随机变量。对于同种零件,在相同的环境条件下运行,其寿命也是不同的。例如,1 000个轴承中随机抽出60个轴承进行寿命试验,每10个轴承为一组,每一组的寿命都不同。既然零件的寿命是一个随机变量,且其取值由试验结果而定,比如通过可靠性抽样试验,那么有没有一定的规律呢?答案是肯定的,这种规律就是概率分布函数,下面将具体进行介绍。

若随机变量 x 存在连续多个可能值,其概率分布函数 $F(a)$ 存在非负函数 $f(x)$,使对于任意实数 a 均有

$$F(a) = \int_{-\infty}^{a} f(x) \, \mathrm{d}x \tag{2.1}$$

则称 x 为连续随机变量(Continuous Random Variable);$f(x)$ 称为 x 的概率密度函数(Probability Density Function,PDF)。连续随机变量 x 的概率密度函数满足以下基本性质:

(1) $f(x) \geq 0$,$\int_{-\infty}^{+\infty} f(x) \, \mathrm{d}x = 1$。

(2) 若 $a \leq b$,则 $P(a \leq x \leq b) = \int_{a}^{b} f(x) \, \mathrm{d}x = F(b) - F(a)$。

(3) 若 $f(x)$ 在 x 连续,则 $\dfrac{\mathrm{d}F(a)}{\mathrm{d}a} = f(a)$。

这里指的是一维连续随机变量,而多维连续变量具有类似的性质。随机变量的概率密度函数表示瞬时幅值落在某指定范围内的概率,因此是幅值的函数,它随所取范围的幅值而变化。最简单的概率密度函数是均匀分布的密度函数。对于一个取值在区间 $[a,b]$ 上的均匀

分布函数 $I_{[a,b]}$，它的概率密度函数为 $f_{I_{[a,b]}} = \frac{1}{b-a} I_{[a,b]}$。也就是说，当 x 不在区间 $[a,b]$ 上时，函数值等于 0；当 x 在区间 $[a,b]$ 上时，函数值等于 $1/(b-a)$。这个函数并不是完全的连续函数，但是可积函数。

正态分布是重要的概率分布，其概率密度函数为

$$f(x) = \frac{1}{\sigma\sqrt{2\pi}} e^{-\frac{(x-\mu)^2}{2\sigma^2}} \tag{2.2}$$

显然，随着参数 μ 和 σ 变化，其概率分布函数也产生变化。

典型的连续随机变量有均匀随机变量（Uniform Random Variable）、指数随机变量（Exponential Random Variable）、正态随机变量（Normal Random Variable）、对数正态随机变量（Lognormal Random Variable）、威布尔随机变量（Weibull Random Variable）。若随机变量仅取有限个可能的值，则称该随机变量是离散的。离散随机变量用概率质量函数（Probability Mass Function）表示，即

$$\Pr\{x = x_i\} = p(x_i) \tag{2.3}$$

$p(x_i)$ 满足以下基本性质：

$$p(x_i) \geq 0, \quad i = 1, 2, 3, \cdots \tag{2.4}$$

$$\sum_{i=1}^{+\infty} p(x_i) = 1 \tag{2.5}$$

相应地，累积分布函数（Cumulative Distribution Function，CDF）$F(a)$ 可以表示为

$$F(a) = \sum_{x_i \leq a} p(x_i) \tag{2.6}$$

典型的离散随机变量有伯努利随机变量（Bernoulli Random Variable）、二项随机变量（Binomial Random Variable）、多项随机变量（Multinomial Random Variable）、几何随机变量（Geometric Random Variable）、泊松随机变量（Poisson Random Variable）。

2.3 可靠性的概率度量

2.3.1 可靠度及可靠度函数

可靠度的定义在第 1 章已经给出，即产品在规定的条件下和规定的时间内完成规定功能的概率。这一定义包含 5 个要素，即对象、条件（运输、储存、使用时的环境条件、使用条件）、时间（产品的工作期限）、功能（规定的工作能力）和概率。概率可靠度用概率来表示，产品故障是随机事件，因此故障时间是随机变量。产品的可靠度就是系统（部件）在时间 t 内正常工作的概率。换言之，对于寿命型可靠性分布模型，产品的可靠度就是产品的寿命 ξ 大于时间 t 的概率。ξ 为随机变量，t 为给定的时间，故障概率则是 ξ 小于时间 t 的概率。

因此，可靠度可用公式表示为

$$R(t) = P(\xi > t) \tag{2.7}$$

式中，$R(t)$ 为可靠度函数；ξ 为产品故障前的工作时间；t 为规定的时间。

显然，$R(t) \geq 0$，$R(0) = 1$。例如，$R(100) = 0.99$，表示产品工作到 100 h 的可靠度为

0.99，此产品的故障概率为 0.01。

在处理实际问题时，概率是通过频率来近似表示的。要得到一个随机变量的分布函数，往往要大量样本，比如 10^6 个样本。但是，实际出于时间和经济成本考虑，不可能做大量试验，试验次数有限，因此只能用经验分布函数来近似表示。可靠度可表示为

$$R(t) = \frac{N_0 - r(t)}{N_0} \tag{2.8}$$

式中，N_0 为 $t=0$ 时刻规定条件下正常工作的产品总数；$r(t)$ 为 $0 \sim t$ 时刻，产品的累积故障（失效）数（产品故障后不予修复）；$N_0 - r(t)$ 为仍然可正常工作的产品数。

【例 2.1】计算图 2.1 所示不可修产品试验的产品可靠度，图中"×"为产品出现故障的时间点。

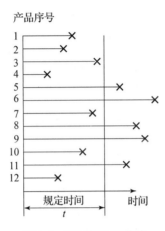

图 2.1 不可修产品试验

解：此处为不可修产品，t 时刻的可靠度函数估计值为

$$\hat{R}(t) = \frac{N_S}{N_0} = \frac{N_0 - r(t)}{N_0} = \frac{12-7}{12} = 0.416\,7$$

【例 2.2】计算图 2.2 所示 3 台可修复产品试验的可修复产品可靠度，图中"×"为产品出现故障的时间点。

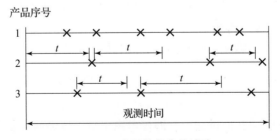

图 2.2 3 台可修复产品试验

解：注意此处为可修复产品，当产品发生故障进行维修后，产品可以继续正常工作。由图可知，$N_0 = 6 + 3 + 3 = 12$，产品满足正常工作时间大于 t 的个数为 $N_S = 5$，则产品可靠度为

$$\hat{R}(t) = \frac{N_S}{N_0} = \frac{5}{12} = 0.416\,7$$

【例 2.3】 在某观测时间内对 4 台可修复产品进行试验,试验结果如图 2.3 所示。图中 "×" 为产品出现故障的时间点,求该产品在规定时间 t 时的可靠度。

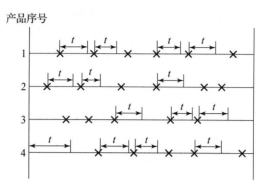

图 2.3　4 台可修复产品试验

解: 由于产品 3 的最后一次无故障工作时间超出了规定时间 t,则在计算次数 N_0 时应将其包含在内,则 $N_0 = 6+6+6+5 = 23$,可靠度估计为

$$\hat{R}(t) = \frac{N_S}{N_0} = \frac{14}{23} = 0.6087$$

2.3.2 累积故障(失效)概率

累积故障概率也称为累积失效概率,其函数为累积故障概率分布函数,简称为故障概率分布函数。本书认为失效即为故障,又称不可靠度。故障概率分布函数为产品在规定条件和时间内不能完成规定功能,或发生故障(失效)的概率,用 $F(t)$ 表示。由定义可知,产品的可靠度和故障概率都随着时间的增加而变化,因此它们都可以表示为时间的函数,即

$$F(t) = P(\xi \leqslant t) \tag{2.9}$$

式中,$F(t)$ 为故障概率分布函数;ξ 为产品故障前的工作时间;t 为规定的时间。

同样,工程上用频率代替 $F(t)$ 为

$$F(t) = \frac{r(t)}{N_0} \tag{2.10}$$

式中,N_0 为 $t=0$ 时刻规定条件下正常工作的产品总数;$r(t)$ 为 $0 \sim t$ 时刻,产品的累积故障(失效)数(产品故障后不予修复)。

显然,可靠度函数和故障概率分布函数之间有如下关系:

$$R(t) = 1 - F(t) = 1 - \int_0^t f(t)\mathrm{d}t = \int_t^{+\infty} f(t)\mathrm{d}t \tag{2.11}$$

$$F(t) + R(t) = 1 \tag{2.12}$$

以上关系式均建立在两态假设之上,即仅考虑正常、故障两种状态。表 2.1 展示了可靠度函数 $R(t)$ 与故障概率分布函数 $F(t)$ 的性质。显然,随着时间 t 的增加,故障数只会增加,不会减少,而正常工作数只会减少,不会增加。因此,可靠度函数 $R(t)$ 是 $[0,1]$ 区间上的单调减函数,而 $F(t)$ 则是该区间上的单调增函数。

表 2.1 可靠度函数 $R(t)$ 与故障概率分布函数 $F(t)$ 的性质

函数 性质	$R(t)$	$F(t)$
取值范围	[0, 1]	[0, 1]
单调性	非增函数	非减函数
对偶性	$1-F(t)$	$1-R(t)$

【例 2.4】 对一批试件进行寿命试验，抽样数 $n=100$，记录其故障时间，按相等时间间隔分组排列如表所示，试求工作 40 h 和 80 h 的故障概率和可靠度。

组序	时间 t/h	故障数 $\Delta r(t)$	累积故障数 $r(t)$
1	10~20	1	1
2	>20~30	2	3
3	>30~40	7	10
4	>40~50	10	20
5	>50~60	30	50
6	>60~70	31	81
7	>70~80	10	91
8	>80~90	6	97
9	>90~100	2	99
10	>100~110	1	100

解： 工作 40 h 的故障概率为 $F(40)=10/100=0.1$，可靠度为 $1-0.1=0.9$，或者可靠度 $R(t)=(100-10)/100=0.9$；工作 80 h 的故障概率为 $F(80)=91/100=0.91$，可靠度为 $1-0.91=0.09$，或者可靠度 $R(t)=(100-91)/100=0.09$。

2.3.3 故障（失效）概率密度函数

为了描述故障概率随时间变化的情况，一般先根据试验数据做出故障概率直方图，然后再将故障频率除以相应的时间间隔，就得到该时间间隔内平均单位时间的故障频率，称为平均故障概率密度 $\bar{f}(t)$，即

$$\bar{f}(t)=\frac{\Delta r(t)}{N_0 \Delta t} \tag{2.13}$$

例如，上述【例 2.4】中的数据可做出图 2.4 所示的直方图和平均故障概率密度曲线，图中纵坐标左边刻度表示故障频率，右边刻度表示平均故障概率密度。

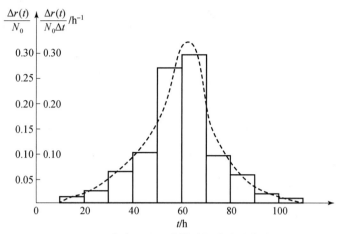

图 2.4　直方图和平均故障概率密度曲线

如果试样数不断增加，分组越来越多，Δt 越来越小，则上述直方图越来越接近于平滑曲线（图 2.4 中的虚线）。这条平滑曲线就可以看作是该零件总体的故障概率密度曲线。

故障概率密度函数也称为失效概率密度函数，其定义为产品在单位时间间隔内发生故障（失效）的比例或频率，用 $f(t)$ 表示；故障概率密度函数描述故障概率分布函数 $F(t)$ 随时间变化的情况。$f(t)$ 可由故障概率分布函数 $F(t)$ 工程化表达式推导得出，具体推导过程如下。

根据 $F(t)$ 的定义：

$$F(t) = \frac{r(t)}{N_0} = \int_0^t \frac{1}{N_0} \frac{\mathrm{d}r(t)}{\mathrm{d}t} \mathrm{d}t \tag{2.14}$$

根据故障概率分布函数 $F(t)$ 和故障概率密度函数 $f(t)$ 的关系，有

$$F(t) = \int_0^t f(t) \mathrm{d}t \tag{2.15}$$

令 $f(t) = \frac{1}{N_0} \frac{\mathrm{d}r(t)}{\mathrm{d}t}$，则

$$f(t) = \frac{1}{N_0} \frac{\Delta r(t)}{\Delta t} \tag{2.16}$$

式中，$\Delta r(t)$ 为 $[t, t+\Delta t]$ 时间间隔内故障的产品数。

故障概率密度函数实际上表示产品寿命的概率密度函数，也就是分布的频率。如果知道概率密度函数为正态分布，则可以很快知道产品寿命的均值即为正态分布的均值。

由概率密度函数的性质 $\int_0^{+\infty} f(t) \mathrm{d}t = 1$，可知故障概率密度、故障概率和可靠度之间的关系为

$$R(t) = 1 - F(t) = 1 - \int_0^t f(t) \mathrm{d}t = \int_t^{+\infty} f(t) \mathrm{d}t \tag{2.17}$$

图 2.5 显示了可靠度 $R(t)$、故障概率 $F(t)$ 与故障概率密度 $f(t)$ 三者之间的关系。可以看出，产品在规定时间 t_0 内的故障概率 $F(t)$ 就是图中曲线 $f(t)$ 下方、t 轴上方在区间 $(0, t_0]$ 内的面积；在曲线 $f(t)$ 下方、t 轴上方区间 $(t_0, +\infty)$ 内的面积对应的是可靠度 $R(t)$。因此，只要知道故障概率密度函数 $f(t)$ 或故障概率分布函数 $F(t)$，就不难求出可靠度函数 $R(t)$ 以及任意时刻的可靠度值。

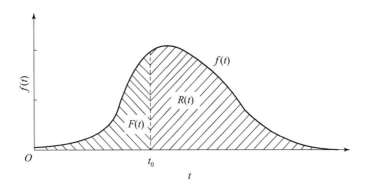

图 2.5　$R(t)$、$F(t)$ 与 $f(t)$ 的关系

例如，某产品的故障时间随机变量服从指数分布，其故障概率密度函数为 $f(t) = \lambda e^{-\lambda t}$ ($t>0$)，则其可靠度函数为 $R(t) = \int_{t}^{+\infty} f(t) \mathrm{d}t = \int_{t}^{+\infty} \lambda e^{-\lambda t} \mathrm{d}t$，指数分布的可靠性特征量在 2.6.1 节会具体介绍。当给定 λ 的值和时间 t 取值时，就可以求出可靠度 $R(t)$ 的值。

2.3.4　故障（失效）率

故障率也称为失效率，表示工作到某时刻尚未故障的产品，在该时刻后单位时间内发生故障的概率，是衡量可靠性的一个重要指标。它表示产品到某一时刻 t 为止尚未发生故障，在下一个时间内可能发生故障的比率。故障率 $\lambda(t)$ 定义式如下：

$$\lambda(t) = \lim_{\Delta t \to 0} P \ (t \leqslant \xi \leqslant t + \Delta t \mid \xi > t)$$
$$= \frac{\mathrm{d}r(t)}{N_{\mathrm{S}}(t) \mathrm{d}t} \tag{2.18}$$

式中，ξ 为产品故障前的工作时间。

上述公式可近似计算为

$$\bar{\lambda}(t) = \frac{\Delta r(t)}{N_{\mathrm{S}}(t) \Delta t} \tag{2.19}$$

式中，$\Delta r(t)$ 为 t 时刻后，Δt 时间内故障产品数；Δt 为所取时间间隔；$N_{\mathrm{S}}(t)$ 为 t 时刻残存产品数，$N_{\mathrm{S}}(t) = N_0 - r(t)$。

也可以说产品在某段时间 t 内，在可靠度 $R(t)$ 的条件下，在下一个瞬间将以何种比率发生故障（失效）；$\lambda(t)$ 是瞬时故障率，也可称为 $R(t)$ 条件下的故障概率密度函数 $f(t)$。它是衡量产品在单位时间内故障次数的数量指标。故障率是产品可靠性的重要指标之一。例如，滚动轴承、齿轮等许多机械零部件及许多电子产品都以其在规定条件的基本故障率作为其可靠性的重要指标。对于故障率很小的部件（高可靠度的产品），故障率还可以采用菲特（Fails In Time，FIT）作单位，1 菲特 $= 10^{-9}/\mathrm{h}$。故障率常常以每小时的故障概率或每 1 000 h 的故障百分比（或者故障次数）来表示，如 $10^{-5}/\mathrm{h}$；有时候也不用时间的倒数，而是用与其相当的"转速""动作次数""距离"等的倒数来表示更合适。表 2.2 展示了国标中规定的电子元器件的故障率等级。

表 2.2　电子元器件的故障率等级

故障率等级名称	故障率等级代号		最大故障率/[h^{-1} 或 (10 次)$^{-1}$]
	GB/T 1772—1979	GJB 2649A—2011	
亚五级	Y	L	3×10^{-5}
五级	W	M	1×10^{-5}
六级	L	P	1×10^{-6}
七级	Q	R	1×10^{-7}
八级	B	S	1×10^{-8}
九级	J	—	1×10^{-9}
十级	S	—	1×10^{-10}

根据故障率的定义公式，即式 (2.18)，有

$$\lambda(t) = \frac{\mathrm{d}r(t)}{N_S(t)\mathrm{d}t} \tag{2.20}$$

上式进一步可改写为

$$\lambda(t) = \frac{\mathrm{d}r(t)}{N_0(t)\mathrm{d}t} \times \frac{N_0(t)}{N_S(t)}$$

$$= \frac{f(t)}{R(t)} \tag{2.21}$$

上式描述了故障率函数 $\lambda(t)$ 与故障概率密度函数 $f(t)$ 和可靠度函数 $R(t)$ 之间的关系。根据可靠度函数和故障概率密度函数的关系，有

$$f(t) = -\frac{\mathrm{d}R(t)}{\mathrm{d}t} \tag{2.22}$$

式 (2.21) 和式 (2.22) 联立，有

$$\lambda(t)\mathrm{d}t = -\frac{\mathrm{d}R(t)}{R(t)} \tag{2.23}$$

对上式两边同时积分，可得

$$\int_0^t \lambda(t)\mathrm{d}t = -\ln R(t) \Big|_0^t \tag{2.24}$$

最终，得到可靠度函数和故障率函数之间的关系如下：

$$R(t) = \mathrm{e}^{-\int_0^t \lambda(t)\mathrm{d}t} \tag{2.25}$$

2.6.1 节将会介绍，对于寿命服从指数分布的产品，其故障率为常数，则上式可进一步简写为

$$R(t) = \mathrm{e}^{-\lambda t} \tag{2.26}$$

【例 2.5】表 2.3 为某产品 10 万个在 18 年内的故障数据，试计算这批产品 1 年，2 年，……的故障率。

表 2.3 故障数据

t/年	$r(t) \times 1000$ 个	$\Delta r(t) \times 1000$ 个	$\lambda(t)/(\% \cdot 年^{-1})$
0	—	0	0
1	0	1	1.00
2	1	1	1.01
3	2	1	1.02
4	3	1	1.03
5	4	3	3.12
6	7	6	6.45
7	13	10	11.49
8	23	14	18.18
9	37	15	23.81
10	52	16	33.33
11	68	14	43.75
12	82	8	44.44
13	90	4	40.00
14	94	3	50.00
15	97	1	33.33
16	98	1	50.00
17	99	1	100.00
18	100	—	—

解：根据式 $\lambda(t) = \dfrac{\Delta r(t)}{N_s(t) \Delta t}$，得

工作 1 年的故障率为 $\lambda(1) = \dfrac{\Delta r(1)}{[N_0 - r(1)] \Delta t} = \dfrac{1}{(100-0) \times 1} \times 100\% = 1\%/年$

工作 2 年的故障率为 $\lambda(2) = \dfrac{\Delta r(2)}{[N_0 - r(2)] \Delta t} = \dfrac{1}{(100-1) \times 1} \times 100\% = 1.0101\%/年$

工作 5 年的故障率为 $\lambda(5) = \dfrac{\Delta r(5)}{[N_0 - r(5)] \Delta t} = \dfrac{3}{(100-4) \times 1} \times 100\% = 3.125\%/年$

将工作到每年的故障率绘制到图上（以△表示），并连接起来，最终绘制出该产品的故障率曲线如图 2.6 所示。

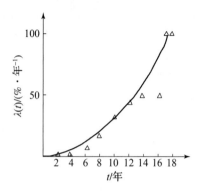

图 2.6 故障率曲线

【例 2.6】 今有某零件 100 个,已工作 6 年,工作满 5 年时共有 3 个故障,工作满 6 年时共有 6 个故障,工作满 7 年时有 10 个故障。试计算这批零件工作满 5 年时以及满 6 年时的可靠度和故障率(故障率单位:/年)。

解:由题意得:产品总数 $N_0 = 100$,满 5 年时,故障产品个数 $r(5) = 3$;满 6 年时,$r(6) = 6$;在未来 $\Delta t = 1$ 年内,满 5 年时 $\Delta r(5) = 6 - 3 = 3$ 个;满 6 年时 $\Delta r(6) = 10 - 6 = 4$ 个,则这批零件工作满 5 年时以及满 6 年时的可靠度和故障率计算如下:

$$R(5) = \frac{N_0 - r(5)}{N_0} = \frac{100 - 3}{100} = 0.97$$

$$R(6) = \frac{N_0 - r(6)}{N_0} = \frac{100 - 6}{100} = 0.94$$

$$\lambda(5) = \frac{\Delta r(5)}{[N_0 - r(5)]\Delta t} = \frac{6 - 3}{[100 - 3] \times 1} = 0.0309/\text{年}$$

$$\lambda(6) = \frac{\Delta r(6)}{[N_0 - r(6)]\Delta t} = \frac{10 - 6}{[100 - 6] \times 1} = 0.04255/\text{年}$$

【例 2.7】 今有 200 个产品投入使用,在 $t = 100$ h 前有 2 个发生故障,在 100~105 h 有 1 个发生故障。试计算这批产品工作满 100 h 时的故障概率密度和故障率;若 $t = 1\,000$ h 前有 51 个产品发生故障,而在 1 000~1 005 h 内有 1 个发生故障。试计算这批产品工作满 1 000 h 时的故障概率密度和故障率。

解:根据故障概率密度和故障率的计算公式,有

$$(1)\, f(100) = \frac{\Delta r(t)}{N_0 \times \Delta t} = \frac{1}{200 \times 5} = \frac{1}{1\,000}$$

$$\lambda(100) = \frac{\Delta r(t)}{[N_0 - r(100)]\Delta t} = \frac{1}{(200 - 2) \times 5} = \frac{1}{990}/\text{h}$$

$$(2)\, f(1\,000) = \frac{\Delta r(t)}{N_0 \times \Delta t} = \frac{1}{200 \times 5} = \frac{1}{1\,000}$$

$$\lambda(1\,000) = \frac{\Delta r(t)}{[N_0 - r(100)]\Delta t} = \frac{1}{(200 - 51) \times 5} = \frac{1}{745}/\text{h}$$

由上可见,在反映产品可靠性总体趋势变化方面,故障率 $\lambda(t)$ 比故障概率密度 $f(t)$ 要灵敏。接下来读者可以思考几个问题:①故障率有量纲吗?②故障率是概率值吗?③故障率

和故障概率密度之间有什么异同？

对于问题①，答案是肯定的，故障率有量纲，上面已提到故障率的单位一般采用 10^{-5}/h 或 10^{-9}/h（称 10^{-9}/h 为 1 FIT，菲特），也可用工作次数、转速、距离等单位表示。

对于问题②，故障率 $\lambda(t)$ 是概率值，可以看作是可靠度 $R(t)$ 条件下的故障概率密度函数 $f(t)$，是一种条件概率。$\lambda(t)$ 的物理意义应该可以解释为系统在 $0 \sim t$ 正常工作条件下，在 $t \sim t + \Delta t$ 发生故障的条件概率。

对于问题③，故障率 $\lambda(t)$ 是瞬时故障率，而故障概率密度函数 $f(t)$ 是代表故障概率随时间变化的情况；$\lambda(t)$ 直观地反映产品在 t 时刻的故障情况，而 $f(t)$ 主要反映产品总体在全部工作时间内的故障概率密度变化情况。

2.3.5 浴盆曲线

很多部件构成的系统和设备在不进行维修时，其故障率随时间的变化曲线形似浴盆，称其为浴盆曲线，如图 2.7 所示。由于产品故障机理不同，产品的故障率随时间的变化大致可分为以下 3 个阶段：

（1）早期故障阶段（磨合期、老练期）。在产品投入使用的初期，产品的故障率较高，存在迅速下降的特征。这一阶段产品的故障主要是设计和制造中的缺陷，如设计不当、材料缺陷、加工缺陷、安装调整不当等，产品投入使用后很容易暴露。可以通过加强质量管理及采用老练筛选等办法来消灭早期故障。

（2）偶然故障阶段（有效寿命期）。在产品投入使用一段时间后，产品的故障率可降到一个较低的水平，且基本处于平稳状态，可以近似认为故障率为常数。这一阶段产品的故障主要由偶然因素引起，系统排除了所有能够排除的缺陷，只剩下不能控制又没法预测的缺陷。偶然故障阶段是产品的主要工作期间，通常要求偶然故障阶段的故障率低于规定值，并希望其持续时间即有效寿命尽可能长。

（3）耗损故障阶段（耗损期）。产品投入使用较长时间后，进入耗损故障阶段。产品的故障率迅速上升，很快出现大批量的产品故障或报废。这一阶段产品的故障主要由老化、疲劳、磨损、腐蚀等耗损性因素引起。此时可采取定时维修、更换等预防性措施，降低产品故障率，减少由产品故障所带来的损失。

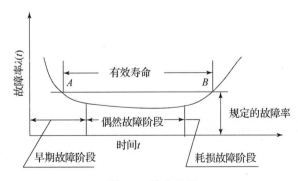

图 2.7 浴盆曲线

浴盆曲线各阶段的特性总结见表 2.4。

表 2.4　浴盆曲线各阶段的特性总结

阶段	故障率特性	产生原因	解决措施
早期故障	递减	制造缺陷 焊缝微裂纹 有缺陷的零部件 不良的质量控制 ……	老练筛选 质量控制 验收试验 ……
偶然故障	常数	环境影响 随机应力的作用 人为因素 "上帝之手" ……	余度设计 裕度设计 ……
耗损故障	递增	材料疲劳 材料老化 磨损 ……	降额设计 预防性维修 ……

上述所说的故障率曲线，即浴盆曲线，其实也可以用于人健康的情况，如图 2.8 所示。对于人来说，与上述 3 个阶段相对应的是幼儿期、青壮期和老年期。人的故障意味着生病或者死亡，显然刚生下来的婴儿最易生病和死亡，到了青壮期死亡率降到最低并趋于稳定且属于非自然原因（不测事件）；当进入老年期，接近人的固有寿命，生病率和死亡率显然会急剧上升。

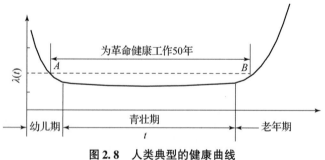

图 2.8　人类典型的健康曲线

2.3.6　对故障发生规律认识的变化

实践与统计证明，各种产品的故障规律并不都符合浴盆曲线。由大量元器件、部件所构成的某些设备，如飞机的机体、各种电子设备，其故障规律都是典型的故障率曲线。但是并不是所有的设备都具有 3 个故障阶段，有的设备只有其中 1 个或 2 个故障阶段。有些质量低劣设备的偶然故障阶段很短，甚至在早期故障阶段后，紧接着就进入耗损故障阶段。例如，飞机上的机械传动系统的一些附件，如液压泵、液压助力器等，故障率曲线就不是典型的浴盆曲线。对于机械产品，全寿命过程中故障率的变化并不完全符合浴盆曲线。

美国国家航空航天局（NASA）曾经对航空技术装备的故障率曲线做了大量研究，总结出 6 种基本类型的故障率曲线，如图 2.9 所示。图中纵坐标代表故障率，横坐标代表使用时间。从图中可以看出，曲线 A 为典型的浴盆曲线，有明显的耗损期。曲线 B 也有明显的耗损期，具有明显耗损期的设备（如飞机的轮胎、轮子的刹车片等），它们通常具有金属疲劳、材料老化的特点。曲线 C 没有明显的耗损期，但是随着使用时间增加，故障率增加，涡轮喷气发动机就属于这一类型。曲线 D 显示了新设备从刚出厂的低故障率，急剧地增长到一个恒定的故障率。曲线 E 显示设备的故障为恒定值，出现的故障常常是偶然因素造成的。曲线 F 显示设备开始有高的初期故障率，然后急剧下降到一个恒定的或者是增长极为缓慢的故障率。曲线 D、E 和 F 没有耗损期，没有耗损期的设备如飞机液压系统、空调系统的附件、发动机的附件等。

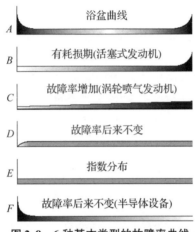

图 2.9　6 种基本类型的故障率曲线

图 2.10 和图 2.11 分别显示了基于美国联合航空公司统计数据和航天产品的统计数据所得的 6 种故障模式占比率。经统计，具有耗损特性的航空技术装备（曲线 A 和 B）仅仅占整个装备的 6%，而具有典型浴盆曲线（曲线 A）的仅占 4%。故障率渐增型没有明显耗损期（曲线 C）的仅占 5%，以上 3 项共占 11%，而 89% 的设备则没有耗损期（曲线 D、E 和 F），这些不需要定时维修。我军许多现役装备（舰船、电子武器、枪炮）故障统计表明，产品的故障规律是多样化的。

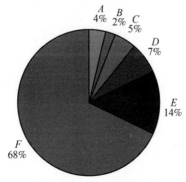

图 2.10　6 种故障模式占比率（美国联合航空公司统计数据）

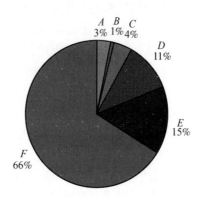

图 2.11　6 种故障模式占比率（航天产品的统计数据）

2.4　可靠性的时间度量

在研究产品可靠性时，有时候更关心它们的寿命特征量（如平均寿命、寿命方差、可靠寿命等），其中最常用的是平均寿命，即产品寿命的均值。产品寿命即为其无故障的工作时间。针对不可修复产品，产品故障后即报废，其平均寿命是指发生故障前的平均工作时间，称为平均故障前时间，记为 MTTF（Mean Time To Failure）。平均寿命是一种描述故障分布集中趋势的度量，其计算公式如下：

$$\mathrm{MTTF} = T_{\mathrm{TF}} = \frac{1}{N_0}\sum_{i=1}^{N_0} t_i \tag{2.27}$$

式中，t_i 为第 i 个产品故障前的工作时间；N_0 为测试产品总数。

当进行寿命试验的产品数目较大时，寿命数据较多，用式（2.27）计算较烦琐，则可将全部寿命数据按照一定时间间隔分组，并取每组寿命数据中值 t_i 作为该组寿命数据的近似值，则总的工作时间就可以近似地用各组的寿命数据中值 t_i 与相应的频数（该组的数据数）Δn_i 的乘积之和来表示，因此平均寿命又可表示为

$$\mathrm{MTTF} = T_{\mathrm{TF}} = \frac{1}{N_0}\sum_{i=1}^{n} t_i \Delta n_i = \sum_{i=1}^{n} t_i p_i \tag{2.28}$$

式中，n 为分组数；$p_i = \frac{\Delta n_i}{N_0}$。有的文献也用 θ 表示平均寿命。

当 N_0 趋向无穷时，平均寿命为产品故障时间这一随机变量的数学期望，则

$$\mathrm{MTTF} = E(T) = \int_0^{+\infty} t f(t)\,\mathrm{d}t \tag{2.29}$$

将 $f(t) = -\dfrac{\mathrm{d}R(t)}{\mathrm{d}t}$ 代入上式，得

$$\mathrm{MTTF} = \int_0^{+\infty} t\left[-\frac{\mathrm{d}R(t)}{\mathrm{d}t}\right]\mathrm{d}t$$
$$= -\int_0^{+\infty} t\,\mathrm{d}R(t)$$

$$= -\int_0^{+\infty} \mathrm{d}[tR(t)] + \int_0^{+\infty} R(t)\mathrm{d}t$$

$$= -tR(t)\Big|_0^{+\infty} + \int_0^{+\infty} R(t)\mathrm{d}t \tag{2.30}$$

当 $t=0$ 时，$tR(t)=0$；当 t 趋向无穷时，$\lim[tR(t)]=0$，故 $tR(t)\big|_0^{+\infty}=0$，则有

$$\mathrm{MTTF} = E(T) = \int_0^{+\infty} R(t)\mathrm{d}t \tag{2.31}$$

对于可修复产品，其平均寿命指相邻两次故障之间的平均工作时间，称为平均故障间隔时间（Mean Time Between Failures, MTBF）。MTTF 和 MTBF 的理论意义和数学表达式的实际内容一样，故统称为平均寿命。MTBF 计算公式如下：

$$\mathrm{MTBF} = \frac{1}{N_0}\sum_{i=1}^{N_0} t_i = \frac{T}{N_0} \tag{2.32}$$

式中，N_0 为 T 时间段内产品总故障次数；t_i 为每次相邻故障之间工作持续时间；T 为总工作时间，$T=\sum_{i=1}^{N_0} t_i$。

也可以用式（2.33）代替式（2.32）计算 MTBF，即

$$\mathrm{MTBF} = \frac{1}{\sum_{i=1}^{N} n_i}\sum_{i=1}^{N}\sum_{j=1}^{n_i} t_{ij} \tag{2.33}$$

式中，N 为测试的产品总数；n_i 为第 i 个测试产品的故障次数；t_{ij} 为第 i 个产品从第 $j-1$ 次故障到第 j 次故障的工作时间。

产品的 MTBF 可作为针对高频率故障零件的重点对策及零件寿命延长的技术改造依据，也可据此进行零件寿命周期的推算及最佳维修计划编制（如汽车保养计划）。

在一般情况下，对可靠度函数 $R(t)$ 在 $(0,+\infty)$ 区间上进行积分计算，就可求出产品的平均寿命。产品的可靠度与其使用期限有关，换句话说，可靠度是工作寿命 t 的函数，用可靠度函数 $R(t)$ 表示。当可靠度函数 $R(t)$ 已知时，就可以求得任意时间的可靠度。反之，若确定了可靠度，也可以求出相应的工作寿命（时间）。下面给出几种常用的寿命表达形式。

可靠寿命：可靠度等于给定值 R 时，产品的寿命称为可靠寿命，用 t_R 表示。图 2.12 显示了 t_R 与 R 的关系。

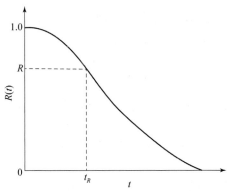

图 2.12　可靠寿命 t_R 与可靠度 $R(t)$ 的关系

中位寿命：可靠度 $R = 50\%$ 的可靠寿命称为中位寿命。当产品工作到中位寿命时，产品将有半数故障，即可靠度与故障概率均等于 0.5，$R(t_{med}) = 0.5 = P(T \geq t_{med})$，通常记为 $t_{0.5}$。图 2.13 显示了中位寿命 $t_{0.5}$ 与 $R(t)$、$F(t)$ 的关系。

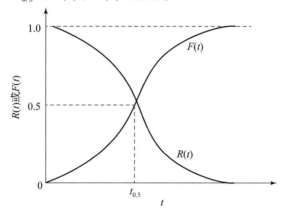

图 2.13　中位寿命 $t_{0.5}$ 与 $R(t)$、$F(t)$ 的关系

众数：单位时间内最可能发生故障的时间，通常表示为 t_{mode}。

特征寿命：可靠度 $R = e^{-1}$ 的可靠寿命称为特征寿命，用 $t_{e^{-1}}$ 表示。

可靠寿命 t_R、中位寿命 $t_{0.5}$ 和特征寿命 $t_{e^{-1}}$ 的一般表达式都是可靠度函数的反函数。一旦知道可靠度函数，不难求出它们的表达式和数值。中位寿命 $t_{0.5}$ 和众数 t_{mode} 也是描述故障分布集中趋势的度量。图 2.14 对中位寿命 $t_{0.5}$、众数 t_{mode} 和平均寿命 MTTF 进行了示意，显然有

$$R(t_{0.5}) = 0.5 = P(T \geq t_{0.5})$$
$$f(t_{mode}) = \max_{0 \leq t < +\infty} f(t) \tag{2.34}$$

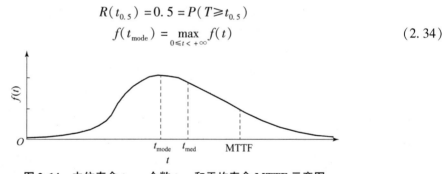

图 2.14　中位寿命 $t_{0.5}$、众数 t_{mode} 和平均寿命 MTTF 示意图

【例 2.8】已知某产品的故障率为常数，即 $\lambda(t) = \lambda = 0.25 \times 10^{-4}/h$，可靠度函数 $R(t) = e^{-\lambda t}$，试求可靠度 $R = 99\%$ 时相应的可靠寿命 $t_{0.99}$。

解：因 $R(t) = e^{-\lambda t}$，故有 $R(t_R) = e^{-\lambda t_R}$，两边取对数得

$$\ln R(t_R) = -\lambda t_R$$

最后得可靠寿命为 $\quad t_R = -\dfrac{\ln R(t_R)}{\lambda} = -\dfrac{\ln(0.99)}{0.25 \times 10^{-4}} = 402 \text{ h}$

【例 2.9】求【例 2.8】中产品的中位寿命和特征寿命。

解：根据中位寿命的定义，有

$$t_{0.5} = -\dfrac{\ln R(t_{0.5})}{\lambda} = -\dfrac{\ln(0.5)}{\lambda} = -\dfrac{\ln(0.5)}{0.25 \times 10^{-4}} = 27\,725.9 \text{ h}$$

根据特征寿命的定义,有

$$t_{e^{-1}} = -\frac{\ln(e^{-1})}{\lambda} = -\frac{\ln(0.3679)}{0.25 \times 10^{-4}} = 39\,998 \text{ h}$$

平均寿命只能反映这批产品寿命分布的中心位置,而不能反映各产品的寿命与此中心位置的偏离程度,因此引入寿命方差 $\text{Var}(T)$,作为反映产品寿命离散程度的特征值。根据随机变量方差的计算公式,可得

$$\text{Var}(T) = \int_0^{+\infty} (t - \text{MTTF})^2 f(t) \mathrm{d}t$$

$$= \int_0^{+\infty} t^2 f(t) \mathrm{d}t - \text{MTTF}^2$$

【例 2.10】某型发动机 18 台(该发动机故障后不进行修复),从开始使用到发生故障前工作时间的数据如下(单位为 h):26,39,60,80,100,150,180,210,250,301,340,400,484,570,620,1 100,2 500,3 100,试求其平均寿命。

解:由平均寿命频率公式可得

$$\text{MTTF} = \frac{1}{N_0} \sum_{i=1}^{N_0} t_i = \frac{1}{18} \sum_{i=1}^{18} t_i = 583.9 \text{ h}$$

即 18 台发动机的平均寿命为 583.9 h。

2.5 可靠性特征量关系

综合上述对可靠度函数 $R(t)$、故障概率分布函数 $F(t)$、故障概率密度函数 $f(t)$、故障率函数 $\lambda(t)$ 的介绍,图 2.15 对这些可靠性特征量之间的相互转换关系进行了较为详细的总结。可见,知道了其中任一特征量,就可计算其他特征量。

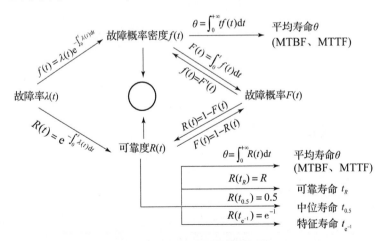

图 2.15 可靠性特征量关系图

2.6 常用故障分布及可靠性特征

可靠性的各个特征量都与产品寿命 T 这个随机变量的分布函数有关,只有已知故障概率

分布函数 $F(t)$ 或故障概率密度函数 $f(t)$ 时，才能确定其他各特征量的具体表达式。产品寿命 T 的分布主要有指数分布、正态分布、对数正态分布、泊松分布、威布尔分布等。例如，较为复杂的系统（由许多零件组成的设备），在稳定工作时期的偶然故障时间为随机变量，服从指数分布，而在耗损期则近似服从正态分布。机械零件的疲劳寿命往往呈现对数正态分布或威布尔分布。

在可靠性分析中，材料的强度、零件的寿命和尺寸等都可用正态分布来拟合。由概率论的中心极限定理可知，当研究对象的随机性是由许多相互独立的随机因素之和所引起，而其中每一个随机因素对总和影响极小时，这类问题都可认为服从正态分布，因此正态分布应用较广。但是，正态分布是对称的，并且随机变量的取值是 $(-\infty,+\infty)$。然而，有许多实验数据并不是对称的，而是倾斜的，或观测数据只能取正值而不能取负值，因此正态分布和其他分布一样也有局限性，在使用中应该根据具体情况选择合适的分布。

2.6.1 指数分布

可靠性工程中最常见的一类故障分布是指数分布。服从指数分布的故障率为常数，称为恒定故障率（Constant Failure Rate，CFR）模型，因此通常也称指数分布为 CFR 模型。完全由随机事件或偶然事件引发的故障服从这种分布，它在系统或部件的使用寿命中占统治地位，同时也是最便于统计分析的分布之一，很多电子产品或某些复杂系统的寿命都服从这个分布。

指数分布（Exponential Distribution）的定义：若 T 是一个非负的随机变量，且有故障概率密度函数为

$$f(t) = \lambda e^{-\lambda t}, \quad t \geq 0 \tag{2.35}$$

其中，$\lambda > 0$，则称 T 服从参数为 λ 的指数分布。图 2.16 给出了不同参数 λ 下指数分布的故障概率密度函数。

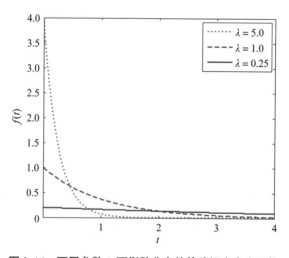

图 2.16　不同参数 λ 下指数分布的故障概率密度函数

服从指数分布的产品，根据 $R(t)$ 和故障概率密度函数 $f(t)$ 之间的关系，可靠度函数为

$$R(t) = \int_{t}^{+\infty} f(t)\mathrm{d}t = \int_{t}^{+\infty} \lambda e^{-\lambda t}\mathrm{d}t = e^{-\lambda t} \tag{2.36}$$

根据式（2.36），平均寿命为

$$\begin{aligned} E(T) = \text{MTTF} = \text{MTBF} &= \int_0^{+\infty} R(t) \mathrm{d}t \\ &= \int_0^{+\infty} \mathrm{e}^{-\lambda t} \mathrm{d}t \\ &= -\frac{1}{\lambda} \int_0^{+\infty} \mathrm{e}^{-\lambda t} \mathrm{d}(-\lambda t) \\ &= -\frac{1}{\lambda} \mathrm{e}^{-\lambda t} \Big|_0^{+\infty} \\ &= \frac{1}{\lambda} \end{aligned} \tag{2.37}$$

根据寿命方差的定义，可得指数分布的寿命方差为

$$\begin{aligned} \text{Var}(T) &= \int_0^{+\infty} t^2 f(t) \mathrm{d}t - \text{MTTF}^2 \\ &= \frac{1}{\lambda^2} \end{aligned} \tag{2.38}$$

指数分布具有很多值得关注的特点。第一个值得关注的特点是指数分布的寿命方差为 $1/\lambda^2$，说明随着可靠度的增加（λ 减少），故障前时间的可变性也将增加，故障前时间的高可变性在实际中普遍存在。

指数分布的故障率函数为

$$\lambda(t) = \frac{f(t)}{1 - F(t)} = \frac{\lambda \mathrm{e}^{-\lambda t}}{1 - (1 - \mathrm{e}^{-\lambda t})} = \lambda \tag{2.39}$$

第二个值得关注的特点是可靠度服从指数分布的系统，其故障率 λ 为恒定参数。这是指数分布的一个重要特征，它代表着系统（部件）处于浴盆曲线的偶然故障阶段。图 2.17 显示了不同参数 λ 下指数分布的故障率曲线。通常，电子产品具有这种故障率特征。

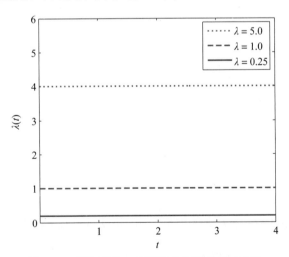

图 2.17　不同参数 λ 下指数分布的故障率曲线

根据式（2.36），可得服从指数分布产品的平均寿命为 $1/\lambda$。将平均寿命代入可靠度表达式中，得

$$R(\theta) = e^{-\lambda t} = e^{-\lambda \times \frac{1}{\lambda}} = e^{-1} = 0.368 \tag{2.40}$$

在该平均寿命处，仅有 36.8% 的可靠度，说明对于可靠度服从指数分布的产品，并不是半数产品能达到平均寿命，只有略微大于 1/3 的机会能够工作到平均故障前时间，即平均寿命。

指数分布模型第三个值得关注的特点是无记忆性（Memorylessness），这是其他故障分布函数不具备的性质。其具体含义是如果某产品的寿命服从指数分布，那么在它经过一段时间 t_0 的工作以后，如果仍然正常工作，则它仍和新产品一样，在 t_0 以后的剩余寿命仍然服从原来的指数分布，用公式表示如下：

$$R(t \mid t_0) = \frac{R(t \mid t_0)}{R(t_0)} = \frac{e^{-\lambda(t+t_0)}}{e^{-\lambda t_0}}$$

$$= \frac{e^{-\lambda t} e^{-\lambda t_0}}{e^{-\lambda t_0}} = e^{-\lambda t} = R(t) \tag{2.41}$$

指数分布的无记忆性是指产品工作过程中没有老化（Aging）或耗损（Wearout）效应，也就是说部件的故障前时间与它已经工作了多长时间无关。正常工作的产品在接下来的 1 000 h 内能正常工作的概率与这个部件是否全新、是否已经工作了几百小时、是否已经工作了几千小时没有关系，这个性质与故障的过程完全随机且独立的本质一致。例如，当随机外界环境应力是造成故障发生的主要原因时，部件是否故障与其工作历史是不相关的。如果故障数完全由相互独立的随机事件决定且与系统的寿命无关，则可推出系统故障率为常数。

指数分布的可靠性特征量汇总如表 2.5 所示。

表 2.5　指数分布的可靠性特征量汇总

故障率	可靠度	故障概率	故障概率密度	平均寿命	寿命方差
$\lambda(t)$	$R(t)$	$F(t)$	$f(t)$	MTTF/MTBF	$\mathrm{Var}(T)$
λ	$e^{-\lambda t}$	$1-e^{-\lambda t}$	$\lambda e^{-\lambda t}$	$\dfrac{1}{\lambda}$	$\dfrac{1}{\lambda^2}$

2.6.2　威布尔分布

威布尔分布（Weibull Distribution）是瑞典物理学家 W. Weibull 在分析材料强度及链条强度时推导出的一种分布函数。威布尔分布对于各种类型的故障数据拟合能力强，常用于故障率函数不随时间呈线性变化的情况。例如，指数分布只能适应于偶然故障阶段，而威布尔分布对于浴盆曲线的 3 个阶段都能适应，常用来描述零件的寿命，如零件的疲劳故障、轴承故障等寿命分布。

两参数威布尔分布的定义：t 是一个非负的随机变量，且故障概率密度函数为

$$f(t) = \frac{\beta}{\theta}\left(\frac{t}{\theta}\right)^{\beta-1} e^{-\left(\frac{t}{\theta}\right)^{\beta}}, \quad t \geq 0 \tag{2.42}$$

式中，β 为形状参数，影响分布函数图形的形状特性；θ 为尺度参数，影响分布的均值和散布特性。

图 2.18 显示了不同参数 β 下威布尔分布的故障概率密度函数。当 $\beta<1$ 时，其 PDF 与指

数分布在形状上很接近；当 $\beta \geqslant 3$ 时，PDF 在一定程度上是对称的，类似于正态分布；当 $1 < \beta < 3$ 时，PDF 为倾斜的；当 $\beta = 1$ 时，PDF 为指数分布。可见，指数分布、正态分布等都是威布尔分布的特殊形式。

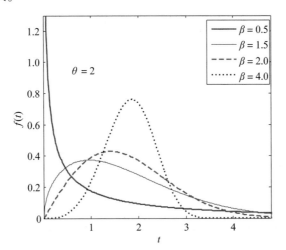

图 2.18　不同参数 β 下威布尔分布的故障概率密度函数

两参数威布尔分布的可靠度函数为

$$R(t) = \int_t^{+\infty} f(t)\,\mathrm{d}t = \mathrm{e}^{-(\frac{t}{\theta})^{\beta}} \tag{2.43}$$

不同参数 β 下两参数威布尔分布的可靠度函数如图 2.19 所示，可见其都经过同一点 $t = \theta$，显然有

$$R(\theta) = \mathrm{e}^{-(\frac{t}{\theta})^{\beta}} = \mathrm{e}^{-1} = 0.368 \tag{2.44}$$

上式表示威布尔分布中 63.2% 的故障发生在 $t = \theta$ 之前。

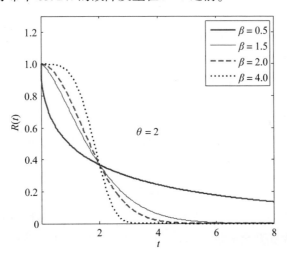

图 2.19　不同参数 β 下两参数威布尔分布的可靠度函数

两参数威布尔分布的故障率函数为

$$\lambda(t) = \frac{\beta}{\theta}\left(\frac{t}{\theta}\right)^{\beta-1} \tag{2.45}$$

不同参数 β 下两参数威布尔分布的故障率函数如图 2.20 所示。

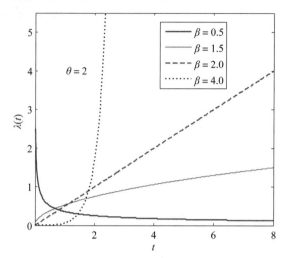

图 2.20　不同参数 β 下两参数威布尔分布的故障率函数

2.6.3　正态分布

正态分布是一种基本的概率分布，也是最为常用的一种概率分布。正态分布被广泛用于机械可靠性设计，如材料强度、耗损寿命、齿轮轮齿弯曲、疲劳强度以及难以判断其分布的场合，在疲劳（Fatigue）和耗损（Wearout）情况下系统（部件）的寿命分析。正态分布的故障概率密度函数（PDF）表示为

$$f(t) = \frac{1}{\sigma\sqrt{2\pi}} e^{-\frac{1}{2}\left(\frac{t-\mu}{\sigma}\right)^2}, \quad -\infty < t < +\infty \tag{2.46}$$

式中，μ 和 σ 为正态分布的两个参数，而 σ 为标准差，μ 既是均值，也是故障中值时间和众数。

由于正态分布中随机变量取值范围为 $(-\infty, +\infty)$，所以正态分布不是真正的可靠度函数。然而，实际中对于大多数 μ 与 σ，随机变量取负值的概率几乎可以忽略。

根据可靠度与故障概率密度函数的关系，可得正态分布的可靠度函数为

$$R(t) = \int_t^{+\infty} f(t)\,dt = \int_t^{+\infty} \frac{1}{\sigma\sqrt{2\pi}} e^{-\frac{(t-\mu)^2}{2\sigma^2}}\,dt \tag{2.47}$$

由于式（2.47）无封闭形式解，对于具有参数为 μ 与 σ 的正态分布，可先转变成标准正态分布，再通过查询标准正态分布表得到，即可表示为

$$R(t) = 1 - F(t) = 1 - \Phi\left(\frac{t-\mu}{\sigma}\right) \tag{2.48}$$

式中，$\Phi(\cdot)$ 表示标准正态分布的故障概率函数，可查阅相关表格或通过 Matlab 等得到。

正态分布的故障率函数可表示为

$$\lambda(t) = \frac{f(t)}{R(t)} = \frac{f(t)}{1 - \Phi[(t-\mu)/\sigma]} \tag{2.49}$$

2.6.4　对数正态分布

对数正态分布即随机变量的自然对数服从正态分布，其故障概率密度函数为

$$f(t) = \frac{1}{\sigma t \sqrt{2\pi}} e^{-\frac{1}{2}(\frac{\ln t - \mu}{\sigma})^2} \tag{2.50}$$

其图形如图 2.21 所示。

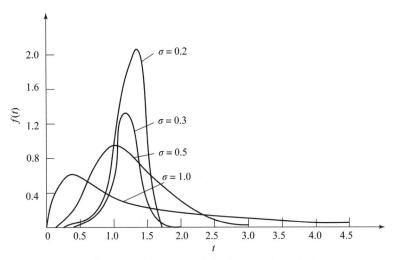

图 2.21　各种正态分布（$\mu=1$，不同 σ 值）

对数正态分布通常用于半导体器件的可靠性分析和某些种类的机械零件的疲劳寿命分析。表 2.6 为几种典型的连续型寿命分布的故障函数特性。

表 2.6　几种典型的连续型寿命分布的故障函数特性

故障函数类型	$\lambda(t)$	$f(t)$	$R(t)$	参数
恒定（指数分布）	λ	$\lambda e^{-\lambda t}$	$e^{-\lambda t}$	λ
威布尔分布	$\dfrac{\beta}{\theta}\left(\dfrac{t}{\theta}\right)^{\beta-1}$	$\dfrac{\beta}{\theta}\left(\dfrac{t}{\theta}\right)^{\beta-1} e^{-(\frac{t}{\theta})^\beta}$	$e^{-(\frac{t}{\theta})^\beta}$	β,θ
指数分布	be^{at}	$be^{at} e^{-\frac{b}{a}(e^{at}-1)}$	$e^{-\frac{b}{a}(e^{at}-1)}$	a,b
正态分布	$\dfrac{\Phi\left(\frac{t-\mu}{\sigma}\right)}{\sigma R(t)}$	$\dfrac{1}{\sigma\sqrt{2\pi}} e^{-\frac{1}{2}(\frac{t-\mu}{\sigma})^2}$	$1-\int_{-\infty}^{t}\dfrac{1}{\sigma\sqrt{2\pi}} e^{-\frac{1}{2}(\frac{t-\mu}{\sigma})^2} dt$	μ,σ
对数正态分布	$\dfrac{\Phi\left(\frac{\ln t-\mu}{\sigma}\right)}{t\sigma R(t)}$	$\dfrac{1}{\sigma t\sqrt{2\pi}} e^{-\frac{1}{2}(\frac{\ln t-\mu}{\sigma})^2}$	$1-\int_{0}^{t}\dfrac{1}{t\sigma\sqrt{2\pi}} e^{-\frac{1}{2}(\frac{\ln t-\mu}{\sigma})^2} d\tau$	μ,σ

2.6.5　二项分布

除了连续概率分布，还有离散概率分布形式的故障分布。可靠度是关于时间的函数，但是一些系统或元件，并不是一直使用，而是按需使用。例如导弹，平时都是存放起来的，有任务需要才会使用。同样，还有一些系统循环运转，这里关心的是故障前的循环数。在这种情况下，可靠度和系统行为通常用离散可靠度分布来描述。本节将简要介绍二项分布和泊松分布两种离散型故障模型。

在相同的条件下，独立地重复试验 n 次，而每次试验的结果或是成功或是失败，亦即只有两种不同的结果（即成败型故障分布模型），在每次试验中成功的概率为 p 的二项分布的概率密度函数为

$$f(x) = \binom{n}{x} p^x q^{n-x} \tag{2.51}$$

式中，$\binom{n}{x} = \dfrac{n!}{(n-x)!}$；$q = 1 - p$ 为每次试验中失败的概率；$f(x)$ 为 n 次试验中有 x 次成功且 $(n-x)$ 次失败的概率。

二项分布的概率分布函数（即在 n 次试验中获得 x 次或更少次成功的概率）为

$$F(x) = \sum_{i=0}^{x} \binom{n}{i} p^i q^{n-i} \tag{2.52}$$

当系统使用部分余度时，二项分布可用于计算系统的成功概率。

【例 2.11】假设有一台 5 个频道的高频接收机，只要该接收机有 3 个频道工作，系统就能正常工作。假定每个频道在 24 h 工作期间无故障工作的概率为 0.9，那么接收机正常工作 24 h 的概率是多少？

解：由假设可知，这是一个二项概率分布，设各个参数含义如下：

$n = 5$ 为频道数；$r = 2$ 为允许发生故障的频道数；$p = 0.9$ 为单个频道成功的概率；$q = 0.1$ 为单个频道发生故障的概率；x 为成功的频道数；R 为系统成功概率。

由题可得

$$R = \sum_{x=n-r}^{n} \binom{n}{x} p^x q^{n-x} = \sum_{x=3}^{5} \binom{5}{x} p^x q^{5-x} = 0.99144$$

这是 5 个频道中有 3 个或更多个频道在 24 h 工作期间正常工作的概率。根据可靠度和不可靠度之间的关系，也可以通过下式计算得到可靠度 R：

$$R = 1 - F(n - r - 1) = 1 - \sum_{x=0}^{n-r-1} \binom{n}{x} p^x q^{n-x}$$

$$= 1 - \sum_{x=0}^{2} \binom{5}{x} (0.9)^x (0.1)^{5-x} = 1 - 0.00856 = 0.99144$$

2.6.6 泊松分布

如果随机事件在单位时间内发生的平均次数是一个常数，事件在任一时间间隔内发生的次数与在任一其他时间间隔内发生的次数无关，并且两个或更多个事件同时发生的机会很小（可以忽略不计），则该随机事件服从泊松分布。

若事件服从泊松分布，变化率为 λ，则事件在时间 t 内发生 k 次的概率为

$$F(k) = \frac{(\lambda t)^k \mathrm{e}^{-\lambda t}}{k!} \tag{2.53}$$

式中，λ 为泊松分布参数。

若 k 表示故障数，λ 表示故障率，则在 t 时刻可靠度函数 $R(t)$ 为

$$R(t) = \frac{(\lambda t)^0 \mathrm{e}^{-\lambda t}}{0!} = \mathrm{e}^{-\lambda t} \tag{2.54}$$

此时 $k = 0$，可靠度函数 $R(t)$ 为指数分布。

2.7 本章小结

可靠性特征量用于描述产品的可靠性,是对产品进行可靠性建模和分析的基础和前提。本章主要对寿命型可靠性分布模型,从概率度量和时间度量两方面对可靠性特征量及其相互转换关系进行介绍,并介绍了常用的故障分布及其可靠性特征量的计算方法。

第 3 章
产品可靠性评定

第 2 章介绍了可靠性工程中常用的一些故障分布及评定产品可靠性的指标,但是如何知道某种产品的故障服从哪种分布?分布中的参数如何求得?可靠性指标又如何估计?要解决这些问题,首先要进行可靠性试验或寿命试验,通过这些试验获取可靠性数据,来确定产品的寿命服从什么类型的分布以及分布参数。由以往的产品的寿命数据分析所积累的经验或由故障机理分析来判断总体的分布类型,从而假定已知分布;再根据试验数据来估计未知参数或利用假设检验等方法判断分布模型是否选择恰当。前述过程可称为可靠性评定,是指根据产品的可靠性数据(产品的试验或使用信息)和可靠性模型,利用一定的数理统计方法给出产品可靠性特征量的点估计和区间估计。可靠性评定是产品研制中极为重要的一环,尤其在转段(初样—试样—正样—批生产)和设计鉴定时,更是必不可少,故在武器和航天运载器的研制中具有重要地位。

可靠性评定通常指寿命评估,此外还包括产品性能可靠性评估和结构可靠性评估。若按产品可靠性结构特点,可靠性评定可分为单元可靠性评定和系统可靠性评定。产品是生产出来的,在生产过程中很多产品可以整体进行试验来评估其可靠性水平。但是对于一些大型、复杂且昂贵的产品,如通信卫星等,有时不可能对整体进行试验,而只能对其各组成部分进行试验来估算整体产品的可靠性水平。对前一类产品,称之为单元产品,本章主要介绍单元产品的可靠性评估。对后一类产品,称之为复杂产品(系统),其可靠性评估是一个较复杂的问题,理论上可以根据单元可靠性及系统可靠性模型进行评定,本章将进行简要介绍。

根据试验信息的类型及可靠性模型,也可将可靠性评定分为成败型、寿命型和应力-强度型,本章主要介绍寿命型可靠性评定。通常,对于寿命型单元故障分布,其寿命分布多为指数分布;对于应力-强度型单元故障分布,则多为正态分布;对于成败型单元故障分布,则为二项分布。

3.1 单元产品可靠性评估流程

图 3.1 显示了经典的可靠性评估流程,其主要包括可靠性数据收集和整理、经验分布函数计算或可靠度观测值计算、寿命分布检验、分布参数估计、可靠性特征参数计算等。用于可靠性评估的可靠性数据及其来源有如下两种:

(1)试验数据。在产品的研制生产过程中,需要进行各种性能试验、环境试验和可靠性试验,这些试验产生的数据是可靠性数据的重要来源。

（2）现场数据。在产品的实际生产和使用过程中得到的产品工作、故障和维修数据为现场数据。

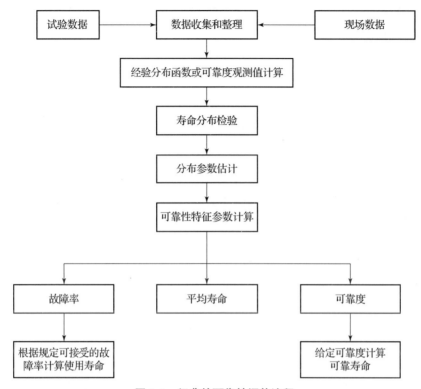

图 3.1　经典的可靠性评估流程

因为收集与记录故障数据的方法不同，所以现场数据常常会按照一定时间间隔来分组，而不再保存原本的故障时间。样本量大的情况下，将数据按照一定间隔进行分组可能是首选方法。和现场数据不同，由于时间和资源的限制，试验数据往往是小样本量，但是试验所产生的数据可能要比使用数据更加精确和及时。使用数据除了提供大样本之外，还会反映实际使用环境。

单元产品可靠性评估的一般步骤如下：

（1）确定被研究产品的故障分布类型。

（2）收集子样产品的故障数据 $x_1, x_2, \cdots, x_n$；根据子样的故障数据计算产品（母体）的故障分布函数的参数或数学特征量。

（3）根据上述参数或数学特征量确定产品（母体）的故障分布函数。

（4）根据产品（母体）故障分布函数计算其有关的可靠性指标。

在试验数据分布类型未知时，首先需要估计产品的分布类型，表 3.1 给出了可靠性工程中常见的故障分布。对于一些常用产品的故障分布类型，可通过查阅有关手册或资料确定。判断故障分布属于何种分布类型，在目前的大部分文献中采用假设检验，即首先估计分布类型或假设分布类型，然后用一种适当的方法来检验数据是否接受所假设的分布。在分布类型初选之后，应当进行相应的拟合性检验，来最终确定故障分布类型。分布的检验是通过产品试验获得的故障时间统计数据来推断的。根据不同的实际情况，可以使用不同的方法提出不同检验，如 Hollander – Proschan 方法，通过计算检验值来确定最终选择哪种分布类型。

表 3.1　可靠性工程常见的故障分布

离散型分布	连续型分布
二项分布 泊松分布	指数分布 威布尔分布 正态分布 对数正态分布

对具有缺失机制的数据类型来说，故障率函数是初步判断数据来自何种分布的有力统计工具。作故障率图类似于作概率图，主要区别是对观测值和累积故障率作图，而不是对观测值和分布概率值作图。将绘制的数据样本累积故障率图与准指数分布、对数正态分布、威布尔分布的累积故障率图对比，若发现它与指数分布、威布尔分布的累积故障率图最接近，那么可初步判断数据可能来自这两种分布的某一类。

3.2　可靠性估计方法

由以往产品的寿命数据分析所积累的经验或由故障机理分析来判断总体的分布类型，从而假定已知分布，再根据试验数据来估计未知参数。这类方法称为参数估计方法，典型的是极大似然函数法，其实质就是在目前的故障数据下，寻求分布的参数，使这组参数下当前试验数据出现的可能性最大。实际中，某些产品的分布无从假定。例如，研制新产品时，事先不可能有足够的信息来判断其寿命属于哪类分布，由试验数据来估计某些可靠性指标，这种未知分布的估计方法称为非参数估计法。非参数估计法中，由于对总体分布了解很小，只能做粗略的限制，如规定总体分布是连续型分布、离散型分布，以此来提高非参数估计法的鲁棒性。

使用范围最广的 3 种估计样本总体参数的方法是矩量法、极大似然函数法和最小二乘法。应该申明的是，估计质量与方法无关，只取决于数据的质量，因此工程师应当检查数据异常值，如异常短或长的故障时间。鉴别异常值的统计试验有许多，如 Natrella – Dixon 试验和 Grubbs 试验。Hawkins 对异常值的鉴别进行了综合探讨。在某些观测数据缺乏或有限的情况下，这些方法无法进行估计，不能用于提供主参数主观值，而贝叶斯方法在参数估计时能提供有用的初值，本章也将对其进行介绍。

3.2.1　矩量法

矩量法的主要思想是使某些样本特性（如均值和方差）等于样本总体期望值，然后通过解此方程从而获得未知参数值的估计值。

如果 $x_1, x_2, \cdots, x_n$ 代表一列数据，其 k 阶矩为

$$M_k = \frac{1}{n} \sum_{i=1}^{n} x_i^k \tag{3.1}$$

如果 $\theta_1, \theta_2, \cdots, \theta_m$ 是样本总体的未知参数，其矩估计为 $\hat{\theta}_1, \hat{\theta}_2, \cdots, \hat{\theta}_m$，令样本的第 m 阶

矩等于与之对应的母体的第 m 阶总体矩,可解出这 m 个参数 $\theta_1,\theta_2,\cdots,\theta_m$。下面通过几个例子对矩量法进行介绍。

【例 3.1】 假设 $x_1,x_2,\cdots,x_n$ 代表参数为 λ 的指数分布中的一个随机样本,则 λ 的估计值是多少?

解:指数分布的概率密度函数为

$$f(x) = \lambda \mathrm{e}^{-\lambda x} \tag{3.2}$$

则有

$$E(x) = \frac{1}{\lambda} \tag{3.3}$$

则样本的一阶矩为

$$M_1 = \sum_{i=1}^{n} \frac{x_i}{n} = E(X) = \frac{1}{\lambda} \tag{3.4}$$

最终得 λ 的估计值为

$$\hat{\lambda} = \frac{n}{\sum_{i=1}^{n} x_i} \tag{3.5}$$

【例 3.2】 一个无线电数据系统安装于建筑物外,依靠设备间的红外线光束来提供高速数据传输服务,红外线光束的大小对系统的稳定性与对雪和雾等天气对光路阻碍的抵抗能力有直接影响。持续地使用红外线光束传输数据并记录故障时间(没有收到传输数据,单位:h),如下所示:

47,81,127,183,188,221,253,311,323,360,489,496,511,725,772,880,1 509,1 675,1 806,2 008,2 026,2 040,2 869,3 104,3 205。

假设故障时间服从指数分布,使用矩量法确定分布的参数,计算系统在 1 000 h 时的可靠度(以上数据是从参数 $1/\lambda = 1\,000$ 的指数分布中生成的)。

解:指数分布的参数为

$$\begin{aligned}\hat{\lambda} &= \frac{n}{\sum_{i=1}^{n} x_i} \\ &= \frac{25}{26\,209} = 0.000\,953\,87\end{aligned} \tag{3.6}$$

则有

$$\frac{1}{\hat{\lambda}} = 1\,048.36 \tag{3.7}$$

显然,估计出来的指数分布的参数值 $\frac{1}{\hat{\lambda}}$ 非常接近用于生成数据的分布中使用的参数值 $1/\lambda = 1\,000$。随着观测数的增加,被测参数 ($\hat{\lambda}$) 会迅速接近故障时间的实际分布参数,则系统在 1 000 h 时的可靠度为

$$R(1\,000) = \mathrm{e}^{-0.953\,87} = 0.385\,247 \tag{3.8}$$

下面以伽马分布为例说明如何使用矩量法估计一个两参数分布的参数。

设 $x_1,x_2,\cdots,x_n$ 为一个伽马分布的随机样本,其概率密度函数为

$$f(x) = \frac{1}{\Gamma(\alpha)\beta^\alpha} x^{\alpha-1} e^{-x/\beta}, \quad x>0, \alpha \geq 0, \beta > 0 \tag{3.9}$$

【例 3.3】 用矩量法求参数 α 和 β 的值。

解： 伽马分布的均值和方差分别为

$$E(X) = \alpha\beta \tag{3.10}$$

$$\mathrm{Var}(X) = \alpha\beta^2 = E(X^2) - [E(X)]^2 \tag{3.11}$$

用其预计值 M_1 和 M_2 分别代替 $E(X)$ 和 $E(X^2)$，得

$$M_1 = \hat{\alpha}\hat{\beta} \tag{3.12}$$

$$M_2 - M_1^2 = \hat{\alpha}\hat{\beta}^2 \tag{3.13}$$

解上面两个方程得

$$\hat{\beta} = \frac{M_2 - M_1^2}{M_1} \tag{3.14}$$

$$\hat{\alpha} = \frac{M_1^2}{M_2 - M_1^2} \tag{3.15}$$

【例 3.4】 个人计算机制造商对 20 台计算机主机进行了老化测试并得到了如下故障时间 (h)：130，150，180，40，90，125，44，128，55，102，126，77，95，43，170，130，112，106，93，71。假设故障时间的样本总体服从参数为 α 和 β 的伽马分布，这些参数的值是多少？

解： 首先确定 M_1 和 M_2 如下：

$$M_1 = \frac{\sum_{i=1}^{n} x_i}{n} = \frac{2\,607}{20} = 103.35$$

$$M_2 = \frac{1}{n}\sum_{i=1}^{n} x_i^2 = \frac{1}{20} \times 244\,823 = 12\,241.15 \tag{3.16}$$

由【例 3.3】中 $\hat{\alpha}$ 和 $\hat{\beta}$ 的计算表达式，有

$$\hat{\beta} = \frac{12\,241.15 - 103.35^2}{103.35} = 15.09$$

$$\hat{\alpha} = \frac{103.35^2}{12\,241.15 - 103.35^2} = 6.847 \tag{3.17}$$

则计算机主机故障时间的期望为 $\hat{\alpha}\hat{\beta} = 103.3$ h。

下面为利用矩量法计算一个正态分布中参数的例子。

【例 3.5】 运用矩量法计算正态分布的参数 μ 和 σ^2，其概率密度函数为

$$f(x) = \frac{1}{\sigma\sqrt{2\pi}} e^{-\frac{1}{2}\left(\frac{x-\mu}{\sigma}\right)^2}$$

则其一阶矩 M_1 为

$$M_1 = \int_{-\infty}^{+\infty} \frac{x}{\sigma\sqrt{2\pi}} e^{-\frac{1}{2}\left(\frac{x-\mu}{\sigma}\right)^2} \mathrm{d}x \tag{3.18}$$

令 $z = (x-\mu)/\sigma$，$x = \mu + \sigma z$ 且 $\mathrm{d}x = \sigma\mathrm{d}z$，则其一阶矩为

$$M_1 = \int_{-\infty}^{+\infty} \frac{\mu + \sigma z}{\sqrt{2\pi}} e^{-\frac{z^2}{2}} dz \tag{3.19}$$

$$M_1 = \mu \int_{-\infty}^{+\infty} \frac{1}{\sqrt{2\pi}} e^{-\frac{z^2}{2}} dz + \sigma \int_{-\infty}^{+\infty} \frac{1}{\sqrt{2\pi}} e^{-\frac{z^2}{2}} dz \tag{3.20}$$

由于

$$\int_{-\infty}^{+\infty} \frac{1}{\sqrt{2\pi}} e^{-\frac{z^2}{2}} dz = 1 \tag{3.21}$$

且

$$\int_{-\infty}^{+\infty} \frac{z}{\sqrt{2\pi}} e^{-\frac{z^2}{2}} dz = \int_{-\infty}^{+\infty} \frac{e^{-\frac{z^2}{2}}}{\sqrt{2\pi}} d\left(\frac{z^2}{2}\right) = \frac{-1}{\sqrt{2\pi}} e^{-\frac{z^2}{2}} \Big|_{-\infty}^{+\infty} = 0 \tag{3.22}$$

则

$$M_1 = \mu = \frac{1}{n} \sum_{i=1}^{n} x_i \tag{3.23}$$

则其二阶矩 M_2 为

$$M_2 = \int_{-\infty}^{+\infty} \frac{x^2}{\sigma \sqrt{2\pi}} e^{-\frac{1}{2}\left(\frac{x-\mu}{\sigma}\right)^2} dx \tag{3.24}$$

令 $z = (x - \mu)/\sigma$，则有

$$M_2 = \int_{-\infty}^{+\infty} \frac{1}{\sqrt{2\pi}} (\mu + \sigma z)^2 e^{-\frac{z^2}{2}} dz$$

$$= \mu^2 \int_{-\infty}^{+\infty} \frac{1}{\sqrt{2\pi}} e^{-\frac{z^2}{2}} dz + 2\sigma\mu \int_{-\infty}^{+\infty} \frac{z}{\sqrt{2\pi}} e^{-\frac{z^2}{2}} dz + \sigma^2 \int_{-\infty}^{+\infty} \frac{z^2}{\sqrt{2\pi}} e^{-\frac{z^2}{2}} dz \tag{3.25}$$

式（3.25）中前两项的整数部分在之前已经得到，第三项的积分通过分步积分法得出结果，即

$$\int_{-\infty}^{+\infty} \frac{z^2}{\sqrt{2\pi}} e^{-\frac{z^2}{2}} dz = \frac{-1}{\sqrt{2\pi}} \int_{-\infty}^{+\infty} z d(e^{-\frac{z^2}{2}})$$

$$= \frac{-1}{\sqrt{2\pi}} z e^{-\frac{z^2}{2}} \Big|_{-\infty}^{+\infty} + \frac{1}{\sqrt{2\pi}} \int_{-\infty}^{+\infty} e^{-\frac{z^2}{2}} dz$$

$$= 0 + 1 = 1 \tag{3.26}$$

所以

$$M_2 = \mu^2 + \sigma^2 = \frac{1}{n} \sum_{i=1}^{n} x_i^2 \tag{3.27}$$

从式（3.23）和式（3.27）可得正态分布的参数为

$$\mu = \frac{1}{n} \sum_{i=1}^{n} x_i \tag{3.28}$$

$$\hat{\sigma}^2 = \frac{1}{n} \sum_{i=1}^{n} x_i^2 - \left(\frac{1}{n} \sum_{i=1}^{n} x_i\right)^2$$

$$= \frac{1}{n} \sum_{i=1}^{n} (x_i - \bar{x})^2 \tag{3.29}$$

矩量法是在潜在分布已知的条件下计算故障分布参数的一种简便方法。当分布完全对称且故障时间没有截断时，计算出的参数误差很小。

3.2.2 置信区间估计

待估参数按照一定方法给定的区间称为置信区间,置信区间包含真值的概率称为置信度,置信区间不包含真值的概率称为显著性水平,如

$$P(\theta_L \leqslant \theta \leqslant \theta_U) = 1 - \alpha \tag{3.30}$$

式中,$\theta_L \leqslant \theta \leqslant \theta_U$ 为置信区间;$1-\alpha$ 为置信度;α 为显著性水平。

在所求分布的参数估计值确定之后,需要确定衡量估计值与真实值接近程度的置信区间。定义两个极限:置信下限(LCL)和置信上限(UCL),真实值落在置信区间内的概率为 $1-\alpha$,这里 $1-\alpha$ 被称为置信度。

$$P(\text{LCL} \leqslant \theta \leqslant \text{UCL}) = 1 - \alpha \tag{3.31}$$

为了推广到其他分布情况,下面将做一般情况描述,其他分布可以很容易地用相似的方法处理。

假设从一个均值为 μ、方差为 σ^2 的总体中随机抽取样本 $x_1, x_2, \cdots, x_n$,令 $\bar{x}$ 为 μ 的点估计值。如果 n 很大($n \geqslant 30$),那么 $\bar{x}$ 服从均值为 μ、方差为 σ^2/n 的正态分布,或

$$Z = \frac{\bar{x} - \mu}{\sigma/\sqrt{n}} \tag{3.32}$$

服从标准正态分布。对于任意值 α 有(通过查阅标准正态表)一个值 $Z_{\alpha/2}$,使

$$P(-Z_{\alpha/2} \leqslant Z \leqslant Z_{\alpha/2}) = 1 - \alpha \tag{3.33}$$

整理上式,可得

$$1 - \alpha = P\left(-Z_{\alpha/2} \leqslant \frac{\bar{x} - \mu}{\sigma/\sqrt{n}} \leqslant Z_{\alpha/2}\right) = P\left(\bar{x} - Z_{\alpha/2}\frac{\sigma}{\sqrt{n}} \leqslant \mu \leqslant \bar{x} + Z_{\alpha/2}\frac{\sigma}{\sqrt{n}}\right) \tag{3.34}$$

因此,区间

$$\left[\bar{x} - Z_{\alpha/2}\frac{\sigma}{\sqrt{n}}, \bar{x} + Z_{\alpha/2}\frac{\sigma}{\sqrt{n}}\right] \tag{3.35}$$

组成了对参数 μ 估计 $\bar{x}$ 的置信区间,其置信度为 $1-\alpha$。$Z_{\alpha/2}$ 为标准正态分布的下侧分位数,可查相关表格得到。注意:当样本为小子样的情况($n<30$)时,正态分布变为 t 分布。

【例3.6】考虑【例3.4】中的故障时间,找到其平均故障时间置信度为0.95的置信区间。从数据中可得

$$\begin{cases} \bar{x} = 103.35 \\ \bar{s} = 40.52 \end{cases} \tag{3.36}$$

其中,$\bar{s}$ 为标准差 σ 的估计值。

因为样本很小($n<30$),在确定置信区间时更适合运用 t 分布而不是正态分布,因此置信区间为

$$\left[\bar{x} - t_{\alpha/2}\frac{\sigma}{\sqrt{n}}, \bar{x} + t_{\alpha/2}\frac{\sigma}{\sqrt{n}}\right] \text{且 } 1 - \alpha = 0.95 \tag{3.37}$$

式中,$t_{\alpha/2}$ 为 t 分布的下侧分位数。

则得 $t_{0.025} = 2.093$,且用 $\bar{s}$ 代替 σ 得到

$$103.35 \pm 2.093 \times \frac{40.52}{\sqrt{20}} = 103.35 \pm 18.96 \tag{3.38}$$

即
$$[84.39, 122.31]$$

换句话说，计算机主机的真实平均故障时间落在 84.39~122.31 h 有 95% 的信心。

3.2.3 极大似然函数法

1. 似然函数

在计算概率分布的参数时，另一种常用的方法是似然函数法。这在统计推断中是一个基础方法，并用到许多实际问题中。在此将首先阐述似然函数的概念，然后对极大似然函数法进行描述。其他似然方法（如临界相似法和局部似然法）都是极大似然法的变形，本章不予讨论。

考虑一个生产商通过随机抽取 15 个产品作为样本来检查产品缺陷以保证产品质量。假设 θ 为产品样本总体中有缺陷的比例，那么样本总体中有 x 个缺陷的概率服从二项分布，即

$$P(x) = \binom{15}{x} \theta^x (1-\theta)^{15-x}, \quad x = 1, 2, \cdots, 15 \tag{3.39}$$

产品中有两个缺陷的概率为

$$P(2) = \binom{15}{2} \theta^2 (1-\theta)^{13} \tag{3.40}$$

这个概率是关于 θ 的函数，并且对不同的 θ，$P(2)$ 如图 3.2 和表 3.2 所示。图 3.2 中的曲线对应的函数称为似然函数。可以由此推断，作为一个含有未知参数的函数，似然函数表示一个观测值的联合概率。显然，对于该问题 θ 取值约为 0.14 时，概率 $P(2)$ 的值达到最大。

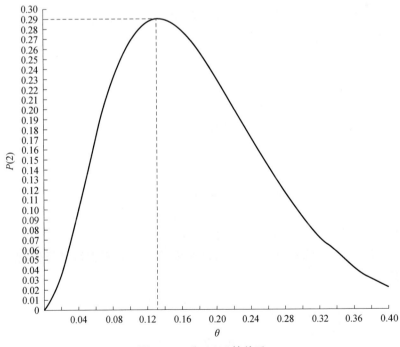

图 3.2　θ 和 $P(2)$ 的关系

表 3.2 θ 和 $P(2)$ 的值

θ	$P(2)$	θ	$P(2)$
0.02	0.032 3	0.22	0.201 0
0.04	0.098 8	0.24	0.170 7
0.06	0.169 1	0.26	0.141 6
0.08	0.227 3	0.28	0.115 0
0.10	0.266 9	0.30	0.091 6
0.12	0.287 0	0.32	0.071 5
0.14	0.289 7	0.34	0.057 4
0.16	0.278 7	0.36	0.041 1
0.18	0.257 8	0.38	0.030 3
0.20	0.230 9	0.40	0.021 9

在样本非常大的情况下，发现计算似然函数的对数值比计算它本身的值更方便。由于似然函数通常是通过独立事件的概率相乘获得的，所以似然函数的绘图将被大大简化，并且通过考虑函数的对数，可以消除（或将其作为一个刻度）对数的常数项。这将通过下面的例子说明。

【例 3.7】人们发现，一个生产线中缺陷的数目服从一个均值为未知量 μ 的泊松分布。抽取两批次随机样本，其中有缺陷部件的数目为 10 和 12。求其似然函数。

解：有 x 个产品缺陷的泊松分布的概率为

$$P(x) = \frac{e^{-\mu}\mu^x}{x!}, \quad i = 0,1,2,\cdots,n \tag{3.41}$$

则有 10 和 12 个缺陷的概率分别为

$$P(10) = \frac{e^{-\mu}\mu^{10}}{10!} \tag{3.42}$$

$$P(12) = \frac{e^{-\mu}\mu^{12}}{12!} \tag{3.43}$$

似然函数 $L(x;\mu)$ 是 $P(10)$ 和 $P(12)$ 的乘积，即

$$L(x;\mu) = \frac{e^{-\mu}\mu^{10}}{10!} \times \frac{e^{-\mu}\mu^{12}}{12!} = \frac{e^{-2\mu}\mu^{22}}{10! \times 12!}, \quad x = 10,12 \tag{3.44}$$

对不同的 μ 值，式（3.44）的预计值可以通过对 $L(x;\mu)$ 取对数进行简化。令 $l(x;\mu)$ 为 $L(x;\mu)$ 的对数，即

$$l(x;\mu) = \ln L(x;\mu) \tag{3.45}$$

则式（3.44）中给出的似然函数的对数为

$$l(\mu) = 22\ln\mu - 2\mu - \ln(10! \times 12!) \tag{3.46}$$

由于上式中最后一项是常数，可以忽略不计，然后画出对数似然函数的相对值，如图

3.3 所示。

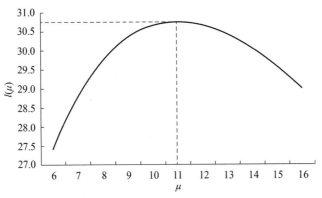

图 3.3 似然函数的 ln 值与 μ 的关系

从图 3.3 中可以很明显看出，当泊松分布的平均值为 11 时，出现 10 和 12 个缺陷的概率最大。不同的 μ 取值下，$l(\mu)$ 的值如表 3.3 所示。

表 3.3 $l(\mu)$ 值

μ	6	7	8	9	10	11
$l(\mu)$	27.418 7	28.81	29.747 7	30.338 9	30.656 9	30.753 7
μ	12	13	14	15	16	—
$l(\mu)$	30.667 9	30.428 9	30.059 3	29.577 1	28.997	—

【例 3.8】假设一个集成电路生产商从同一批产品中抽取 10、15 和 25 三批样本，经检查发现这些样本中分别有 2、3 和 5 个缺陷，那么这些概率的似然函数是什么？

解：由于这 3 个样本是从同一批产品中抽取的，那么其概率分布有相同的参数 θ，其概率为

$$\binom{10}{2}\theta^2(1-\theta)^8 ; \quad \binom{15}{3}\theta^3(1-\theta)^{12} ; \quad \binom{25}{5}\theta^5(1-\theta)^{20} \tag{3.47}$$

相应地，似然函数很简单，就是 3 个概率的乘积，即

$$\begin{aligned} L(\theta) &= \binom{10}{2}\theta^2(1-\theta)^8 \binom{15}{3}\theta^3(1-\theta)^{12}\binom{25}{5}\theta^5(1-\theta)^{20} \\ &= K\theta^{10}(1-\theta)^{40} \end{aligned} \tag{3.48}$$

式中，K 为不含 θ 的所有常数项。

至此已经论述了如何逐步得到不连续概率分布（二项分布和泊松分布）的似然函数，可以用同样的步骤获取连续概率分布的似然函数。对于连续概率分布 $f(x;\theta)$，其中 θ 为未知参数。设 $(X_1, X_2, \cdots, X_n)$ 和 $(x_1, x_2, \cdots, x_n)$ 分别是取自总体 X 的样本容量为 n 的简单样本及其观测值，则联合概率密度函数为 $\prod_{i=1}^{n} f(x_i;\theta)$，构造函数 $L(\theta) = L(x_1, x_2, \cdots, x_n;\theta) = \prod_{i=1}^{n} f(x_i;\theta)$，称其为样本的似然函数。

【例3.9】 假设【例3.8】中的生产商随机选择同一型号的3批样本并观测到它们分别有5、7和9个缺陷,还发现此批产品中的缺陷数服从均值为 μ、方差为1的正态分布。求其似然函数。

解: 观测值 x_i 的概率密度函数为

$$\frac{1}{\sqrt{2\pi}} e^{-\frac{1}{2}(x_i - \mu)^2}, \quad i = 1, 2, 3 \tag{3.49}$$

则似然函数为

$$L(\mu) = \frac{1}{2\pi\sqrt{2\pi}} e^{-\frac{(5-\mu)^2}{2} - \frac{(7-\mu)^2}{2} - \frac{(9-\mu)^2}{2}} \tag{3.50}$$

展开二次项将得到含有 μ^2、μx_i、x_i^2 的项,最后一项不包含 μ 可忽略。通过 $x_i - \mu$ 项来简化式(3.50),有

$$x_i - \mu = x_i - \bar{x} + \bar{x} - \mu \tag{3.51}$$

将上面的式子平方再相加,得到

$$\sum_{i=1}^{n}(x_i - \mu)^2 = \sum_{i=1}^{n}(x_i - \bar{x})^2 + n(\bar{x} - \mu)^2 \tag{3.52}$$

由于观测样本的均值为7,并且 $e^{-\frac{1}{2}\sum_{i=1}^{n}(x_i - \bar{x})^2}$ 项由于不包含 μ 可以忽略不计,则式(3.50)转换如下:

$$l(\mu) = K - \frac{3}{2}(7 - \mu)^2 \tag{3.53}$$

这里 K 是常数。

若概率分布有一个以上未知参数,可以像下例这样将一个似然函数展开为含这些参数的项。

【例3.10】 假设从一个均值为 μ、方差为 σ^2 的正态分布中任意抽取 n 个观测值 $x_1, x_2, \cdots, x_n$。求似然函数。

解: 按照【例3.9】中相同的步骤,得到观测值 x_i 的概率密度函数,即

$$\frac{1}{\sigma\sqrt{2\pi}} e^{-\frac{1}{2}\left(\frac{x_i - \mu}{\sigma}\right)^2}, \quad i = 1, 2, \cdots, n \tag{3.54}$$

$$L(x; \mu, \sigma^2) = \frac{(2\pi)^{-\frac{n}{2}}}{\sigma^n} e^{-\frac{1}{2\sigma^2}\sum_{i=1}^{n}(x_i - \mu)^2} \tag{3.55}$$

似然函数是这些概率密度函数的乘积,即

$$l(x; \mu, \sigma^2) = -n\ln\sqrt{2\pi} - n\ln\sigma - \frac{1}{2\sigma^2}\sum_{i=1}^{n}(x_i - \bar{x})^2 - \frac{n}{2\sigma^2}(\bar{x} - \mu)^2 \tag{3.56}$$

2. 实施步骤

如前所述,分布的似然函数通常在某个值处有一个最大值。在参数取这些值时,最有利于观测数据的出现。如果要求将一个单参数的值作为分布的一个预计值,那么极大似然估计为最优估计。

接下来利用似然函数确定参数的最优估计,其可以通过推导观测值的似然函数并获得其对数形式来完成,对此表达式求偏导并令其等于0。解此方程得到的似然函数极大值是参数的最优估计。

极大似然函数法就是固定样本观测值 $(x_1, x_2, \cdots, x_n)$，挑选参数 $\hat{\theta}$ 使 $L(x_1, x_2, \cdots, x_n; \hat{\theta}) = \max L(x_1, x_2, \cdots, x_n; \theta)$，接下来就变成了如何求出参数 θ 的极大似然估计 $\hat{\theta}$ 的数学问题。如前所述，通常对似然函数取对数，利用微分学转化为求解对数似然方程 $\frac{\partial \ln L(\theta)}{\partial \theta} = 0$。

极大似然函数法的一般求解步骤可归纳如下：

（1）写出似然函数，即

$$L(\theta) = \prod_{i=1}^{n} f(x_i; \theta) \tag{3.57}$$

（2）对似然函数两边取对数，即

$$\ln L(\theta) = \ln \left[\prod_{i=1}^{n} f(x_i; \theta) \right] = \sum_{i=1}^{n} \ln f(x_i; \theta) \tag{3.58}$$

（3）整理求导数并令其为 0，即

$$\frac{\partial \ln L(\theta)}{\partial \theta} = 0 \tag{3.59}$$

（4）求解上式的对数似然方程，获得未知参数的极大似然估计。

需要注意的是，没有必要在所有情况下都取似然函数的对数表达式，在某些情况下，对似然函数本身求极大也可以获得结果。

【例 3.11】用极大似然函数法求【例 3.7】中泊松分布 μ 的极大似然估计。

解：对【例 3.7】中给出的似然函数取对数，得

$$l(\mu) = 22\ln\mu - 2\mu - \ln(10! \times 12!)$$

$l(\mu)$ 关于 μ 的导数为

$$\frac{\mathrm{d}l(\mu)}{\mathrm{d}\mu} = \frac{22}{\mu} - 2 = 0$$

则 μ 的极大似然估计为 11。

【例 3.12】对于【例 3.8】中，θ 的极大似然估计是多少？

解：

$$L(\theta) = K\theta^{10}(1-\theta)^{40} \tag{3.60}$$

取对数如下：

$$l(\theta) = \ln K + 10\ln\theta + 40\ln(1-\theta) \tag{3.61}$$

关于 θ 求一阶导数，可得

$$\frac{\mathrm{d}l(\theta)}{\mathrm{d}\theta} = 0 + \frac{10}{\theta} - \frac{40}{1-\theta} = 0 \tag{3.62}$$

则极大似然估计 $\hat{\theta}$ 是 1/5。

下面讨论指数分布、瑞利分布和正态分布参数的极大似然估计（MLE）。

3. 指数分布

参数为 λ 的指数分布概率密度函数为

$$f(x; \lambda) = \lambda e^{-\lambda x} \tag{3.63}$$

其观测值的概率密度函数为

$$f(x_i; \lambda) = \lambda e^{-\lambda x_i}, \quad i = 1, 2, \cdots, n \tag{3.64}$$

似然函数 $L(x_1, x_2, \cdots, x_n; \lambda)$ 为

$$\begin{aligned}L(x_1, x_2, \cdots, x_n; \lambda) &= f(x_1; \lambda) f(x_2; \lambda) \cdots f(x_n; \lambda) \\ &= \prod_{i=1}^{n} f(x_i; \lambda) \\ &= \lambda^n \prod_{i=1}^{n} e^{-\lambda x_i} \\ &= \lambda^n e^{-\lambda \sum_{i=1}^{n} x_i} \end{aligned} \quad (3.65)$$

对数似然函数为

$$l(x_1, x_2, \cdots, x_n; \lambda) = n\ln\lambda - \lambda \sum_{i=1}^{n} x_i \quad (3.66)$$

则有

$$\frac{\partial l(x_1, x_2, \cdots, x_n; \lambda)}{\partial \lambda} = \frac{n}{\lambda} - \sum_{i=1}^{n} x_i = 0 \quad (3.67)$$

那么 λ 的极大似然估计为 $n / \sum_{i=1}^{n} x_i$。可见，这与由矩量法得到的结果相同。

【例 3.13】 对一个由 6 个电子元件构成的样本进行可靠性试验，估计其平均故障时间。元件故障的时间分别为 25 h、75 h、150 h、230 h、430 h 和 700 h。那么故障率是多少？求其故障分布的参数。

解：经计算，平均故障时间为 260 h，并且标准差为 232 h。由于均值和标准差几乎相等，那么有理由相信其故障时间分布为指数分布。

参数 $\hat{\lambda}$ 最优估计（指数分布参数）如极大似然函数法确定的那样，即

$$\hat{\lambda} = \frac{n}{\sum_{i=1}^{n} x_i} \quad (3.68)$$

式中，x_i 为第 i 次故障时间。

故障率为

$$\hat{\lambda} = \frac{6}{1\ 610} = 3.727 \times 10^{-3} \quad (3.69)$$

4. 瑞利分布

瑞利分布用来表示故障率呈线性增加的组件的故障时间分布。瑞利分布的概率密度函数为

$$f(x) = \lambda x e^{-\frac{\lambda x^2}{2}} \quad (3.70)$$

式中，λ 为瑞利分布的参数。

对于 n 个观测值的似然函数，有

$$L(x_1, x_2, \cdots, x_n; \lambda) = f(x_1; \lambda) f(x_2; \lambda) \cdots f(x_n; \lambda) \quad (3.71)$$

即

$$L(x_1, x_2, \cdots, x_n; \lambda) = \prod_{i=1}^{n} \lambda x_i e^{-\frac{\lambda x_i^2}{2}} \quad (3.72)$$

令

$$\prod_{i=1}^{n} x_i = X \tag{3.73}$$

则有

$$L(x_1, x_2, \cdots, x_n; \lambda) = \lambda^n X e^{-\frac{\lambda}{2}\sum_{i=1}^{n} x_i^2} \tag{3.74}$$

式（3.74）取对数后为

$$l(x_1, x_2, \cdots, x_n; \lambda) = n\ln\lambda + \ln X - \frac{\lambda}{2}\sum_{i=1}^{n} x_i^2 \tag{3.75}$$

对式（3.75）关于 λ 求导并令其等于 0，得

$$\frac{\partial l(x_1, x_2, \cdots, x_n; \lambda)}{\partial \lambda} = \frac{n}{\lambda} - \frac{1}{2}\sum_{i=1}^{n} x_i^2 = 0 \tag{3.76}$$

则

$$\hat{\lambda} = \frac{2n}{\sum_{i=1}^{n} x_i^2} \tag{3.77}$$

【例3.14】下面为进行可靠性试验观测到的故障时间：15 h，21 h，30 h，39 h，52 h 和 68 h。假设符合其故障时间分布的形式为瑞利分布，求这个分布的参数以及故障时间的均值和标准差。

解： 由式（3.77）可得瑞利分布的参数为

$$\hat{\lambda} = \frac{2 \times 6}{10\ 415} = 0.001\ 15 \tag{3.78}$$

故障时间的均值和标准差为

$$\hat{\mu} = \sqrt{\frac{\pi}{2\hat{\lambda}}} = 36.92 \tag{3.79}$$

$$\hat{\sigma} = \sqrt{\frac{2}{\hat{\lambda}}\left(1 - \frac{\pi}{4}\right)} = 19.3 \tag{3.80}$$

5. 正态分布

在均值 μ 和方差 σ^2 未知的正态分布中，一个观测值的概率密度函数为

$$f(x) = \frac{1}{\sigma\sqrt{2\pi}} e^{-\frac{1}{2}\left(\frac{x-\mu}{\sigma}\right)^2} \tag{3.81}$$

对于 n 个观测值似然函数为

$$L(x_1, x_2, \cdots, x_n; \mu, \sigma) = \left(\frac{1}{\sigma\sqrt{2\pi}}\right)^n \prod_{i=1}^{n} e^{-\frac{1}{2}\left(\frac{x-\mu}{\sigma}\right)^2} \tag{3.82}$$

对式（3.82）取对数，可得

$$l(x_1, x_2, \cdots, x_n; \mu, \sigma) = n\ln\frac{1}{\sigma\sqrt{2\pi}} - \frac{1}{2}\sum_{i=1}^{n}\left(\frac{x_i - \mu}{\sigma}\right)^2 \tag{3.83}$$

对式（3.83）关于 μ 求导，结果为

$$\frac{\partial l(x_1, x_2, \cdots, x_n; \mu, \sigma)}{\partial \mu} = \frac{1}{\sigma^2}\left(\sum_{i=1}^{n} x_i - n\mu\right) = 0 \tag{3.84}$$

$$\hat{\mu} = \frac{1}{n}\sum_{i=1}^{n} x_i \tag{3.85}$$

相似地，对式 (3.83) 关于 σ 求导，得

$$\frac{\partial l(x_1,x_2,\cdots,x_n;\mu,\sigma)}{\partial \sigma} = \frac{\partial}{\partial \sigma}\left[n\ln\frac{1}{\sqrt{2\pi}} - n\ln\sigma - \frac{1}{2}\sum_{i=1}^{n}\left(\frac{x_i-\mu}{\sigma}\right)^2\right]$$

$$= -\frac{n}{\sigma} - \sum_{i=1}^{n}\frac{(x_i-\mu)^2}{2\sigma^3}(-2)$$

$$= \frac{1}{\sigma}\left[-n + \sum_{i=1}^{n}\left(\frac{x_i-\mu}{\sigma}\right)^2\right] = 0 \quad (3.86)$$

σ^2 的估计值为

$$\hat{\sigma}^2 = \frac{1}{n}\sum_{i=1}^{n}(x_i-\mu)^2 \quad (3.87)$$

这与用矩量法求得的值相同。

【例 3.15】 假设在组件上施加的作用力和相应的故障时间组成的一对观测值 $(x_1,y_1),\cdots,(x_n,y_n)$ 服从正态分布，即

$$E(Y) = \alpha + \beta x \quad (3.88)$$
$$\mathrm{Var}(Y) = \sigma^2 \quad (3.89)$$

由于 Y 独立且服从正态分布，那么运用式 (3.83) 得到对数似然函数为

$$l[(x_1,y_1),\cdots,(x_n,y_n);\alpha,\beta] = \frac{-n}{2}\ln(2\pi) - n\ln\sigma - \frac{1}{2\sigma^2}\sum_{i=1}^{n}(y_i-\alpha-\beta x_i)^2 \quad (3.90)$$

式 (3.90) 等号右边前两项与 α 和 β 无关。因此，为了使对数似然函数取极大值，可以把这一项舍去，即

$$K = \sum_{i=1}^{n}(y_i-\alpha-\beta x_i)^2 \quad (3.91)$$

对 K 关于 α 和 β 求偏导，然后令其等于 0，得到两个关于 α 和 β 的线性方程，解方程得

$$\hat{\beta} = \frac{\sum_{i=1}^{n}[y_i(x_i-\bar{x})]}{\sum_{i=1}^{n}(x_i-\bar{x})^2} \quad (3.92)$$

$$\hat{\alpha} = \bar{y} - \hat{\beta}\bar{x} \quad (3.93)$$

式中，

$$\bar{x} = \frac{1}{n}\sum_{i=1}^{n}x_i \quad (3.94)$$

$$\bar{y} = \frac{1}{n}\sum_{i=1}^{n}y_i \quad (3.95)$$

为了得到极大似然估计，令对数似然函数关于参数的导数为零并计算所得到的方程，从而得到参数值。但是，有时没有关于参数的封闭表达形式，此时可运用似然函数梯度法、牛顿迭代法等其他优化方法去估计参数值。

3.2.4 最小二乘法

最小二乘法提供了一种对分布参数高效且无偏的估计法，这种方法通过使观测数据与分布间平方误差和最小来确定最佳拟合。此方法常用于一元线性、多元线性和非线性模型，在

此只介绍线性模型。

考虑一系列可能含有极值数据点（或噪声）的数据，很想找到一个可以反映数据形式的函数并使误差最小。对数据进行绘图可以揭示数据生成过程是线性的还是非线性的。假设数据生成过程可以用以下线性模型表示，即

$$f(x_i) = \alpha + \beta x_i + \varepsilon_i \tag{3.96}$$

式中，$f(x_i)$ 为 x_i 处函数的观测值，$f(\cdot)$ 表示可靠性相关的特征量，如故障率；α 和 β 分别为截值和斜率；x_i 为独立变量，如时间；ε_i 为在时间 x_i 时刻的随机噪声。

假设 ε_i 是一个均值为 $\bar{\varepsilon}_i = 0$ 且 $\mathrm{Var}(\varepsilon_i) = \sigma^2$ 的独立正态分布，基于线性模型的假设，假设拟合模型形式为

$$\hat{f}(x) = \hat{\alpha} + \hat{\beta} x \tag{3.97}$$

式中，$\hat{f}(x)$ 为函数 $f(x)$ 估计；$\hat{\alpha}$ 和 $\hat{\beta}$ 分别为 α 与 β 的估计值。

令

$$e(x_i) = \hat{f}(x_i) - f(x_i)$$

上式表示 $\hat{f}(x_i)$ 与真实值 $f(x_i)$ 之间的误差，那么定义平方误差和为 S_{SE}，即

$$S_{\mathrm{SE}} = \sum_{i=1}^{n} e^2(x_i) \tag{3.98}$$

式中，n 是用来估计 $\hat{f}(x_i)$ 的样本数。

因此，式（3.98）可变为

$$S_{\mathrm{SE}} = \sum_{i=1}^{n} [\hat{f}(x_i) - f(x_i)]^2 \tag{3.99}$$

S_{SE} 的最小值可以通过对 S_{SE} 关于 $\hat{\alpha}$、$\hat{\beta}$ 部分求导并令导数为零得到，即

$$S_{\mathrm{SE}} = \sum_{i=1}^{n} [f(x_i) - \hat{\alpha} - \hat{\beta} x_i]^2 \tag{3.100}$$

$$\frac{\partial S_{\mathrm{SE}}}{\partial \hat{\alpha}} = -2 \sum_{i=1}^{n} [f(x_i) - \hat{\alpha} - \hat{\beta} x_i] = 0 \tag{3.101}$$

$$\frac{\partial S_{\mathrm{SE}}}{\partial \hat{\beta}} = -2 \sum_{i=1}^{n} [f(x_i) - \hat{\alpha} - \hat{\beta} x_i] x_i = 0 \tag{3.102}$$

式（3.101）和式（3.102）可以重新写成

$$\sum_{i=1}^{n} f(x_i) = n \hat{\alpha} + \hat{\beta} \sum_{i=1}^{n} x_i \tag{3.103}$$

$$\sum_{i=1}^{n} x_i f(x_i) = \hat{\alpha} \sum_{i=1}^{n} x_i + \hat{\beta} \sum_{i=1}^{n} x_i^2 \tag{3.104}$$

从而得到

$$\hat{\alpha} = \frac{\sum_{i=1}^{n} x_i^2 \sum_{i=1}^{n} f(x_i) - \sum_{i=1}^{n} x_i \sum_{i=1}^{n} x_i f(x_i)}{n \sum_{i=1}^{n} x_i^2 - \left(\sum_{i=1}^{n} x_i\right)^2} \tag{3.105}$$

$$\hat{\beta} = \frac{n\sum_{i=1}^{n} x_i f(x_i) - \sum_{i=1}^{n} x_i \sum_{i=1}^{n} f(x_i)}{n\sum_{i=1}^{n} x_i^2 - \left(\sum_{i=1}^{n} x_i\right)^2} \tag{3.106}$$

得到模型参数后,需要知道模型与数据的拟合程度,可引入决定系数 $r^2(0 \leqslant r^2 \leqslant 1)$ 和相关系数 $\rho(0 \leqslant \rho \leqslant 1)$ 作为典型判据,即

$$r^2 = \frac{\sum_{i=1}^{n} [\hat{f}(x_i) - \overline{f}(x_i)]^2}{\sum_{i=1}^{n} [f(x_i) - \overline{f}(x_i)]^2} \tag{3.107}$$

$$\rho = \frac{\sigma_{x,f(x)}}{\sigma_x \sigma_{f(x)}} \tag{3.108}$$

式中,$\sigma_{x,f(x)}$ 为 x 和 $f(x)$ 的协方差,且

$$\left. \begin{aligned} \sigma_{x,f(x)} &= \sum_{i=1}^{n} (x_i - \overline{x})[f(x_i) - \overline{f}(x_i)] \\ \sigma_x &= \sum_{i=1}^{n} (x_i - \overline{x})^2 \\ \sigma_{f(x)} &= \sum_{i=1}^{n} [f(x_i) - \overline{f}(x_i)]^2 \end{aligned} \right\} \tag{3.109}$$

决定系数 $r^2 = 0$,说明这个模型与数据不相符,而当 $r^2 = 1$ 时,这个模型为理想模型。类似地,ρ 为 1 和 -1 分别代表完全正相关或完全负相关。当 $\rho = 0$ 时,x 和 $f(x)$ 没有相关性。因此,当 r^2 接近 1 或 ρ 接近 ±1 时,模型与数据相符得很好。

式(3.106)可以写为

$$\hat{\beta} = \frac{\sum_{i=1}^{n} (x_i - \overline{x}) f(x_i)}{\sum_{i=1}^{n} (x_i - \overline{x})^2} \tag{3.110}$$

由于

$$\sum_{i=1}^{n} (x_i - \overline{x})^2 \neq 0 \tag{3.111}$$

那么可以得到 $\hat{\beta}$ 的期望值为

$$E(\hat{\beta}) = \frac{\sum_{i=1}^{n} (x_i - \overline{x}) E[f(x_i)]}{\sum_{i=1}^{n} (x_i - \overline{x})^2} = \frac{\sum_{i=1}^{n} (x_i - \overline{x})(\alpha + \beta x_i)}{\sum_{i=1}^{n} (x_i - \overline{x})^2} = \beta \frac{\sum_{i=1}^{n} (x_i - \overline{x}) x_i}{\sum_{i=1}^{n} (x_i - \overline{x})^2} = \beta \tag{3.112}$$

所以,$\hat{\beta}$ 是 β 的无偏估计。相似地,$\hat{\alpha}$ 是 α 的无偏估计。这两个参数的方差为

$$\mathrm{Var}(\hat{\beta}) = \frac{\sum_{i=1}^{n} (x_i - \overline{x}) \mathrm{Var}[f(x_i)]}{\left[\sum_{i=1}^{n} (x_i - \overline{x})^2\right]^2} = \frac{\sigma^2}{\sum_{i=1}^{n} (x_i - \overline{x})^2} \tag{3.113}$$

$$\operatorname{Var}(\hat{\alpha}) = \frac{\sigma^2 \sum_{i=1}^{n} x_i^2}{n \sum_{i=1}^{n} (x_i - \bar{x})^2} \tag{3.114}$$

对于特殊值 x，$f(x)$ 的方差如下：

$$\operatorname{Var}[\hat{f}(x_i)] = \operatorname{Var}(\hat{\alpha}) + x^2 \operatorname{Var}(\hat{\beta}) + 2x \operatorname{Cov}(\hat{\alpha}, \hat{\beta})$$

$$= \frac{\sigma^2 \sum_{i=1}^{n} x_i^2}{n \sum_{i=1}^{n} (x_i - \bar{x})^2} + \frac{x^2 \sigma^2}{\sum_{i=1}^{n} (x_i - \bar{x})^2} - \frac{2x\sigma^2 \bar{x}}{\sum_{i=1}^{n} (x_i - \bar{x})^2}$$

$$= \sigma^2 \left[\frac{1}{n} + \frac{(x - \bar{x})^2}{\sum_{i=1}^{n} (x_i - \bar{x})^2} \right] \tag{3.115}$$

【例 3.16】表面组装技术（SMT）可以使电子元器件生产商生产出高密度组件印制电路。SMT 存在一个问题，即表面组装部件仅通过焊锡电路板相连，这样导致 SMT 连接的可靠性依靠焊料。因此，生产商需要进行加速可靠性试验来确定产品在正常运行情况下的可靠性。表 3.4 显示了测试所得的故障率估计值。假设故障率关于 t 线性增加，且 $\lambda(t) = \alpha + \beta t$，求常数 α 和 β，并估计 $t = 30\text{ h}$ 时的可靠度。

表 3.4　测试所得的故障率估计值

t/h	$\lambda(t)/(\times 10^{-3} \cdot \text{h}^{-1})$
10	10.00
20	11.11
30	12.50
40	14.28
50	16.66
60	20.00
70	25.00
80	33.33
93	38.40
111	55.45

解：根据表 3.4 所示的故障率估计值和时间 t 的关系，利用上述介绍的最小二乘法拟合故障率的线性回归方程，得到常数 α 和 β 的估计值，故障率为

$$\lambda(t) = 0.007\,541 + 0.000\,43t \tag{3.116}$$

可靠度函数为

$$R(t) = e^{-\int_0^t \lambda(t)dt}$$
$$= e^{-(0.007541t + 0.000215t^2)} \quad (3.117)$$

则 $t = 30$ h 时的可靠度为

$$R(30) = 0.79753 \quad (3.118)$$

通过式（3.113）和式（3.114）得到 α 和 β 的方差，结果分别为 $\text{Var}(\hat{\alpha}) = 4.79923 \times 10^{-5}$ 和 $\text{Var}(\hat{\beta}) = 1.16008 \times 10^{-8}$，可见方差非常小。

最小二乘法提供了一种高效、连续和无偏的参数估计方法。最小二乘法简便、计算高效，并且可以在一元线性、多元线性和非线性模型使用。此外，许多非线性形式可以通过简单变化变为线性形式，例如，

$$f(x) = ax^b \quad (3.119)$$

对等式两边取对数，结果为

$$\ln f(x) = \ln a + b \ln x \quad (3.120)$$

令

$$Y = \ln f(x), X = \ln x, A = \ln a \quad (3.121)$$

则式（3.120）可以以线性形式表达，即

$$Y = A + bX \quad (3.122)$$

总之，对于一个线性模型，最小二乘法估计值有如下优点：①无偏；②在线性无偏估计中方差最小；③得到的残差与估计值无关。

3.2.5 贝叶斯法

前面介绍的估计参数的方法都是基于确定故障数据的最优拟合分布，且假设所估计的参数为固定值。但是，在很多情况下试验数据有限或不存在，使很难确定最佳分布。在这种情况下，贝叶斯法是估计分布参数的一种选择。这种方法把分布参数视为随机变量，它运用了关于组件故障的先验信息，与目前根据工程经验和主观假设来构造一个优先分布模型的做法相似。模型使用贝叶斯方程结合当前数据做出的参数先验估计来得到后验分布。参数的置信区间可以通过一系列标准步骤得到。

首先对贝叶斯理论做一个简要描述，之后用其对分布参数进行估计。考虑一个空间大小为 S 的实验样本，且 $[B_1, B_2, \cdots, B_r]$ 代表 S 的一部分。令 $\{P(A); A \subseteq S\}$ 表示 S 中所有事件的概率分布。对于 S 中任意事件 A 和 B，$P(A) > 0$，在 A 发生的前提下 B 发生的条件概率为

$$P(B|A) = P(A \cap B) | P(A) \quad (3.123)$$

因此，有

$$P(B_j|A) = \frac{P(A|B_j) | P(B_j)}{P(A)}, \quad j = 1, 2, \cdots, r \quad (3.124)$$

对于任何 $P(A) > 0$，这里运用全概率公式计算，即

$$P(A) = \sum_{j=1}^{r} P(A|B_j) | P(B_j) \quad (3.125)$$

式中，事件 B_j 相互独立且都包含事件 A。

贝叶斯理论最初是由英国学者贝叶斯提出来的，并由此发展了贝叶斯学派，其主要观点

是把任何一个未知量都看作随机变量，用概率的方式加以描述，通常称为先验分布（Prior Distribution），一般使用先验概率密度函数 $\pi(\theta)$，可根据客观经验确定，是非样本信息。在经典统计学派的统计思想中，含参数的概率密度函数通常记作 $f(x;\theta)$，表示参数空间中不同的参数取值所对应的不同的概率分布，而在贝叶斯统计中记作 $f(x|\theta)$，表示随机变量 θ 给定某个值时，总体 X 的条件分布。从贝叶斯统计的观点来看，观测值 $(x_1,x_2,\cdots,x_n)$ 的产生需要经过以下两步：一是从先验分布 $\pi(\theta)$ 中产生一个参数样本 θ'，这一步是无法观测的；二是从总体分布 $f(x|\theta')$ 中产生样本 $(X_1,X_2,\cdots,X_n)$，得到其观测值 $(x_1,x_2,\cdots,x_n)$，这一步是能够看到的。由此，样本 $(x_1,x_2,\cdots,x_n)$ 的联合条件概率密度函数为 $f(x|\theta') = \prod_{i=1}^{n} f(x_i|\theta')$，综合总体信息和样本信息，与经典统计学派同称为似然函数，记为 $L(\theta')$。θ' 是未知的，它是按照先验分布 $\pi(\theta)$ 产生的，为把先验信息综合考虑进去，不能只考虑 θ'，对 θ 的其他发生值发生的可能性也要加以考虑，故要用 $\pi(\theta)$ 进行综合。需要用到参数和样本的联合分布 $f(x|\theta)\pi(\theta)$，这个联合分布把总体信息、样本信息、先验信息 3 种可用的信息都综合进去。

在没有样本信息时，人们只能根据先验分布对 θ 做出推断，而在有了样本观测值 $(x_1,x_2,\cdots,x_n)$ 后，则应该根据 $f(x|\theta)\pi(\theta)$ 对 θ 做出推断。由此计算出样本观测值的边缘概率密度 $\int_{\theta} f(x|\theta)\pi(\theta)d\theta$。由条件分布、联合分布、边缘分布三者之间的关系，在样本观测值 $(x_1,x_2,\cdots,x_n)$ 的条件下 θ 的后验分布可按下式计算：

$$\pi(\theta|x) = \frac{f(x|\theta)\pi(\theta)}{\int_{\theta} f(x|\theta)\pi(\theta)d\theta} \tag{3.126}$$

式中，$\pi(\theta)$ 为参数 θ 的先验分布，表示对参数 θ 的主观认识，是非样本信息；$f(x|\theta)$ 为总体 X 的条件分布；$\pi(\theta|x)$ 为参数 θ 的后验分布；分子项 $f(x|\theta)\pi(\theta)$ 即为参数和样本的联合分布；分母项 $\int_{\theta} f(x|\theta)\pi(\theta)d\theta$ 是样本观测值 x 的边缘概率密度。

上式就是著名的连续随机变量的贝叶斯公式，$\pi(\theta|x)$ 在总体信息和样本信息的基础上进一步综合了先验信息，因此通常称为 θ 的后验分布（Posterior Distribution）。因此，贝叶斯估计可以看作是，在假定 θ 服从 $\pi(\theta)$ 的先验分布前提下，根据样本信息去校正先验分布，得到后验分布 $\pi(\theta|x)$。接下来对未知参数 θ 的任何统计推断都基于这个后验分布，在点估计中常用的方法是取后验分布的均值作为 θ 的估计值，即 $\hat{\theta} = E(\pi(\theta|x)) = \int_{\theta} \theta\pi(\theta|x)d\theta$。下面通过一个简单的算例来展示贝叶斯估计的实施流程。

【例 3.17】 某军工厂生产的一批武器制导部件的不合格率为 θ，从中抽取了 8 个产品进行检验，发现其中 3 个部件不合格。假设不合格率 θ 的先验分布为 $\pi(\theta) \sim U(0,1)$，请用贝叶斯原理对不合格率进行估计。

解：由题述可知为成败型可靠性问题，不合格部件数 X 服从二项分布，即总体 $X \sim B(8,\theta)$。

对应的样本观测值 $x=3$，则 X 在 θ 下的条件分布为

$$f(x|\theta) = C_8^x \theta^x (1-\theta)^{8-x} \tag{3.127}$$

样本观测值 x 的边缘概率密度为

$$\int_{\theta} f(x\mid\theta)\pi(\theta)\mathrm{d}\theta = \int_{0}^{1} C_{8}^{3}\theta^{3}(1-\theta)^{5}\mathrm{d}\theta = \frac{1}{9} \tag{3.128}$$

根据式（3.126）所示的贝叶斯公式，不合格率 θ 的后验分布为

$$\pi(\theta\mid x) = \frac{f(x\mid\theta)\pi(\theta)}{\int_{\theta} f(x\mid\theta)\pi(\theta)\mathrm{d}\theta} = 9C_{8}^{3}\theta^{3}(1-\theta)^{5} = 504\theta^{3}(1-\theta)^{5}, \quad 0 < \theta < 1$$

$$\tag{3.129}$$

采用后验期望估计，该军工厂生产的制导部件的不合格率 θ 的贝叶斯估计值如下：

$$\hat{\theta} = \int_{\theta}\theta\pi(\theta\mid x)\mathrm{d}\theta = \int_{0}^{1} 504\theta^{4}(1-\theta)^{5}\mathrm{d}\theta = \frac{2}{5} \tag{3.130}$$

3.2.6 最大后验估计

在贝叶斯估计中，如果采用极大似然估计（MLE）的思想，考虑后验分布极大化而求解 θ，就变成了最大后验估计（Maximum A Posteriori estimation，MAP），即

$$\hat{\theta}_{\mathrm{MAP}} = \arg\max_{\theta}\pi(\theta\mid x) = \arg\max_{\theta}\frac{f(x\mid\theta)\pi(\theta)}{m(x)} = \arg\max_{\theta} f(x\mid\theta)\pi(\theta) \tag{3.131}$$

由于 $m(x) = \int_{\theta} f(x\mid\theta)\pi(\theta)\mathrm{d}\theta$ 为一定值，$\hat{\theta}_{\mathrm{MAP}}$ 求解与其无关，因此简化了计算。最大后验估计顾名思义就是最大化在给定数据样本的情况下模型参数的后验概率。它依然是根据已知样本，通过调整模型参数使模型能够产生该数据样本的概率最大，只不过对于模型参数有了一个先验假设，即模型参数可能满足某种分布，不再一味地依赖数据样本，因为数据量可能很少。

作为贝叶斯估计的一种近似解，MAP 有其存在的价值。因为贝叶斯估计中后验分布的计算往往是非常棘手的，而且 MAP 并非简单地回到极大似然估计，它依然利用了先验信息，这些信息无法从观测样本获得。

对式（3.131）稍作处理，得

$$\hat{\theta}_{\mathrm{MAP}} = \arg\max_{\theta} f(x\mid\theta)\pi(\theta) = \arg\max_{\theta}\left[\sum_{i=1}^{n}\ln f(x_{i}\mid\theta)\pi(\theta)\right] \tag{3.132}$$

从上式可以看出，相比于极大似然估计，估计值中增加了先验项 $\ln\pi(\theta)$。如果使用不同的先验概率，比如高斯分布函数，那么其先验概率就不再是处处相同，而是取决于分布的区域，概率或高或低。至此可以得出结论，MLE 是 MAP 的一个特殊情况，也就是当先验概率为均匀分布时，二者相同。

上面介绍了参数估计常用的理论方法及其特点。由于产品千变万化，寿命分布的类型很多，许多情况下要确定产品的故障服从何种分布是很困难的，其主要原因在于：一是试验数据有限；二是分布类型往往与产品类型无关，而与作用的应力类型及故障机理和故障形式有关，有些分布如威布尔分布、对数正态分布、伽马分布，中间部分不容易分辨，只有在尾部才有所不同。因此某种分布能否较准确地描述某一故障现象，也还存在争议。确定故障服从的分布一般有两种方法：一是根据其物理背景来定，即产品的寿命分布与内在结构以及物理、化学、力学性能有关，与产品发生故障时的物理过程有关。通过故障分析，证实该产品的故障模式或故障机理与某种分布类型的物理背景相接近时，可由此确定它的寿命分布类

型。二是通过进行可靠性寿命试验或分析产品在使用过程中数据资料来获得产品的故障数据，利用统计推断的方法来判断它属于何种分布。当没有足够证据选择何种分布时，作为第一次尝试可假设某随机变量服从正态分布，对产品的寿命则假设服从威布尔分布，这已通过许多领域的大量应用证明是有效的。

上述介绍的参数估计方法的应用前提是概率分布类型已指定，并未给出如何确定最为合适的分布类型，且极有可能缺乏指定分布类型的信息，此时可采用统计检验方法识别确定最佳分布类型。通过对不确定性变量的给定数据（观测或理论）应用拟合优度检验（Goodness of Fit，GOF）或模型选择方法来确定分布，给出接受或拒绝一个候选分布适合表示给定数据假设的结论。最具代表性的拟合优度检验有 Kolmogorov–Smirnov（K–S）、Anderson–Darling（A–D）和卡方检验。K–S 检验和 A–D 检验均通过比较经验数据分布与候选分布的累积分布函数（Cumulative Distribution Function，CDF）间的距离，来度量两个分布之间的差异程度，但是 A–D 检验将权重应用于尾端概率分布，这对那些尾端概率分布精度较重要的情况更有用。卡方检验比较的是数据频率和候选分布的概率密度函数（Probability Density Function，PDF）。拟合优度检验为候选分布是否可表征给定数据提供了有效的验证手段，但是识别的正确分布模型通常有多个，无法对各个模型优劣排序，尤其当样本数量较少时，该问题广泛存在。模型选择方法可有效解决上述问题，主要包括极大似然估计（MLE）、赤池信息准则（Akaike Information Criterion，AIC）、赤池信息修正准则（AICc）和贝叶斯信息准则（Bayesian Information Criterion，BIC）等。其基本原理为参考分布越接近不确定性变量的给定数据，对应的似然函数值越高。

3.3　可靠性试验

上述介绍的评估程序中，需要收集子样产品的试验数据，其可以通过可靠性试验提供。可靠性试验在工程实践中具有重要意义，它是对产品的可靠性进行调查、分析和评价的一种手段，不仅是为了用试验数据来说明产品是否可以接收、拒收、合格或不合格，更主要的是用应力和应力作用的时间，来激发如设计或生产导致的产品潜在的各种缺陷，进而采取措施剔除这些缺陷，使产品可靠性得到保证。

广义而言，凡是为了了解、考核、评价、分析和提高产品（包括系统、设备、元器件、原材料）可靠性而进行的试验都可以称为可靠性试验（Reliability Test），如老练和筛选、环境试验、可靠性增长试验等通常都包括在内。狭义的可靠性试验主要是指寿命试验，是一种重要的可靠性试验形式。通过寿命试验可获取诸如故障率、平均寿命等可靠性特征量。

3.3.1　分类

（1）按试验场合，可将可靠性试验分为：
①现场试验。
②试验室试验。试验条件便于控制。
（2）按试验目的，可将可靠性试验分为：
①可靠性增长试验，即遵循试—问—改—试，不断进行试验，同时不断改进产品可靠性

的试验,直到可靠性指标满足要求,也称增长试验。

②可靠性鉴定试验,即鉴定产品是否达到预定可靠性的试验,试验结果可作为产品定型的依据。

③可靠性验收试验,即为确定稳定生产的产品可靠性指标是否达到要求的试验,一般在厂方和用户商定的方式下进行。

②和③统称可靠性验证试验。

(3) 按试验应力,可将可靠性试验分为:

①常规可靠性试验,即产品在接近实际使用条件下进行的试验。试验结果反映实际情况,不过试验周期长。

②加速可靠性试验,即条件是不改变故障机理,加大应力,使故障率增大,从而更能激发故障或者说寿命缩短。可见,加速可靠性试验可能在较短时间内获得可靠性评定数据,或者暴露可能出现的故障。

(4) 按试验样本,可将可靠性试验分为:

①全数试验,即对全部产品进行可靠性试验。这种大批量试验所得到的数据很精确,而且置信度很高,但是做全数试验成本太高,因此工程上经常采用抽样试验。例如,对所抽 n 个样品全部进行试验且直到故障,这称为完全寿命试验,它只适用于某些电子设备。

②抽样试验,即从批量产品中,抽取部分样品进行可靠性试验,利用试验结果计算整批量产品的可靠性,并以此为依据判断整批量是否合格。

在可靠性寿命试验中,为缩短试验时间,抽样试验多为截尾试验,即参加试验样品并非达到所有产品全部故障就停止了试验。截尾试验可分为定时截尾(产品进行试验,到规定的时间 t_0 即停止试验)、定数截尾(产品进行试验,到规定的故障数即停止试验,此时时间记为 t_r)和随机截尾。3 类截尾试验类型如图 3.4 所示。在此分类的基础上,按试验过程中元件是否有替换,又各分为两类。数据的截尾类型不同导致采用的可靠性评估方法不同。对于电子产品,其寿命 T 通常服从指数分布,通常采用定时截尾试验或定数截尾试验去评估其平均寿命。

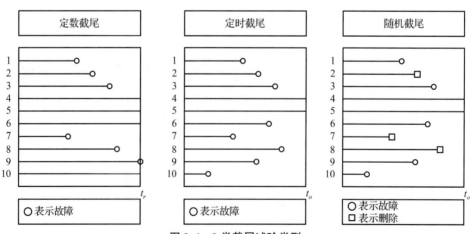

图 3.4　3 类截尾试验类型

下面对无替换定数截尾、有替换定数截尾、无替换定时截尾和有替换定时截尾寿命试验及其平均寿命估计的方法进行简要介绍。同样,这里主要以寿命服从指数分布的产品为例介绍，对于寿命服从威布尔分布、对数正态分布等的产品，用截尾试验数据进行寿命估计的方法可参见戴树森等编著的《可靠性试验及其统计分析》，K. C. Kapur 等著、张智铁译的《工程设计中的可靠性》。

3.3.2　无替换定数截尾寿命试验

在 n 个样品寿命试验中，故障时间 $t_1,t_2,\cdots,t_n$ 相互独立且同为指数分布，其顺序为 $t_{(1)}$，$t_{(2)},\cdots,t_{(n)}$。若预定在第 $r(r<n)$ 个发生故障时停止试验，$t_{(r)}$ 为随机变量，$t_{(1)},t_{(2)},\cdots,t_{(r)}$ 为顺序统计量。这种试验称为无替换定数截尾寿命试验，如图 3.5 所示。

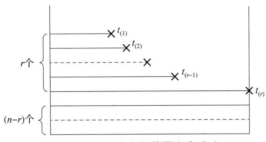

图 3.5　无替换定数截尾寿命试验

总试验时间为

$$T_{r,n} = \sum_{i=1}^{r} t_{(i)} + (n-r)t_{(r)} \tag{3.133}$$

3.3.3　有替换定数截尾寿命试验

在定数截尾寿命试验中，把发生故障的样品更换（或修复），继续试验到 $t_{(r)}$。这种试验称为有替换定数截尾寿命试验，如图 3.6 所示。

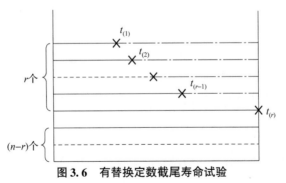

图 3.6　有替换定数截尾寿命试验

总试验时间为

$$T_{r,n} = nt_{(r)} \tag{3.134}$$

3.3.4　无替换定时截尾寿命试验

在 n 个样品寿命试验中，故障时间 $t_1,t_2,\cdots,t_n$ 相互独立且同为指数分布，其顺序为 $t_{(1)}$，$t_{(2)},\cdots,t_{(n)}$。若预定在 τ 时间停止试验，则故障数 r 为随机变量，$t_{(1)},t_{(2)},\cdots,t_{(r)}$ 为顺序统计量。这种试验称为无替换定时截尾寿命试验，如图 3.7 所示。

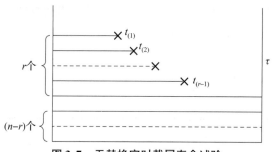

图 3.7　无替换定时截尾寿命试验

总试验时间为

$$T_{r,n} = \sum_{i=1}^{r} t_{(i)} + (n-r)\tau \tag{3.135}$$

3.3.5　有替换定时截尾寿命试验

在定时截尾寿命试验中，把发生故障的样品更换（或修复），继续试验到 τ 时间。这种试验称为有替换定时截尾寿命试验，如图 3.8 所示。

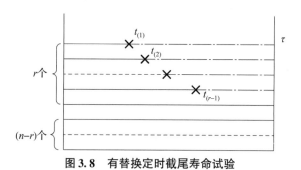

图 3.8　有替换定时截尾寿命试验

总试验时间为

$$T_{r,n} = n\tau \tag{3.136}$$

上面介绍的 4 种基本类型的截尾寿命试验都假定故障时间可以立即确切测到，但实际上很难做到，只能进行定时间隔地测试。在这些实验中，可以把故障时间视为测试间隔的中点，但这样做将给估计结果带来一定误差。

3.3.6　平均寿命点估计

根据上述 4 种基本类型的截尾寿命试验的数据，求其平均寿命 θ、故障率 λ、预定任务时间 t_0 内的可靠度 $R(t_0)$ 和预定可靠度 R_0 下的可靠寿命 $t_{(R_0)}$ 的点估计，计算公式分别如下：

$$\hat{\theta} = \frac{T_{r,n}}{r} \tag{3.137}$$

$$\hat{\lambda} = \frac{1}{\hat{\theta}} = \frac{r}{T_{r,n}} \tag{3.138}$$

$$\hat{R}(t_0) = e^{-\frac{t_0}{\hat{\theta}}} \tag{3.139}$$

$$\hat{t}_{(R_0)} = \hat{\theta} \ln \frac{1}{R_0} \tag{3.140}$$

3.3.7 示例

【例 3.18】点火管主要根据发动机的点火信号,确保在规定时间内点燃发动机的药柱,使发动机快速产生推力,正常工作,其可靠性直接决定了发动机的工作可靠性,通常利用抽样试验的方法对其开展可靠性评估。一批发动机的点火管,其寿命服从指数分布,从中随机抽取 10 只做无替换定数截尾寿命试验 ($n,r,$无),预定 $r=5$ 时结束试验,测得故障时间顺序排列为 35 s,85 s,150 s,230 s,300 s。求该批发动机点火管的 $\hat{\lambda}$、$\hat{\theta}$ 和 $\hat{R}(40)$。

解: 根据 3.3.2 节的式 (3.133),得总工作时间为

$$T_{r,n} = \sum_{i=1}^{r} t_{(i)} + (n-r)t_{(r)}$$
$$= 35 + 85 + 150 + 230 + 300 + (10-5) \times 300 = 2\,300 \text{ s}$$

则根据 3.3.6 节的公式,得

$$\hat{\lambda} = \frac{r}{T_{r,n}} = \frac{5}{2\,300} = 2.174 \times 10^{-3}/\text{s}$$

$$\hat{\theta} = \frac{T_{r,n}}{r} = \frac{2\,300}{5} = 460 \text{ s}$$

$$\hat{R}(40) = \exp\left(-\frac{40}{460}\right) = 0.916\,7$$

【例 3.19】弹载计算机是导弹控制系统中的重要电子部件,由硬件及软件组成,硬件部分由 D/A 输出单元、串行通信单元、电源管理单元、数字量输入单元、外部存储单元、点火模块、测温模块以及主协处理器单元组成;软件由 DSP(数字信号处理)计算模块及 FPGA(现场可编程门阵列)软件组成。某导弹控制系统中的弹载计算机寿命服从指数分布,现抽取 3 台开展寿命试验,试验结果如下:

1 号设备:两次故障前时间为 1 200 h、1 100 h,之后工作 900 h 未发生故障。
2 号设备:工作 1 300 h 发生故障,之后工作试验 700 h 未发生故障。
3 号设备:工作 800 h 未发生故障。

求该设备的 $\hat{\lambda}$、$\hat{\theta}$ 和 $\hat{R}(8)$ 的点估计值。

解: 总工作时间 $T_{r,n} = 1\,200 + 1\,100 + 1\,300 + 900 + 700 + 800 = 6\,000$ h

$$\hat{\lambda} = \frac{r}{T_{r,n}} = \frac{3}{6\,000} = 5 \times 10^{-4}/\text{h}$$

$$\hat{\theta} = \frac{T_{r,n}}{r} = \frac{6\,000}{3} = 2\,000 \text{ h}$$

$$\hat{R}(8) = e^{\hat{\lambda}t_0} = e^{-5 \times 10^{-4} \times 8} = 0.996$$

3.4 复杂产品可靠性评估

一个产品往往可看成一个单元或者一个系统,而从这个角度看,可以用单元产品可靠性评估的方法去评估系统可靠性;但在实际中要用一定数量的子样去进行试验,对于一些大型系统来说是行不通的。例如,我国发射的运载火箭,按抽样试验理论子样选十几台并不大,

但是我国一共才发射了多少台,因此根本不能按单元产品可靠性评估的方法来评估系统可靠性。工程技术人员还应了解不同于单元产品可靠性评估的系统可靠性评估的方法。

系统可靠性评估方法是一个较复杂的问题,同时也是在世界各国研究得较晚、各学派争议甚多的问题。系统可靠性评估可采用金字塔系统可靠性综合评估方法。任何大的系统均由若干分系统组成,而各个分系统由很多单机和部件组成,各单机和部件由很多组件组成,各组件由很多材料和元器件组成。它们之间的关系可以建立一个金字塔模型,如图3.9所示。

图 3.9　系统可靠性综合的金字塔模型

在实验室内进行系统各组成单元的模拟使用试验,然后进行系统的少量使用试验,最后综合两类试验数据,对系统可靠性进行综合评定。从金字塔的最下层(如组成系统的材料、元器件),依次向上进行,逐步进行各层次的可靠性评估,直至系统,这样就可以用极少次的全系统的使用试验或不经过全系统试验而对大型复杂系统的可靠性做出评估。有关复杂产品可靠性评估的介绍,读者可参见参考文献[9]。

3.5　本章小结

本章主要从寿命的角度对单元产品的可靠性评定方法进行了介绍,包括评估流程和可靠性参数估计方法,同时对寿命可靠性试验及其平均寿命估计进行了简要介绍。

第 4 章

系统可靠性建模及计算

　　第 2 章对可靠性的特征量进行了介绍，也就是如何量化可靠性，提出了可靠度函数、故障概率分布函数、故障概率密度函数、故障率函数、平均寿命、中位寿命等概念，同时，还对工程中常用的几类可靠性分布（如指数分布、正态分布等）及其可靠性特征量进行了介绍。第 3 章对可靠性评估方法进行了阐述。在前面两章的基础上，第 4 章将主要从系统的层面，介绍如何建立其可靠性模型以及如何计算其可靠度。

　　一个系统的可靠度取决于两个因素：一是单元本身的可靠度；二是各单元的组合方式。在单元可靠度相同的情况下，其组合方式不同，系统可靠度是有很大差别的。可靠性建模是开展可靠性分析和设计的基础，也是进行系统维修和保障性设计分析的前提。本章仅从系统、单元的相对意义进行讨论，介绍各种类型的系统可靠性模型，并建立系统可靠性模型，把系统可靠性特征量表示为单元可靠性特征量的函数，然后通过已知的单元可靠性特征量计算系统可靠性特征量，这也是常用的一种系统可靠性分析方法。

　　本章首先概述系统、单元和产品的关系、可靠性模型概念的分类；然后对系统可靠性建模中常用的方法——系统可靠性框图模型进行介绍；接着介绍几种典型的可靠性框图模型及其可靠度计算，包括串联、并联、串并联混联等系统可靠度计算以及复杂系统可靠度计算；最后简要介绍故障树模型以及基于行为仿真的可靠性模型。

4.1 概述

　　什么是系统可靠性模型呢？可靠性模型是从研究产品故障规律的角度建立的一种模型。那么对于复杂产品，应将其视为一个系统，由相互作用和相互依赖的单元有机组成，构建描述单元可靠性关系的模型，通过单元可靠性规律推测系统的可靠性规律，这种模型就称为系统可靠性模型。此外，还有单元可靠性模型。可靠性模型的实质是对系统或单元故障（可靠性）特征的数学描述。例如，导弹武器系统是由很多的分系统构成的，如发动机、引信、舵机、飞控、战斗部、导引头等，而导引头又要细分为很多小单元，要研究其可靠性，就要构建描述这些单元之间相互作用和依赖的关系。

　　系统可靠性模型种类繁多，能力不同，概念各异，根据建模原理的不同可分为两大类，即基于故障逻辑的可靠性模型和基于行为仿真的可靠性模型。前者被广泛采用，属于较为传统的可靠性建模方法，包括可靠性框图模型、网络可靠性模型、故障树模型、事件树模型、马尔可夫模型、Petri 网模型、GO 图模型等。有时系统与单元关系过于复杂，逻辑模型无法描述，随着各种先进仿真技术的大量应用，此时可借助仿真手段进行可靠性建模，建立基于行为仿真的可靠性模型。但是该方法计算量大，建模难度高，必须利用相关仿真软件才能完成。例如，要分析一个飞机机翼结构的可靠性（其结构由很多小部件组成，如各种梁、杆、蒙皮、复合材料等），一方面，可以分解各部件之前的相互作用和依赖关系（如并或与等关系），然后建立系统基于故障逻辑的可靠性框图，在此基础上通过单元可靠性规律推测系统的可靠性规律；另一方面，构建飞机结构的故障逻辑的可靠性模型较为复杂，此时可以通过对机翼的结构建立有限元模型，通过不确定性抽样，然后大量多次进行有限元仿真分析，得到其应力、应变、强度等分布情况，再根据故障准则得到其可靠度。其中，基于故障逻辑的可靠性模型种类较多，本书仅介绍工程中最常用的可靠性框图模型。

为什么要建立系统可靠性模型？简单讲，主要有以下3个原因：①可靠性预计的需要；②可靠性分配的需求；③装备系统复杂，从整体上难以直接进行分析。在可靠性的研究、分析与设计过程中，特别是确定可靠性指标和指标的分配与预计时，常常需要根据系统各组成部分的可靠性要求，求出整个系统可靠性。为此，要根据系统及其组成单元的工作原理和功能关系，建立系统可靠性数学模型。建立系统可靠性数学模型的目的主要是为可靠性指标分配、预计、评估，以及为设计方案优化提供模型。

4.2　系统和单元的概念

在可靠性工程中，对系统的定义是为了完成某一特定功能，而系统是由若干个彼此有联系且又能相互协调工作的单元组合起来，具有一定的输入、输出特性的综合体。由于研究的范畴和对象都不同，对系统定义也就不同。系统和单元（子系统、元器件）的区分是相对的，每一个系统对它所从属的更大的系统而言，又称为分系统。对于大系统来讲，它的各个分系统本身又是可以单独称为一个系统，这个系统又可以分为若干子系统。系统和单元的含义均是相对而言的，视研究的问题而定。例如，在研究通信设备时，它是由发射机、接收机及天线等部件组成的系统；在研究发射机时，发射机又是由电阻、电容、二极管、三极管等组成的系统；炮弹对火控系统来讲，它是子系统，但对于引信、弹体来讲，它又是系统，如果把炮弹作为系统来定义，它的子系统就是引信、爆炸装药、弹体、发射药、点火具等。

4.3　可靠性框图模型

可靠性框图（Reliability Block Diagram，RBD）模型是最基本的可靠性模型，其基本思想是根据系统组成单元之间的功能相关性，描述单元功能与系统功能之间的逻辑关系。可靠性框图模型的英文定义为：A graphical representation of how components states（working or failed）influence the system state（working or failed）。也可以说，可靠性框图模型是描述单元工作故障与否对系统工作故障与否的影响的一种图形描述。

为了表示系统与单元功能之间的逻辑关系，用方框表示单元功能，每一个方框表示一个单元，方框之间用短线连接表示单元功能和系统功能之间的关系，这就是可靠性框图，或称逻辑框图、功能图。通常可靠性框图由方框、连线、节点、逻辑关系等组成，如图4.1所示。

RBD中涉及如下要素：

（1）方框，表示产品或功能。

（2）逻辑关系，表示系统的功能布局。

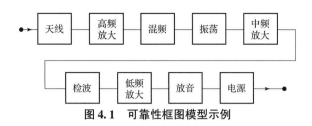

图 4.1　可靠性框图模型示例

(3) 连线，表示系统功能流程的方向，无向的连线意味着是双向的。

(4) 节点，在需要时才加以标注。节点中，输入节点表示系统功能流程的起点，输出节点表示系统功能流程的终点。

在建立系统可靠性框图模型之前，有如下 3 个假设：

(1) 系统及其组成单元只有故障与正常两种状态，不存在第三种状态；

(2) 单元之间相互独立（即一个单元故障与否不会改变其他单元的可靠度）；

(3) 系统的可靠性完全取决于单元本身的可靠性和其组合方式。

系统的原理图、功能框图和功能流程图是建立系统可靠性模型的基础，不能与系统的可靠性框图混为一谈。原理图反映系统及其组成单元之间的物理上的连接与组合关系；功能框图或功能流程图反映系统及其组成单元之间的功能关系；可靠性框图只表示各单元功能与系统功能的逻辑关系，不表示各单元之间结构上的关系。例如，由 1 个电容器和 1 个电感线圈所构成的并联振荡电路，从结构框图上讲它们是并联关系（图 4.2）；电容器和电感线圈所构成的串联振荡电路，从结构框图上讲它们则是串联关系（图 4.3）。但是从系统可靠性框图上讲，不管是并联振荡电路还是串联振荡电路，它们的可靠性框图都是串联的（图 4.4），因为电容和电感只要有一个发生故障，这个振荡器就无法工作，所以不管是并联振荡电路还是串联振荡电路，其系统可靠性框图是相同的。

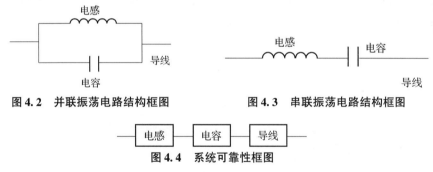

图 4.2　并联振荡电路结构框图　　　图 4.3　串联振荡电路结构框图

图 4.4　系统可靠性框图

确定系统可靠性模型的类型，要从分析系统的功能及其故障模式着手，故障模式不同，相同的一个系统得出的可靠性框图模型可能完全不同。图 4.5 所示的流体系统结构，可以看出其由管道及其上安装的两个阀门串联组成。

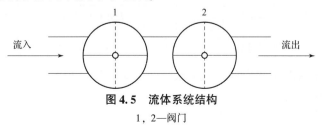

图 4.5　流体系统结构

1，2—阀门

当阀门 1 与阀门 2 处于开启状态时，功能是液体流通，系统故障是液体不能流通，其中包括阀门关闭；当阀门 1 与阀门 2 处于闭合状态时（图中虚线所示），两个阀门的功能是截流，不能截流为系统故障，其中包括阀门泄漏。

第一种情况，若单元 1、2 功能是相互独立的，只有每个单元都实现自己的功能（开启），系统才能实现液体流通的功能，若其中有一个单元功能故障，则系统功能就故障，液体被截流，其可靠性逻辑框图是串联关系，如图 4.6 所示。

第二种情况，单元 1、2 功能至少有一个功能正常，系统就能实现截流功能。只有当所有的单元功能都故障，系统功能才故障，其可靠性逻辑框图是并联关系，如图 4.7 所示。

图 4.6　可靠性逻辑框图（流通）　　　图 4.7　可靠性逻辑框图（截流）

由上述对流体系统结构的分析可见单元功能对系统功能的影响，分析中一定要指出哪些单元必须正常工作才能保证系统能完成其预期的功能。

再如，引信中隔爆机构由两套保险机构锁住，其结构框图如图 4.8 所示。

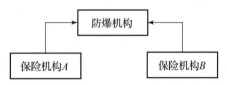

图 4.8　引信中隔爆机构的结构框图

从保险功能来考虑，两套保险机构只要有一套正常工作（锁住），隔爆机构就处于正常状态，其可靠性逻辑框图是并联关系，如图 4.9 所示。

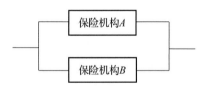

图 4.9　引信保险状态下的可靠性逻辑框图

但在引信发射过程中，要求隔爆机构能可靠地解除隔爆，使引信处于待发射状态。这样，隔爆机构的保险机构就必须可靠地解除保险。从解除保险的功能来看，两套保险机构都必须能够可靠地解除保险，才能使隔爆机构适时地解除隔爆，使引信正常地处于待发射状态。因此，其可靠性逻辑框图是串联关系，如图 4.10 所示。

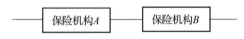

图 4.10　引信解除保险状态的可靠性逻辑框图

因此，我们说系统的结构关系、功能关系以及可靠性逻辑关系，各有不同的概念。在对系统进行可靠性分析，建立可靠性模型时，一定要弄清楚系统结构关系、功能关系，才能画出正确的可靠性逻辑框图。

随着系统设计工作的进展，必须绘制一系列的可靠性逻辑框图，这些框图要逐渐细分下去，分级展开，如图4.11所示。

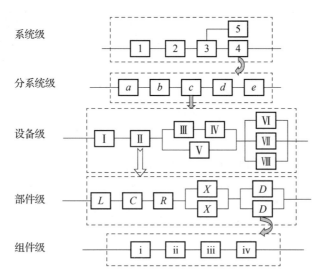

图4.11 系统可靠性逻辑框图分级展开

那么建立好系统的可靠性模型，并且已知各单元的可靠性指标，如何来预计或估计系统可靠性指标呢？其过程大致为已知组件中各单元的可靠性指标，如可靠度、故障率或平均寿命等，根据下一级的逻辑框图及数学模型，计算上一级的可靠性指标。这样逐级向上推，直至计算出系统的可靠性指标。

4.4 基本可靠性模型和任务可靠性模型

系统可靠性框图模型包括基本可靠性模型和任务可靠性模型。系统的基本可靠性是指系统的任何一个零部件都不发生故障的概率。基本可靠性模型是全串联系统，不论框图之间采取何种连接方式，计算基本可靠性时，一律按照串联结构的公式计算。因此，系统的组成单元越多，基本可靠性就越低。

任务可靠性模型是用于估计产品在执行任务过程中完成规定功能的概率，描述完成任务的过程中产品各单元的预定作用，用以度量工作有效性的一种模型。下面所介绍的可靠性框图模型都是指任务可靠性模型。需要注意的是，任务可靠性模型各单元之间是可靠性逻辑关系。

在进行设计时，根据要求同时建立基本可靠性模型和任务可靠性模型，目的在于在人力、物力、费用和任务之间进行权衡。设计者的责任就是要在不同的设计方案中，利用基本可靠性模型和任务可靠性模型进行权衡，在一定的条件下得到最合理的设计方案。为正确地建立系统的任务可靠性模型，必须对系统的构成、原理、功能、接口等各方面有深入的理解。

图4.12与图4.13分别显示了F-18的基本可靠性模型和任务可靠性模型，二者明显不同。

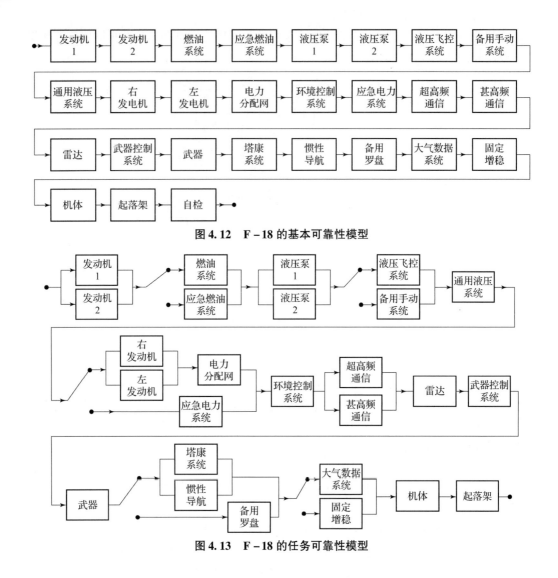

图 4.12 F-18 的基本可靠性模型

图 4.13 F-18 的任务可靠性模型

4.5 典型的可靠性框图模型及可靠度计算

典型的可靠性框图模型有很多种，如串联系统、并联系统、表决系统等。图 4.14 显示了可靠性框图模型的分类。

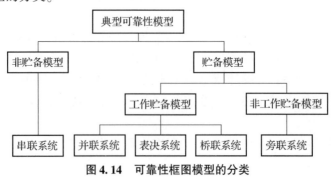

图 4.14 可靠性框图模型的分类

对于复杂系统，如飞机由机体、飞行控制、动力装置、电源、起落装置、液压系统等组成，各个系统的功能无法互相替代，因此飞机是一个串联模型。只要能满足其任务可靠性和安全性要求，飞机的系统一般也尽量采用串联模型，即非贮备模型。

当产品采用串联模型设计不能满足任务可靠性要求时，如关键系统，一般都采用贮备模型设计。贮备模型设计保证了某些单元发生故障时，产品依然能完成规定的功能。贮备模型也称为冗余模型，其可分为工作贮备模型和非工作贮备模型两类。工作贮备模型是指产品的所有单元都处于工作状态；非工作贮备模型是指产品工作时，其中某些单元不工作，处于待命状态，只有当产品中的一些单元发生故障时，处于待命状态的单元才通过转换开关投入工作状态。二者相比，非工作贮备模型的可靠度要高，这是因为工作贮备模型尽管它的每个单元都处于不满负荷运行，但是毕竟带着一定负荷在运行，设备的磨损总是存在的，而非工作贮备模型就不存在这个问题。当然做出此结论的前提是非工作贮备模型的转换开关为理想开关，即其可靠度为 100%。工作贮备模型包括并联系统（也称为纯并联系统）、表决系统和桥联系统。对于电子产品，多采用工作贮备模型；对于非电子产品，一般采用非工作贮备模型。

对于简单并联系统，余度数不宜取得太高，因为随着余度数增加，任务可靠性或安全性增加越来越慢。由于产品的低层次采用余度技术的效果比在高层次采用好，因此对一个系统来说，组件级采用余度技术比设备级采用余度技术，其任务可靠性提高得更快。

除图 4.14 中所列的贮备模型（冗余模型）之外，实际中对于需要很高的安全性或可靠性的系统，常常使用更复杂的贮备模型。下面是一些例子。

（1）飞机上使用两重或三重工作贮备液压动力系统，万一所有主电路故障，还可用紧急（备用）备份系统。

（2）飞机的电子飞行控制独特地使用了三重表决系统。如果一个系统传输的信号与另外两个系统所传输的不同，传感系统将自动关闭这个系统，而且还有一个人工备份系统。可靠性评估必须考虑所有 3 个主系统、传感系统和人工系统的可靠性。

（3）失火探测与压制系统包括可能为并联系统配置的检测器和受检测器触发的压制系统。

在评估贮备模型的可靠度时，必须认真地确保考虑到单点故障，它会部分地消除贮备的效果。例如，若集成电路组件中包括贮备电路，像有泄漏的密封这样的单点故障可能会引起两个电路都故障。

采用贮备模型可以提高产品的任务可靠性和安全性，但也导致产品的基本可靠性降低，并将增加产品的质量、体积和复杂度，增加产品维修和后勤保障的工作量等。因此，设计究竟采用哪种可靠性模型，必须进行综合权衡，而不能仅仅着眼于提高任务可靠性和安全性。

4.5.1 串联系统

在串联系统内，由于所有的单元都必须正常运行，整个系统才可以正常运行，所以说串联系统为非贮备模型。串联系统是最常用和最简单的模型之一，其可靠性框图如图 4.15 所示。

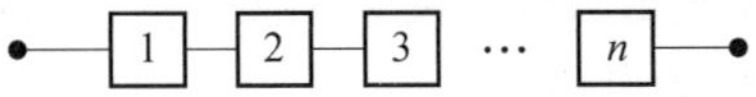

图 4.15 串联系统的可靠性框图

可靠度是一个概率问题，而一个系统的可靠度可由单元可靠度计算得到。这里 R_1 是单元1的可靠度。假设几个单元相互独立，即1个单元故障与否不会改变其他单元的可靠度，这一假设在前面已经提到了。由串联系统定义及其可靠性框图可知，系统寿命 X 等于各单元寿命 X_i 中的最小者，也就是说要使系统可靠地运行，就必须要求每个单元的故障时间都大于系统的故障时间。由此可见，串联的单元越多，系统可靠度越低。串联系统中任何一个单元的故障都会引起整个系统的故障，因此 $R_s(t) \leq \min[R_i(t)]$，即

$$R_s(t) = P(s) = P(x_1)P(x_2)P(x_3) = R_1(t)R_2(t)R_3(t) \tag{4.1}$$

某二级固体导弹，以分系统为单元，可靠性框图如图4.16所示，其为典型的串联系统。

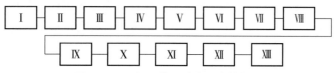

图 4.16 二级固体导弹的可靠性框图

Ⅰ—战斗部；Ⅱ—分离机构；Ⅲ—控制系统；Ⅳ—末制导；Ⅴ—Ⅱ级发动机；
Ⅵ—Ⅱ级推力控制；Ⅶ—级间分离；Ⅷ—中制导；Ⅸ—Ⅰ级发动机；
Ⅹ—Ⅰ级推力控制；Ⅺ—弹体；Ⅻ—初制导；ⅩⅢ—安全自毁

当各单元的寿命分布均为指数分布时，串联系统的可靠度 $R_s(t)$ 为

$$R_s(t) = \prod_{i=1}^{n} R_i(t) = \prod_{i=1}^{n} e^{-\int_0^t \lambda_i t dt} \tag{4.2}$$

$$R_s(t) = \prod_{i=1}^{n} e^{-\lambda_i t} = e^{-\sum_{i=1}^{n} \lambda_i t} \tag{4.3}$$

可见，串联系统中各单元的寿命为指数分布时，系统寿命也为指数分布。

串联系统的系统故障率为

$$\lambda_s = -\frac{\ln[R_s(t)]}{t} = -\sum_{i=1}^{n} \frac{\ln[R_i(t)]}{t} = \sum_{i=1}^{n} \lambda_i \tag{4.4}$$

串联系统的故障率为单元的故障率之和，大于该系统中每个单元的故障率。

串联系统的平均寿命 MTTF_s 可表示为

$$\mathrm{MTTF}_s = \frac{1}{\lambda_s} = \frac{1}{\sum_{i=1}^{n} \lambda_i} = \frac{1}{\sum_{i=1}^{n} \frac{1}{\mathrm{MTTF}_i}} \tag{4.5}$$

因此，串联系统的可靠度将不会大于最小单元的可靠度。所有单元都拥有较高的可靠度是非常重要的，尤其是对于一个包含巨大数量单元的系统。随着单元数的增加，可靠度变得非常小。串联系统中可靠性最差的单元对系统可靠性影响最大，在设计时为提高串联系统的可靠性，可从下列3方面考虑：

（1）尽可能减少串联单元数目；

（2）提高单元可靠性，降低其故障率；

（3）缩短工作时间。

【例4.1】某武器系统串联单元的可靠度分别为 $R_1 = 0.85$，$R_2 = 0.90$，$R_3 = R_4 = 0.95$，$R_5 = R_6 = R_7 = 0.99$，则武器系统的可靠度为

$$R_s = 0.85 \times 0.90 \times 0.95^2 \times 0.99^3 = 0.67$$

【例 4.2】 假定一个串联系统包含 4 个单元,每个单元相互独立且完全相同,均服从指数分布,给定系统的可靠度 $R_s(100) = 0.95$。求每个单元的平均寿命 MTTF。

$$R_s(100) = \mathrm{e}^{-100\lambda_s} = \mathrm{e}^{-100 \times 4 \times \lambda} = 0.95$$

$$\lambda = \frac{-\ln 0.95}{400} = 0.000\,128$$

$$\mathrm{MTTF} = \frac{1}{0.000\,128} = 7\,812.5$$

4.5.2 并联系统

组成系统的所有单元都发生故障时,系统才发生故障,这样的系统即并联系统,也称为纯并联系统。并联系统是最简单的冗余模型(贮备模型),其可靠性框图如图 4.17 所示。

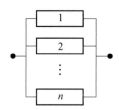

图 4.17 并联系统的可靠性框图

当采用串联系统的设计不能满足设计指标要求时,可采用贮备模型的设计来提高可靠性水平,也就是冗余结构,采用 2 个或 2 个以上的单元并联。这种结构使只有所有单元都故障的时候,系统才会故障。如果 1 个单元或 1 个以上的单元正常运行,那么系统也将能继续正常运行。

当各单元相互独立,系统不可靠度 $F_s(t)$ 和可靠度 $R_s(t)$ 分别为

$$\begin{aligned} F_s(t) &= P(B) \\ &= P(B_1)P(B_2)P(B_3) \\ &= F_1(t)F_2(t)F_3(t) \end{aligned} \quad (4.6)$$

$$R_s(t) = 1 - \prod_{i=1}^{n}[1 - R_i(t)] \quad (4.7)$$

一般地,并联系统的可靠度一定会大于可靠度最大单元的可靠度;并联系统的故障概率低于各单元的故障概率;并联系统的平均寿命高于各单元的平均寿命;并联系统的可靠度大于单元可靠度的最大值。由此可见,并联的单元越多,系统可靠度越高。

某导弹引爆控制系统由无线电、惯性两个分引爆系统并联构成,其可靠性框图如图 4.18 所示。

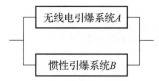

图 4.18 某导弹引爆控制系统的可靠性框图

$$R_s(t) = 1 - [1 - R_A(t)][1 - R_B(t)] = R_A(t) + R_B(t) - R_A(t)R_B(t) \quad (4.8)$$

系统可靠度为

$$R_s(t) = 1 - \prod_{i=1}^{n}[1 - R_i(t)] \geq \max\{R_1(t), \cdots, R_n(t)\} \quad (4.9)$$

当系统各单元的寿命分布为指数分布时,对于最常用的两单元并联系统,有

$$R_s(t) = e^{-\lambda_1 t} + e^{-\lambda_2 t} - e^{-(\lambda_1+\lambda_2)t} \quad (4.10)$$

$$\lambda_s(t) = \frac{f_s(t)}{R_s(t)} = \frac{\lambda_1 e^{-\lambda_1 t} + \lambda_2 e^{-\lambda_2 t} - (\lambda_1+\lambda_2)e^{-(\lambda_1+\lambda_2)t}}{e^{-\lambda_1 t} + e^{-\lambda_2 t} - e^{-(\lambda_1+\lambda_2)t}} \quad (4.11)$$

$$\mathrm{MTTF}_s = \int_0^{+\infty} R_s(t)\mathrm{d}t = \frac{1}{\lambda_1} + \frac{1}{\lambda_2} - \frac{1}{\lambda_1+\lambda_2} \quad (4.12)$$

图 4.19 显示了包含两个单元的纯并联系统的故障率曲线,由图可见并联系统中各单元的寿命为指数分布时(λ_1 和 λ_2 为常数),系统寿命不再为指数分布(λ_s 不再为常数)。也就是说,即使单元故障率都是常数,而并联系统的故障率也不再是常数。同时,并联系统故障率的大小视两个并联单元的故障率情况的不同而不同。

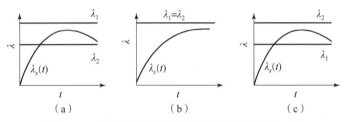

图 4.19 包含两个单元的纯并联系统的故障率曲线

(a) $\lambda_1 > \lambda_2$;(b) $\lambda_1 = \lambda_2$;(c) $\lambda_1 < \lambda_2$

当系统各单元的寿命分布为指数分布时,对于 n 个相同单元的并联系统,有

$$R_s(t) = 1 - (1 - e^{-\lambda t})^n \quad (4.13)$$

$$\mathrm{MTTF}_s = \int_0^{+\infty} R_s(t)\mathrm{d}t = \frac{1}{\lambda} + \frac{1}{2\lambda} + \cdots + \frac{1}{n\lambda} \quad (4.14)$$

图 4.20 显示了并联单元数与系统可靠度的关系。由图可见,与串联系统的单个单元相比,并联可明显提高系统可靠性(特别是 $n=2$ 时),但是当并联过多时,可靠性增加减慢。

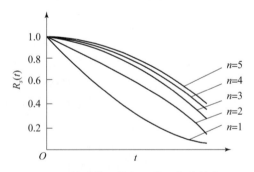

图 4.20 并联单元数与系统可靠度的关系

提高并联系统可靠度可以通过提高单元可靠度(即减小故障率)、增加并联单元数、等效地缩短任务时间来实现。

【例 4.3】已知某并联系统由两个服从指数分布的单元组成,两单元的故障率分别为 $\lambda_1 = 0.000\,5/\mathrm{h}$,$\lambda_2 = 0.000\,1/\mathrm{h}$,工作时间 $t = 1\,000$ h。试求系统的故障率、平均寿命和可靠度。

解：根据式（4.11），可得并联系统的故障率为

$$\lambda_s(t) = \frac{f_s(t)}{R_s(t)} = \frac{\lambda_1 e^{-\lambda_1 t} + \lambda_2 e^{-\lambda_2 t} - (\lambda_1 + \lambda_2) e^{-(\lambda_1 + \lambda_2)t}}{e^{-\lambda_1 t} + e^{-\lambda_2 t} - e^{-(\lambda_1 + \lambda_2)t}} = 6.7148 \times 10^{-5}$$

系统的 MTTF 和可靠度分别如下：

$$\mathrm{MTTF}_s = \int_0^{+\infty} R_s(t)\,\mathrm{d}t = \frac{1}{\lambda_1} + \frac{1}{\lambda_2} - \frac{1}{\lambda_1 + \lambda_2} = 1.033 \times 10^4 \text{ h}$$

$$R_s(t) = e^{-\lambda_1 t} + e^{-\lambda_2 t} - e^{-(\lambda_1 + \lambda_2)t} = 0.9625$$

由上可见，并联系统可靠度大于任一单元可靠度，并联系统的故障概率低于各单元的故障概率，并联单元越多，系统可靠度越高；并联系统平均寿命高于各单元的平均寿命，且并联单元越多，系统平均寿命越大；并联系统各单元寿命服从指数分布，则系统寿命不再服从指数分布。随着单元数的增加，系统的可靠度增大，系统的平均寿命也随之增加，但随着单元数的增加，新增加单元对系统可靠性及寿命提高的贡献变得越来越小。请思考：并联系统的系统故障率 λ_s 是否小于各单元故障率呢？具体可参见图 4.19 进行推导。

4.5.3 混联系统

若把若干个串联系统或并联系统重复地加以串联或并联，就得到更复杂的可靠性结构模型，称为混联系统。计算其可靠性通常采用等效系统进行，具体步骤为：划分子系统，利用串并联系统特征量计算公式求出子系统的可靠性特征量；把每一个子系统作为一个等效单元，得到一个与原混联系统等效的串联或并联系统，即可求得全系统的可靠性特征量。

混联系统是由串联和并联混合连接而成的系统，如图 4.21 所示。

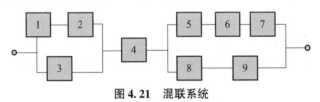

图 4.21 混联系统

通过对其进行合并化简等效，逐步可以得到图 4.22 所示的可靠性框图。

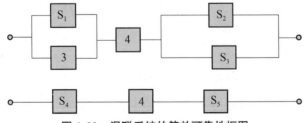

图 4.22 混联系统的等效可靠性框图

某固体火箭发动机的可靠性框图如图 4.23 所示，为典型的混联系统。

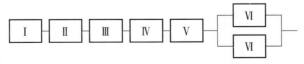

图 4.23 某固体火箭发动机的可靠性框图

Ⅰ—壳体；Ⅱ—装药；Ⅲ—包覆层；Ⅳ—隔热；Ⅴ—点火器；Ⅵ—喷管

【例 4.4】 图 4.24 显示了包含串联、并联和表决系统的混联系统，求系统可靠度。

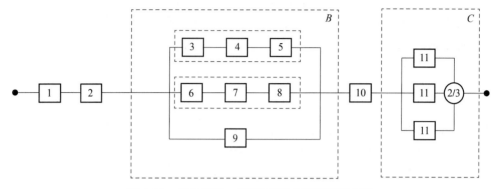

图 4.24　包含串联、并联和表决系统的混联系统

解：图 4.24 所示的系统能够做出如下简化（假定各可靠度是统计独立的）：
$$R_s = R_1 \times R_2 \times R_B \times R_{10} \times R_C$$
单元 B 和 C 的可靠度计算如下：
$$R_B = 1 - [1 - (R_3 \times R_4 \times R_5)][1 - (R_6 \times R_7 \times R_8)](1 - R_9)$$
$$R_C = 1 - \frac{3 \times 2}{3 \times 2} R_{11}^0 (1 - R_{11})^3 + \frac{3 \times 2}{2} R_{11}(1 - R_{11})^2$$
$$= 1 - (1 - R_{11})^3 + 3R_{11}(1 - R_{11})^2$$

子系统 C 是一个 2/3 表决系统，关于表决系统的可靠度计算将在下面介绍。

4.5.4　表决系统

组成系统的 n 个单元中，正常的单元数不小于 $k(1 \leq k \leq n)$，系统就不会故障，这样的系统称为表决系统，也称为 k/n 表决系统，其可靠性框图如图 4.25 所示，注意图中的表决机制不是系统的单元。

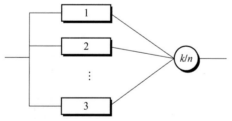

图 4.25　表决系统的可靠性框图

典型的表决系统常见于飞机的发动机，如要求具有 4 台发动机的飞机，必须有 2 台或 2 台以上发动机正常工作，飞机才能安全飞行，这就是 4 中取 2 表决系统。

k/n 表决系统是个通用系统。当 k 取不同的值时，k/n 表决系统将相应变化成以下 3 种特殊系统：

（1）当 $k = n$ 时，n/n 系统等价于 n 个部件的串联系统；

（2）当 $k = 1$ 时，$1/n$ 系统等价于 n 个部件的并联系统（完全冗余系统）；

（3）当 $k = m + 1$（m 为总部件数的一半）时，$(m+1)/n$ 系统称为多数表决系统。

k/n 冗余系统是 n 个并联单元的一种推广，表示系统是由 n 个单元并联而成，只允许

$n-k$ 个单元故障的系统。

表决系统的 MTTF 比并联系统小，比串联系统大。根据表决系统的定义，若此时有 x 个单元正常工作，则对应的概率计算如下：

$$P(x) = C_n^x R^x (1-R)^{n-x} \tag{4.15}$$

进一步得系统可靠性为

$$R_s = \sum_{x=k}^{n} P(x) \tag{4.16}$$

$$R_s(t) = R_m \sum_{x=k}^{n} P(x) = R_m \sum_{x=k}^{n} C_n^x R(t)^x [1-R(t)]^{n-x} \tag{4.17}$$

式中，$R_s(t)$ 为系统的可靠度；$R(t)$ 为系统组成单元（各单元相同）的可靠度；R_m 为表决器的可靠度。

以 2/3 表决系统为例进行说明，此时 3 单元并联系统中要求至少有 2 单元正常工作，即至少同时要求有 2 个单元正常工作，系统才能正常工作。该表决系统保证正常工作，有 4 种情况：

(1) 1、2、3 全部正常工作；
(2) 1 故障，但 2、3 正常工作；
(3) 2 故障，但 1、3 正常工作；
(4) 3 故障，但 1、2 正常工作。

若 T 为系统的故障时间，t_1、t_2、t_3 为各单元故障时间随机变量，n 个单元中，有 k 个或大于 k 个单元正常工作的概率即为系统的可靠度，也可利用枚举法计算，即

$$\begin{aligned}R_s =\ & P(t_1>T)P(t_2>T)P(t_3>T) + P(t_1<T)P(t_2>T)P(t_3>T) + \\ & P(t_1>T)P(t_2<T)P(t_3>T) + P(t_1>T)P(t_2>T)P(t_3<T)\end{aligned} \tag{4.18}$$

进一步整理为

$$\begin{aligned}R_s(t) =\ & R_1(t)R_2(t)R_3(t) + F_1(t)R_2(t)R_3(t) + R_1(t)F_2(t)R_3(t) + R_1(t)R_2(t)F_3(t) \\ =\ & R_1(t)R_2(t)R_3(t) + R_1(t)R_2(t)R_3(t)\frac{F_1}{R_1} + R_1(t)R_2(t)R_3(t)\frac{F_2}{R_2} + R_1(t)R_2(t)R_3(t)\frac{F_3}{R_3} \\ =\ & R_1(t)R_2(t)R_3(t)\left(1 + \frac{F_1}{R_1} + \frac{F_2}{R_2} + \frac{F_3}{R_3}\right)\end{aligned} \tag{4.19}$$

若 3 个单元的可靠度都相同为 R 时，进一步简化系统可靠度为

$$R_s(t) = R^3\left(1 + \frac{3F}{R}\right) = R^3\left[1 + \frac{3(1-R)}{R}\right] = 3R^2 - 2R^3 \tag{4.20}$$

对于上述 2/3 表决系统，除了用上述枚举法的思路计算系统可靠度，也可直接调用式 (4.20) 计算系统可靠度。

【例 4.5】可靠度相同的单元组成 2/3 表决系统，要使系统可靠度达到 0.997，求任何时刻每个单元的可靠度应至少为多少？

解：直接基于上述式 (4.20)，有

$$R_s = 3R^2 - 2R^3 = 0.997 \Rightarrow 3R^2 - 2R^3 - 0.997 = 0$$

若 $R = 0.96$，则 $R_s = 0.995$
若 $R = 0.97$，则 $R_s = 0.9974$

综上可知，每个单元的可靠度至少为 0.97。

【例 4.6】设某种喷气飞机有 3 台发动机，这种喷气飞机至少需要 2 台发动机正常工作才能安全飞行。假定这种飞机的事故仅由发动机引起，并设飞机起飞、降落和飞行期间发动机故障率均为同一常数 $\lambda = 1 \times 10^{-3}/\text{h}$。试计算飞机工作 1 h 的可靠度及其平均寿命。

解：该系统为典型的 2/3 表决系统，由式（4.20）有

$$R_s(t) = \sum_{i=r}^{n} C_n^i R^i (1-R)^{n-i} = \sum_{i=2}^{3} C_3^i R^i (1-R)^{3-i} = 3R^2 - 2R^3$$

工作 1 h 的 $R_s(t=1)$ 和 θ_s 分别如下：

$$R_s(t=1) = 3e^{-2\lambda t} - 2e^{-3\lambda t} = 0.999\ 997$$

$$\theta_s = \int_0^{+\infty} tf(t)\mathrm{d}t = \int_0^{+\infty} R_s(t)\mathrm{d}t = \frac{3}{2\lambda} - \frac{2}{3\lambda} = 833.3\ \text{h}$$

4.5.5 非工作贮备模型（旁联系统）

组成系统的 n 个单元只有一个单元工作，当该工作单元故障时，通过转换装置接到另一个单元继续工作，直到所有单元都故障时，系统才故障，这样就形成了贮备单元，形成的系统称为非工作贮备模型或旁连系统。图 4.26 显示了导弹系统的可靠性框图，其为典型的旁联系统。贮备单元（冗余单元）、故障检测及转换开关（转换装置）具有能够启动和维持系统功能直到主设备完成修复的"一次使用（成败型）"可靠度 R_s，否则 R_s 就具有时变性。转换开关和冗余单元具有潜在的瞬时故障率，在未对它们进行维修或检测时瞬时故障率较高。

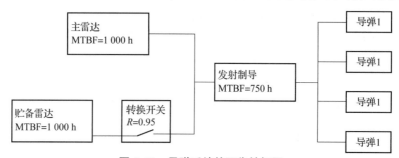

图 4.26　导弹系统的可靠性框图

1. 理想开关旁联系统

理想开关旁联系统示意图如图 4.27 所示。

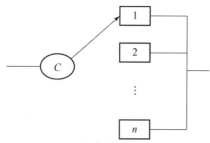

图 4.27　理想开关旁联系统示意图

在理想开关 C 不产生故障的前提下，先考虑两单元旁联系统（图 4.28）。它的成功模型如图 4.29 所示。

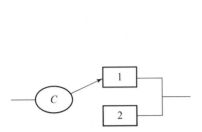
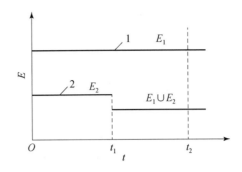

图 4.28 两单元旁联系统　　　　图 4.29 两单元旁联系统成功模型

系统能运行到规定的工作时间 t 的要求包括以下两种情况：①1 单元单独运行到达时间 t；②1 单元在 t_1 时发生故障，2 单元接着运行至规定的时间 t。故系统的可靠度为

$$R_s(t) = P[(t_1 > t) \cup (t_1 \leq t \cap t_2 > t - t_1)] \tag{4.21}$$

式中，$(t_1 > t)$ 与 $(t_1 \leq t \cap t_2 > t - t_1)$ 是两互斥事件，故

$$R_s(t) = P(t_1 > t) + P(t_1 \leq t \cap t_2 > t - t_1) \tag{4.22}$$

式中，$P(t_1 > t)$ 为由 1 单元单独完成任务的可靠度 $R_1(t)$。

对式 (4.22) 第二项进行计算，得

$$\begin{aligned} P(t_1 \leq t \cap t_2 > t - t_1) &= \int_0^t R_2(t - t_1) dF_1(t_1) \\ &= \int_0^t f(t_1) R_2(t - t_1) dt_1 \end{aligned} \tag{4.23}$$

故

$$R_s(t) = R_1(t) + \int_0^t f(t_1) R_2(t - t_1) dt_1 \tag{4.24}$$

式 (4.24) 就是两单元旁联系统，当单元的故障概率密度函数已知时，系统的可靠度函数。

如果考虑特殊情况，两个单元的故障率为常数（λ_1 和 λ_2），则式 (4.24) 变为

$$\begin{aligned} R_s(t) &= \int_0^t e^{-\lambda_2(t-t_1)} \lambda_1 e^{-\lambda_1 t_1} dt_1 \\ &= e^{-\lambda_1 t} + \lambda_1 e^{-\lambda_2 t} \int_0^t e^{-(\lambda_1 - \lambda_2)t_1} dt_1 \\ &= e^{-\lambda_1 t} + \frac{\lambda_1}{\lambda_1 - \lambda_2}(e^{-\lambda_2 t} - e^{-\lambda_1 t}) \end{aligned} \tag{4.25}$$

若两个单元故障率相同皆为 λ，则系统可靠度为

$$R_s(t) = e^{-\lambda t}(1 + \lambda t) \tag{4.26}$$

如果系统由 n 个单元组成，且它们的故障率都为常数 λ，类似按照上述包含两个单元系统的思路推导，对于 n 个单元组成的旁联系统的可靠度为

$$R_s(t) = e^{-\lambda t} \sum_{i=0}^{n-1} \frac{(\lambda t)^i}{i!} \tag{4.27}$$

如果备用冗余系统 $\lambda_1 = \lambda_2 = 0.000\,1/h$，则根据式 (4.27) 可得该系统的可靠度是 0.995 3，这比工作冗余系统 $R(1\,000) = 0.990\,9$ 要高，因为备用冗余系统只在较短时间内有

故障的可能。如果考虑到传感系统和转换装置的工作并不完美，且备用设备存在的潜在瞬时故障率，则备用冗余系统的可靠度将降低。

【例 4.7】 图 4.28 所示的两单元旁联系统，单元 1 和 2 的故障时间均为指数分布。其故障率均为 0.000 1/h。求该系统运行至 1 000 h 与 10 000 h 时的可靠度。

解： 已知单元的故障率 $\lambda = 0.000\ 1/\text{h}$，则系统的可靠度为

$$R_s(t) = e^{-\lambda t}(1 + \lambda t),\ t \geq 0$$

当运行至 1 000 h 时的可靠度为

$$R_s(1\ 000) = e^{-0.000\ 1 \times 1\ 000} \times (1 + 0.000\ 1 \times 1\ 000) = e^{-0.1} \times (1 + 0.1) = 0.995$$

当运行至 10 000 h 时的可靠度为

$$R_s(10\ 000) = e^{-0.000\ 1 \times 10\ 000} \times (1 + 0.000\ 1 \times 10\ 000) = e^{-1} \times (1 + 1) = 0.735\ 8$$

2. 非理想开关旁联系统

在非工作贮备模型中，如果考虑开关（转换装置）的故障概率，应该如何处理系统的可靠度呢？还是分析图 4.28 所示的两单元旁联系统。但此时，开关 C 为非理想开关，需考虑其可靠度，则系统的可靠度（在规定的工作时间 t 内）为

$$R_s(t) = P[(t_1 > t) \cup (t_1 \leq t) \cap (t_C > t_1) \leq t \cap t_2 > (t - t_1)] \tag{4.28}$$

式中，t_C 为开关故障时间（随机变量）；t_1 与图 4.29 中表示的意义相同，即为 1 单元故障时间 t_1。

式（4.28）说明，在两个单元的非理想开关旁联系统中的成功模型可以表述为以下两种情况：

（1）1 单元单独运行至系统的规定工作时间 t，此时可以不考虑开关的故障问题。

（2）当 $t_1 < t$ 时，这时 2 单元通过开关投入运行，故 $t_C > t_1$ 与 $t_2 > t - t_1$ 这两事件应同时发生，故 $P(t_C > t_1) = R_C(t_1)$，$P(t_2 > t - t_1) = R_2(t - t_1)$，这样，式（4.28）变为

$$R_s(t) = R_1(t) + \int_0^t f_1(t_1) R_C(t_1) R_2(t - t_1) \mathrm{d}t_1 \tag{4.29}$$

如果两单元的故障时间与开关的故障时间都服从指数分布，且它们的故障率分别为 λ 与 λ_C，此时有

$$R_s(t) = e^{-\lambda t} + \int_0^t \lambda e^{-\lambda t} \cdot e^{-\lambda_C t} \cdot e^{-\lambda(t-t_1)} \mathrm{d}t_1 = e^{-\lambda t}\left[1 + \frac{\lambda}{\lambda_C}(1 - e^{-\lambda_C t})\right] \tag{4.30}$$

若转换开关的可靠度 R_C 为常数，则上式可写为

$$R_s(t) = e^{-\lambda t}(1 + R_C \lambda t) \tag{4.31}$$

【例 4.8】 某两单元的非理想开关旁联系统中，单元与开关的故障时间均服从指数分布，其故障率分别为 $\lambda = 0.000\ 1/\text{h}$ 和 $\lambda_C = 0.000\ 025/\text{h}$。求该系统运行至 1 000 h 与 10 000 h 时的可靠度。

解： 系统的可靠度为

$$R_s(t) = e^{-\lambda t}\left[1 + \frac{\lambda}{\lambda_C}(1 - e^{-\lambda_C t})\right]$$

当运行至 1 000 h 时，系统的可靠度为

$$R_s(1\ 000) = e^{-0.000\ 1 \times 1\ 000}\left[1 + \frac{0.000\ 1}{0.000\ 025}(1 - e^{-0.000\ 025 \times 1\ 000})\right] = 0.994$$

当运行至 10 000 h 时，系统的可靠度为

$$R_s(10\ 000) = e^{-0.000\ 1 \times 10\ 000}\left[1 + \frac{0.000\ 1}{0.000\ 025}(1 - e^{-0.000\ 025 \times 10\ 000})\right] = 0.693$$

非工作贮备模型的优点是能大大提高系统的可靠度,其特点是:由于增加了检测与转换装置,系统复杂度增加;要求故障检测与转换装置的可靠度非常高,否则贮备带来的好处会被严重削弱。

4.6 复杂系统可靠度计算

前面介绍了串联、并联等系统的可靠度计算方法,但是有些系统不是由简单的串并联系统组合而成,如桥联系统,不能用前面介绍的方法计算可靠度,则可以采用本节介绍的方法进行求解。远程通信系统、计算机网络、电力设施系统及自来水输送系统都是典型的复杂网络。信息流从一个节点到另一个节点的流通为单向的系统称为有向网络,当流通为双向时为无向网络。本节所介绍的例子、方法与问题对于有向网络和无向网络均适用。

考虑图 4.30 所示的网络,这个网络比本节之前介绍的网络都要复杂,因为它无法被归类(或很难被归类)为串联、并联、并-串联、串-并联或表决系统。这样一个复杂系统的可靠度可以通过下面介绍的任意一种方法得到。

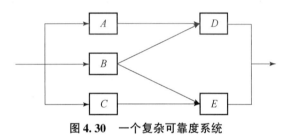

图 4.30 一个复杂可靠度系统

4.6.1 分解法

对于可靠度不易确定的一般网络系统,可采用概率论中全概率公式,将其简化为一般串并联系统,进而计算其成功概率的方法,该方法称为分解法,或者全概率公式法。其原理是首先选出系统中最重要的主要单元,然后把这个单元分成正常工作和故障两种状态,再用全概率公式计算系统的可靠度。

分解法首先要选取关键组件(Keystone Component) x,此关键组件将系统的可靠性结构连接在一起。利用全概率公式,基于关键组件的系统可靠度表达式为

$$R = P(\text{系统正常}|x)P(x) + P(\text{系统正常}|\bar{x})P(\bar{x}) \tag{4.32}$$

式中,$P(\text{系统正常}|x)$ 为在 x 正常工作的基础上系统正常工作的概率;$P(\text{系统正常}|\bar{x})$ 为 x 故障时系统正常工作的概率。

显然,关键组件的选择对于 $P(\text{系统正常}|x)$ 和 $P(\text{系统正常}|\bar{x})$ 计算量有直接的影响。注意选择的这个单元必须是系统中最主要的,并且是与其他单元联系最多的单元,只有这样才能简化计算,才能得出正确结果。如果选择不合适,非但不能简化计划,还可能得出错误的结果。一个有经验的工程师能够很好地选取关键组件。

采用分解法对图 4.31 上部的系统进行可靠度计算,可分解为下部的两种形式,其中左

边表示 E 单元正常工作，右边表示 E 单元故障。

系统可靠度 R_s 可表示为

$$R_s = R_E \times R(s \mid R_E) + R(s \mid \bar{R}_E) \times F_E \tag{4.33}$$

式中，$R(s \mid R_E)$ 和 $R(s \mid \bar{R}_E)$ 分别为 E 单元正常工作和故障时系统的可靠度。

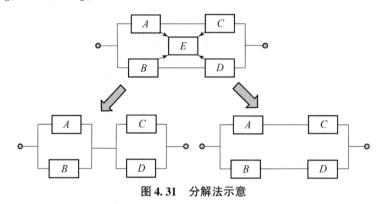

图 4.31　分解法示意

对于很复杂的混联系统，这个方法也不方便，因为除了被选择的单元外，剩下的系统仍然是很复杂的，仍不能简单地计算其可靠度，此时使用全概率公式较复杂。

【例 4.9】 计算图 4.30 所示系统的可靠度，其中元件 B 选为关键组件。

解：当 B 为关键组件时，系统的可靠度为

$$R = P(系统正常 \mid B)P(B) + P(系统正常 \mid \bar{B})P(\bar{B})$$

当 B 正常工作时（图 4.32）系统的工作概率为 $P(系统正常 \mid B)$。同样，通过图 4.33 所示的框图可以得到 B 故障时系统的工作概率 $P(系统正常 \mid \bar{B})$，即

$$P(系统正常 \mid B) = P(D) + P(E) - P(D)P(E)$$

$$P(系统正常 \mid \bar{B}) = P(A)P(D) + P(C)P(E) - P(A)P(D)P(C)P(E)$$

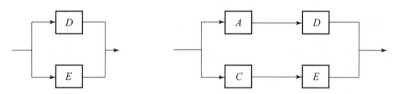

图 4.32　B 正常工作时的可靠性框图　　　图 4.33　B 故障时的可靠性框图

整合以上 3 式，可得

$$R = [P(D) + P(E) - P(D)P(E)]P(B) + [P(A)P(D) + P(C)P(E) - P(A)P(D)P(C)P(E)][1 - P(B)]$$

如果所有组件正常工作的概率相同，都为 p，则有

$$R = 4p^2 - 3p^3 - p^4 + p^5$$

【例 4.10】 把 A 看作关键组件，重新计算【例 4.9】。

解：当 A 为关键组件时，系统的可靠度为

$$R = P(系统正常 \mid A)P(A) + P(系统正常 \mid \bar{A})P(\bar{A})$$

根据【例4.9】，利用图4.34估计 A 正常工作时的系统工作概率 $P($系统正常$|A)$。整个过程从图4.34（a）开始，变化至图4.34（b），最终变化为图4.34（c）。

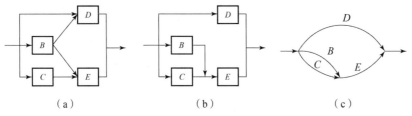

图4.34 A 正常工作时的系统结构图
（a）原模型；（b）变化一次后模型；（c）最终变化后的模型

解：假设所有组件独立且相等，那么
$$P(系统正常|A) = 1-(1-p)\{1-p[1-(1-p)^2]\}$$
$$= p+2p^2-3p^3+p^4$$

同样，考虑当 A 故障时的系统可靠度，对应的框图如图4.35所示。图4.35中的结构依然很复杂，无法分解为并联或串联结构。

因此，重新选取 C 为关键组件，则所示的框图可重新表示为图4.36（C 正常工作时）和图4.37（C 故障时），此时代表一个主要网络的子系统。

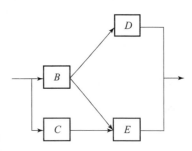

图4.35 A 故障时的框图

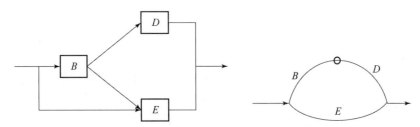

图4.36 C 正常工作时的框图和可靠性线图

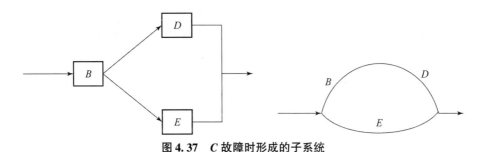

图4.37 C 故障时形成的子系统

C 正常工作和故障时的系统工作概率分别为
$$P(系统正常|C) = 1-(1-p)(1-p^2)$$
$$P(系统正常|\bar{C}) = p[1-(1-p)^2]$$

基于以上两式求得原系统 A 故障时系统工作的概率，即
$$P(系统正常|\bar{A}) = [1-(1-p)(1-p^2)]p+p[1-(1-p)^2](1-p) = 3p^2-2p^3$$

整合上述各式，可得
$$R = (p + 2p^2 - 3p^3 + p^4)p + (3p^2 - 2p^3)(1-p)$$
最终得到
$$R = 4p^2 - 3p^3 - p^4 + p^5$$

可见，【例4.10】与【例4.9】选取了不同的关键组件，其计算结果是相同的，但是显然【例4.9】的计算过程更加简洁。因此，当合理确定关键组件时，计算系统可靠度的步骤会大大简化。

4.6.2 枚举法

枚举法也称为布尔真值表法、状态枚举法，其基本原理为将系统中各个单元的故障和正常的所有可能搭配的情况一一排列出来。列出来每一种情况称为一种状态，把每一种状态都一一排列出来，因此称为状态枚举法。每一种状态都对应故障和正常两种情况，最后把所有系统故障的状态和正常的状态分开，然后对系统进行可靠度计算。

枚举法实施的大致步骤如下：

步骤1：设系统由 n 个单元组成，且各单元均有正常（用1表示）与故障（用0表示）两种状态，这样该系统就有 2^n 种状态。

步骤2：对这 2^n 种状态逐一分析，即可得出系统可正常工作的状态有哪几种，并可分别计算其正常工作的概率。

步骤3：将该系统所有正常工作的概率相加，即可得到该系统的可靠度。

上述过程可借助布尔真值表进行。枚举法原理简单，容易掌握，但是当 n 较大时，计算量过大，此时要借助计算机进行计算。此外，枚举法只能求出系统在某时刻的可靠度，而不能求解作为时间函数的可靠度函数。

布尔真值表法首先需要建立系统的布尔真值表。如果手动计算，这个方法会非常冗长，但计算机则可以在相对短时间内建立一个大型的布尔真值表。一个布尔真值表与事件空间的相似之处在于两者都列出了系统的所有状态。一个状态即指一个组件处于运行状态还是故障状态。在布尔真值表中为每个组件都建立一列向量，且用0或1表示各组件是否运行，而表中每一行则表示一种系统状态。通过检查每一行，可以判定系统是否正常工作，将结果用0或1表示在系统状态之列。通过计算处理各行工作状态的概率，将所有状态概率相加即可得到系统的可靠度。

【例4.11】利用枚举法求图4.38所示系统的可靠度。

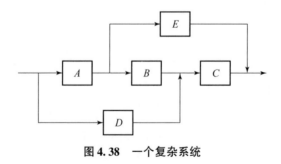

图4.38 一个复杂系统

解：建立该系统的布尔真值表如表4.1所示。

表 4.1　布尔真值表示例

A	B	C	D	E	系统状态	状态概率
1	1	1	1	1	1	$P(A)P(B)P(C)P(D)P(E)$
1	1	1	1	0	1	$P(A)P(B)P(C)P(D)P(\bar{E})$
1	1	1	0	1	1	$P(A)P(B)P(C)P(\bar{D})P(E)$
1	1	1	0	0	1	$P(A)P(B)P(C)P(\bar{D})P(\bar{E})$
1	1	0	1	1	1	$P(A)P(B)P(\bar{C})P(D)P(E)$
1	1	0	1	0	0	—
1	1	0	0	1	1	$P(A)P(B)P(\bar{C})P(\bar{D})P(E)$
1	1	0	0	0	0	—
1	0	1	1	1	1	$P(A)P(\bar{B})P(C)P(D)P(E)$
1	0	1	1	0	1	$P(A)P(\bar{B})P(C)P(D)P(\bar{E})$
1	0	1	0	1	1	$P(A)P(\bar{B})P(C)P(\bar{D})P(E)$
1	0	1	0	0	0	—
1	0	0	1	1	1	$P(A)P(\bar{B})P(\bar{C})P(D)P(E)$
1	0	0	1	0	0	—
1	0	0	0	1	1	$P(A)P(\bar{B})P(\bar{C})P(\bar{D})P(E)$
1	0	0	0	0	0	—
0	1	1	1	1	1	$P(\bar{A})P(B)P(C)P(D)P(E)$
0	1	1	1	0	1	$P(\bar{A})P(B)P(C)P(D)P(\bar{E})$
0	1	1	0	1	0	—
0	1	1	0	0	0	—
0	1	0	1	1	0	—
0	1	0	1	0	0	—
0	1	0	0	1	0	—
0	1	0	0	0	0	—
0	0	1	1	1	1	$P(\bar{A})P(\bar{B})P(C)P(D)P(E)$
0	0	1	1	0	1	$P(\bar{A})P(\bar{B})P(C)P(D)P(\bar{E})$
0	0	1	0	1	0	—

续表

A	B	C	D	E	系统状态	状态概率
0	0	1	0	0	0	—
0	0	0	1	1	0	—
0	0	0	1	0	0	—

通过将所有状态概率相加，可得系统可靠度。假设组件是独立且相同的，且具有相同的概率 p，则系统的可靠度为

$$R = p^5 + 5p^4(1-p) + 7p^3(1-p)p^2 + 2p^2(1-p)^3$$
$$= 2p^2 + p^3 - 3p^4 + p^5$$

4.6.3 蒙特卡罗仿真

蒙特卡罗仿真（Monte Carlo Simulation，MCS）模拟的结果不是一个通用的任务可靠性公式，而是根据各组件的可靠度和系统可靠性框图计算的可靠性近似值，近似的精度随模拟次数的增加而提高。蒙特卡罗仿真实施的具体步骤如下：

步骤1：确定系统各组件的可靠度。

步骤2：做出系统可靠性框图。

步骤3：从随机数表0和1中取一个随机数，将它与已知的各组件可靠度逐一比较，当随机数大于（或等于）某组件可靠度，则认为该组件故障，记为0或F；反之，则记为1或S。

步骤4：根据系统可靠性框图，判断每一组状态组合下系统的状态1或S。

步骤5：计算系统出现1或S状态的次数以及它在随机总试验次数中的频率，记为系统可靠度的近似值。

【例4.12】已知 $R_A = 0.9$，$R_B = 0.8$，$R_C = 0.7$，$R_D = 0.6$，$R_E = 0.5$。试用 MCS 计算图4.39所示系统的任务可靠度。

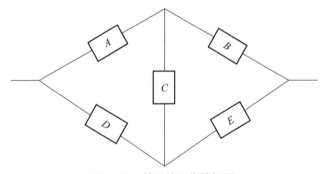

图4.39 某系统可靠性框图

解：生成10组随机数，分别与 $A \sim E$ 5个单元的可靠度进行大小比较，若随机数大于该单元的可靠度，则该单元故障，否则正常。从而，确定各个单元能否正常工作或发生故障，故障用0表示，正常用1表示。系统正常与故障的结果统计如表4.2所示。然后，计算系统的任务可靠度。

表 4.2 系统正常与故障的结果统计

随机数	A	B	C	D	E	系统
0.555 5	1	1	1	1	0	1
0.666 6	1	1	1	0	0	1
0.777 7	1	1	0	0	0	1
0.888 8	1	0	0	0	0	0
0.333 3	1	1	1	1	1	1
0.876 5	1	0	0	0	0	0
0.543 2	1	1	1	1	0	1
0.654 2	1	1	1	0	0	1
0.765 4	1	1	0	0	0	1
0.900 0	1	0	0	0	0	0

从表 4.2 所示的统计结果可知，系统完好的频率为 7/10，则系统的任务可靠度近似为 $R_s = 0.7$。

4.6.4 路集法和割集法

计算复杂系统的可靠度还可以基于路集和割集的概念。割集是通过画一条经过系统各方框的线，显示可能导致系统故障的最小数量的故障方框。路集则是通过画一条经过各方框的线，当这些方框全部都在工作时，才会使系统工作。图 4.40 显示了生成割集和路集的方法，在该系统中有 3 个割集和 2 个路集。

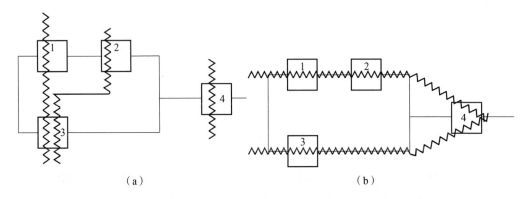

图 4.40 割集和路集示意图
（a）割集；（b）路集

无法找到系统中所有的路集，因为有的路集之间是相互包含的，将不包含其他路集的路集定义为最小路集。整个系统的可靠度可以通过所有的最小路集系统得到。割集是当其从可靠度框图移除时会阻断所有输入/输出端的组件。最小割集是不含任何其他割集的最小集合。系统的不可靠度可以通过计算至少有一个最小割集故障的概率得出。

下面这个例子将介绍如何运用路集法（Tie – Set）和割集法（Cut – Set）计算系统可靠度。

【例 4.13】 如图 4.41 所示的系统，利用路集法和割集法估计系统可靠度。

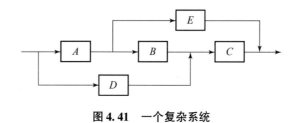

图 4.41 一个复杂系统

解：系统的最小路集为

$$T_1 = AE$$
$$T_2 = DC$$
$$T_3 = ABC$$

则系统的可靠度由路集的并集决定，具体如下：

$$R = P(AE \cup DC \cup ABC)$$
$$= P(AE) + P(DC) + P(ABC) - P(AEDC) - P(AEBC) - P(ABCD) + P(ABCDE)$$

假设组成复杂系统的各组件的运行概率之间相互独立，则上式可写为

$$R = P(A)P(E) + P(D)P(C) + P(A)P(B)P(C) - P(A)P(E)P(D)P(C) - $$
$$P(A)P(E)P(B)P(C) - P(A)P(B)P(C)P(D) + P(A)P(B)P(C)P(D)P(E)$$

如果所有组件相同且每个组件正常工作的概率为 p，则上式变为

$$R = 2p^2 + p^3 - 3p^4 + p^5$$

同样，也能利用割集法计算 R。最小的割集为

$$C_1 = \overline{AD}$$
$$C_2 = \overline{EC}$$
$$C_3 = \overline{AC}$$
$$C_4 = \overline{BED}$$

则系统可靠度为

$$R = 1 - P(\overline{AD} \cup \overline{EC} \cup \overline{AC} \cup \overline{BED})$$

再次，假设组成复杂系统的各组件的运行概率之间相互独立，则上式变为

$$R = 1 - [P(\overline{AD}) + P(\overline{EC}) + P(\overline{AC}) + P(\overline{BED}) - P(\overline{ADEC}) - P(\overline{ADC}) - P(\overline{ADBE}) - $$
$$P(\overline{ECA}) - P(\overline{ECBD}) - P(\overline{ABCDE}) + P(\overline{ADEC}) + P(\overline{ABCDE}) + $$
$$P(\overline{ABCDE}) + P(\overline{ECABD}) - P(\overline{ABCDE})]$$

由题可知，

$$P(\overline{A}) = 1 - P(A) \text{且} P(A) = P(B) = P(C) = P(D) = P(E) = p$$

则系统可靠度为

$$R = 2p^2 + p^3 - 3p^4 + p^5$$

可见，利用路集法和割集法估计系统可靠度结果一致。

割集法和路集法适用于计算机应用。它们适合于可能有各种各样配置的大型系统的分析，如飞机控制、发电或大型工厂安装的控制和仪表测量系统。这项技术受到的约束条件（像分解方法那样）是所有方框的可靠度必须是统计独立的。

4.6.5 事件空间法

事件空间法基于列出系统所有可能的逻辑事件计算系统可靠度。换句话说，所有组件一开始都是运行的，允许它们独立地故障，一次2个、一次3个等，则系统可靠度可以通过所有成功逻辑事件的并集算出。显然，事件的数目取决于系统中组件的数目，一个系统包含5个组件，且每个组件要么运行要么故障，则该系统一共有 $2^5 = 32$ 个事件。其中，只有 1 种事件不包含故障 $\left\{\binom{5}{0}=1\right\}$，有 5 种事件包含一个故障 $\left\{\binom{5}{1}=5\right\}$，等等。下面这个例子将说明如何利用事件空间法计算复杂系统可靠度。

【例 4.14】 利用事件空间法计算图 4.41 所示系统的可靠度。

解： 因为在系统中共有 5 个组件，则系统逻辑事件的数目为 $2^5 = 32$。这些逻辑事件如表 4.3 所示，则系统可靠度即为正常工作事件的并集，即

$$R = P(X_1 + X_2 + \cdots + X_7 + X_{10} + \cdots + X_{14} + X_{16} + X_{20} + X_{24})$$

假设所有的组件是不相交的，则上式可写为

$$R = P(X_1) + P(X_2) + \cdots + P(X_7) + P(X_{10}) + P(X_{11}) + \\ P(X_{12}) + P(X_{13}) + P(X_{14}) + P(X_{16}) + P(X_{20}) + P(X_{24})$$

如果所有组件是独立的，且正常工作的概率为 p，则

$$P(X_1) = P(ABCDE) = p^5$$
$$P(X_2) = P(X_3) = \cdots = P(X_6) = (1-p)p^4$$
$$P(X_7) = P(X_{10}) = \cdots = P(X_{14}) = P(X_{16}) = (1-p)^2 p^3$$
$$P(X_{20}) = P(X_{24}) = (1-p)^3 p^2$$

代入 R 的计算表达式中，得

$$R = p^5 + 5(1-p)p^4 + 7(1-p)^2 p^3 + 2(1-p)^3 p^2$$

整理后得

$$R = 2p^2 + p^3 - 3p^4 + p^5$$

可见，事件空间法与 4.6.4 节介绍的路集法和割集法最终都可得到这一相同的结果。

表 4.3 图 4.41 所示系统的所有逻辑事件

组件	逻辑事件
组 0（0 个故障）	$X_1 = ABCDE$
组 1（1 个故障）	$X_2 = \bar{A}BCDE$, $X_3 = A\bar{B}CDE$, $X_4 = AB\bar{C}DE$, $X_5 = ABC\bar{D}E$, $X_6 = ABCD\bar{E}$

续表

组件	逻辑事件
组2（2个故障）	$X_7 = \bar{A}\bar{B}CDE$, $X_8 = \bar{A}B\bar{C}DE$, $X_9 = \bar{A}BC\bar{D}E$, $X_{10} = \bar{A}BCD\bar{E}$, $X_{11} = A\bar{B}\bar{C}DE$, $X_{12} = A\bar{B}C\bar{D}E$, $X_{13} = A\bar{B}CD\bar{E}$, $X_{14} = AB\bar{C}\bar{D}E$, $X_{15} = AB\bar{C}D\bar{E}$, $X_{16} = ABC\bar{D}\bar{E}$
组3（3个故障）	$X_{17} = AB\bar{C}\bar{D}\bar{E}$, $X_{18} = A\bar{B}C\bar{D}\bar{E}$, $X_{19} = A\bar{B}\bar{C}D\bar{E}$, $X_{20} = A\bar{B}\bar{C}\bar{D}E$, $X_{21} = \bar{A}BC\bar{D}\bar{E}$, $X_{22} = \bar{A}B\bar{C}D\bar{E}$, $X_{23} = \bar{A}B\bar{C}\bar{D}E$, $X_{24} = \bar{A}\bar{B}CD\bar{E}$, $X_{25} = \bar{A}\bar{B}C\bar{D}E$, $X_{26} = \bar{A}\bar{B}\bar{C}DE$
组4（4个故障）	$X_{27} = A\bar{B}\bar{C}\bar{D}\bar{E}$, $X_{28} = \bar{A}B\bar{C}\bar{D}\bar{E}$, $X_{29} = \bar{A}\bar{B}C\bar{D}\bar{E}$, $X_{30} = \bar{A}\bar{B}\bar{C}D\bar{E}$, $X_{31} = \bar{A}\bar{B}\bar{C}\bar{D}E$
组5（5个故障）	$X_{32} = \bar{A}\bar{B}\bar{C}\bar{D}\bar{E}$

4.7 故障树模型

故障树（Fault Tree）基本思想是用以表明产品哪些组成部分的故障或外界事件或它们的组合将导致产品发生一种给定故障的逻辑因果关系图。它由各种事件和逻辑门组成，事件之间的逻辑关系用逻辑门表示。故障树分析是可靠性分析中的一种重要工具，其组成元素是事件和逻辑门。前者用来描述系统和元部件故障的状态；后者把事件联系起来，表示事件之间的逻辑关系。故障树分析通常以系统最不希望发生的事件为顶事件，应用各种逻辑演绎的方法，研究分析造成顶事件的各种直接和间接原因。构建故障树的基本步骤如下：

步骤1：确定故障树分析的范围。明确要确定的系统结构，明确系统的工作条件及使用条件，确定要研究的内容。

步骤2：确定故障树的顶事件。确定所要分析的对象事件，将易于发生且后果严重的事件作为顶事件。一般可以以故障模式影响及危害性分析（FMECA）后影响较严重的故障模式作为顶事件（FMECA将在第6章进行介绍）。

步骤3：故障树作图。用逻辑门连接上下层事件，直到所要求的分析深度，形成一株倒置的逻辑树形图。

4.7.1 故障树常用事件符号

表4.4～表4.7显示了故障树常用符号及其释意。

表 4.4　故障树常用事件符号 1

符号		说明
底事件	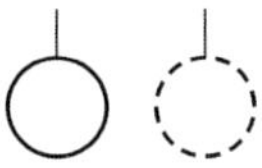 ○ ⃝	元部件在设计的运行条件下发生的随机故障事件。 实线圆——硬件故障； 虚线圆——人为故障
	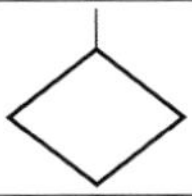 ◇	未探明事件：表示该事件可能发生，但是概率较小，无须再进一步分析的故障事件。在故障树定性、定量分析中一般可以忽略不计
顶事件	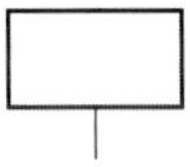 ▭	人们不希望发生的显著影响系统技术性能、经济性、可靠性和安全性的故障事件。顶事件可由 FMECA 分析确定
中间事件	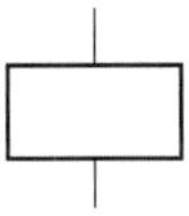 ▭	故障树中除底事件及顶事件之外的所有事件

中间事件：位于顶事件和底事件之间的结果事件，既是某个逻辑门的输入事件，也是别的逻辑门的输出事件。

未探明事件：也称为未展开事件，由于缺少对故障产生原因的认知或在分析中不重要，而没有完全展开的事件。

顶事件：故障树分析中所关心的结果事件，它位于故障树的顶端，总是逻辑门的输出事件而不是输入事件。

底事件：基本事件，独立的基本事件代表一个基本故障或产品，分析结束于基本事件（基本事件下没有事件）。

以水槽破裂这件事为例，水槽破裂可能是由水槽过压或者水槽壁的固有疲劳造成的。一方面，由于这里的疲劳故障就代表一个基本事件，所以无须再对其展开。另一方面，水槽过压又是一个结果事件，过压还需要继续展开。过压的原因可能是温度过高，同时安全阀故障，这些都会导致水槽破裂。在建立故障树中，底事件及结果事件既包括硬件故障，也包括软件故障、人为故障、环境和工作条件变化等。

表 4.5　故障树常用事件符号 2

符号	说明
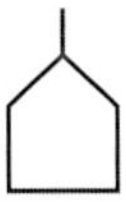 ⌂	开关事件：在正常工作条件下必然发生或者必然不发生的特殊事件
 ⬯	条件事件：描述逻辑门起作用的具体限制的特殊事件
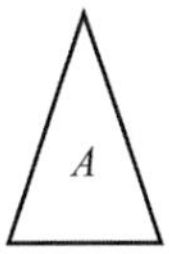 △A	入三角形：位于故障树的底部，表示树 A 部分分支在其他地方。 出三角形：位于故障树的顶部，表示树 A 是其他部分绘制的一棵故障树的子树

表 4.6　故障树常用逻辑门符号

符号	说明
与门	$B_i(i=1,2,\cdots,n)$ 为门的输入事件，A 为门的输出事件；B_i 同时发生时，A 必然发生，这种逻辑关系称为事件交，用逻辑"与门"描述，逻辑表达式为 $$A = B_1 \cap B_2 \cap B_3 \cap \cdots \cap B_n$$
或门	当输入事件中至少有一个发生时，输出事件 A 发生，称为事件并，用逻辑"或门"描述，逻辑表达式为 $$A = B_1 \cup B_2 \cup B_3 \cup \cdots \cup B_n$$
表决门	n 个输入事件中至少有 r 个发生，则输出事件 A 发生，否则输出事件 A 不发生
异或门	输入事件 B_1、B_2 中任何一个发生都可引起输出事件 A 发生，但 B_1、B_2 不能同时发生。相应的逻辑表达式为 $$A = (B_1 \cap \bar{B}_2) \cup (\bar{B}_1 \cap B_2)$$

续表

符号	说明
禁门（图示：A 在上，B 在下，椭圆框标注"禁门打开条件"） 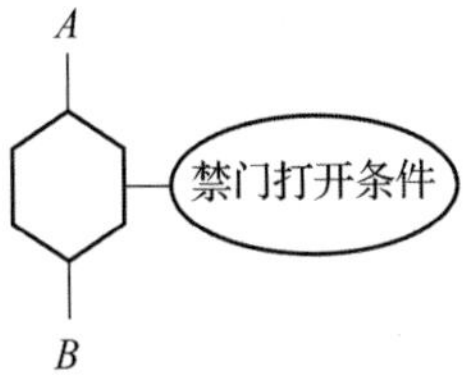	仅当"禁门打开条件"发生时，输入事件 B 发生才导致输出事件 A 发生；禁门打开条件写入椭圆框内
顺序与门（图示：A 在上，B 在下，椭圆框标注"顺序条件"） 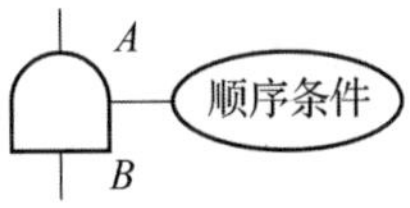	仅当输入事件 B 按规定的"顺序条件"发生时，输出事件 A 才发生
非门（图示：A 在上，B 在下） 	输出事件 A 是输入事件 B 的逆事件

表 4.7　故障树常用转移符号

符号	说明
相同转移符号（两个三角形，内标 A）	相同转移符号（A 是子树代号，用字母、数字表示）： ①左图表示"下面转到以字母、数字为代号所指的地方去"； ②右图表示"由具有相同字母、数字的符号处转移到这里来"
相似转移符号（两个倒三角形，内标 A）	相似转移符号（A 同上）： ①左图表示"下面转到以字母、数字为代号所指结构相似而事件标号不同的子树去"，不同事件标号在三角形旁注明； ②右图表示"相似转移符号所指子树与此处子树相似但事件标号不同"

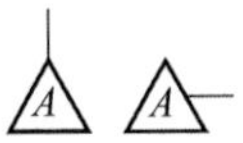

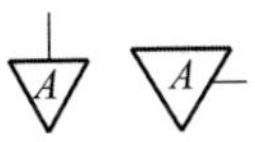

4.7.2　故障树示例

图 4.42 显示了工人坠落死亡这一事件的故障树。

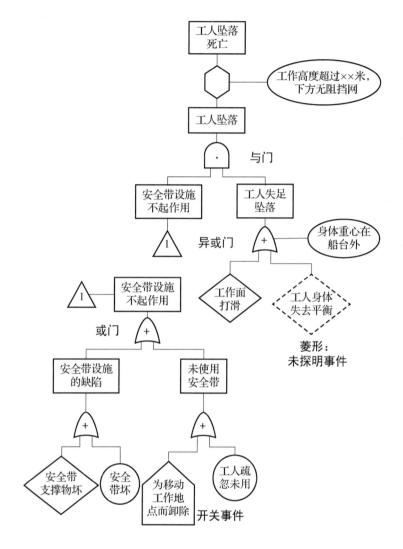

图 4.42 工人坠落死亡事件的故障树

电动机不转的故障树如图 4.43 所示。

某型号飞机有 3 个发动机，当其同时发生故障时，飞机才不能正常飞行。发动机 A、B、C 发生故障的故障树如图 4.44 所示。使用相同和相似转移符号绘制该型号飞机发动机故障不能飞行的故障树如图 4.45 所示。

图 4.46 显示了反坦克导弹发动机故障的故障树。

又如，对著名的"泰坦尼克号"海难事故原因调查分析时采用故障树分析法，可构建如图 4.47 所示的故障树，顶事件是海难事故。

下面以减速器的故障为例，来说明建树过程。

显然，在本例中减速器的故障是顶事件。假定减速器故障仅包括漏油、振动噪声和不能运转 3 种形式，它们可作为故障树的第二级；减速器的振动噪声可能来自齿轮箱，也可能来自基座、电机或工作中的不平稳外载荷，它们可作为故障树的第三级。齿轮箱由转轴组件和轴承系统组成，它们构成故障树的第四级；转轴组件又包括转轴和齿轮，它们为故障树的第五级。这样层层分解，最后可建立图 4.48 所示的故障树。需要说明的是，图 4.48 所示减速器的故障树与实际的减速器故障情形可能并不完全相符，此处所列只是为说明故障树的建立方法。由此可以看出，一张实际的故障树可能非常复杂，这取决于考虑问题的角度和出发点。

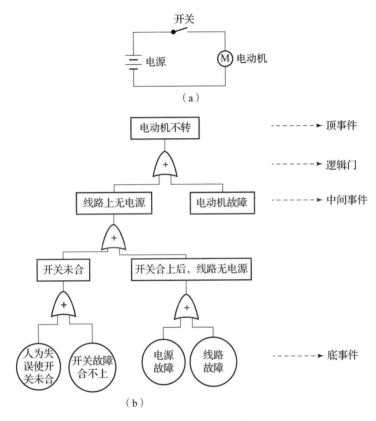

图 4.43　电动机不转的故障树
(a) 电动机工作原理；(b) 故障树

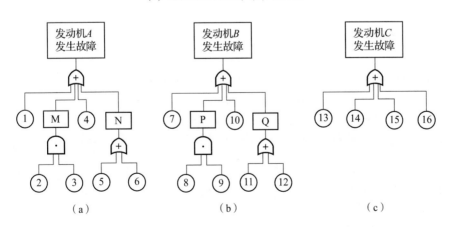

图 4.44　某型号飞机发动机 A、B、C 发生故障的故障树
(a) 发动机 A 故障；(b) 发动机 B 故障；(c) 发动机 C 故障

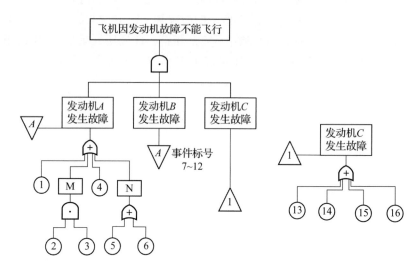

图 4.45　某型号飞机因发动机故障不能飞行的故障树

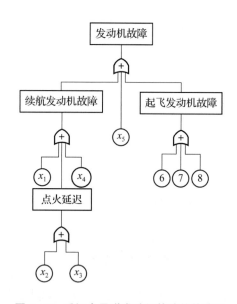

图 4.46　反坦克导弹发动机故障的故障树

x_1—推进剂 2 故障；x_2—推进剂 1 故障；x_3—点火药受潮；x_4—点火具 2 故障；
x_5—接线柱故障；6—喷管烧穿；7—密封圈故障；8—点火具 1 故障

　　图 4.49 显示了某远路战略导弹姿控发动机的故障树，主要用于分析姿控发动机不点火的原因。姿控发动机根据遥测指令，结合弹上硬件部件，执行点火喷流指令，进而控制导弹的姿态。

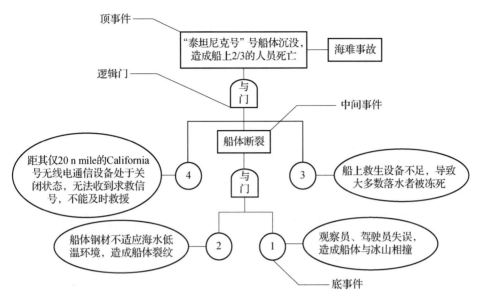

图 4.47 "泰坦尼克号"海难事故原因调查分析的故障树

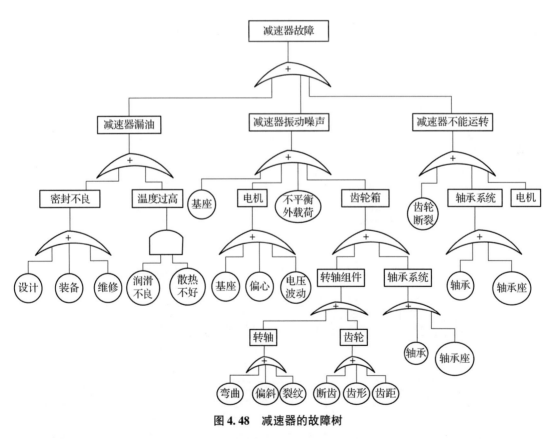

图 4.48 减速器的故障树

以某导弹的分离过程为例,正常分离是导弹飞行成败的关键,以"级间分离工作故障"为顶事件建立故障树,如图 4.50 所示。

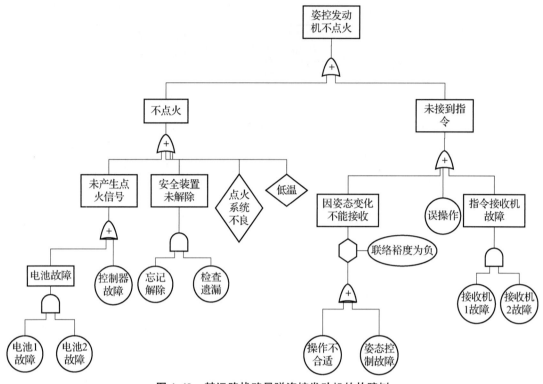

图 4.49 某远路战略导弹姿控发动机的故障树

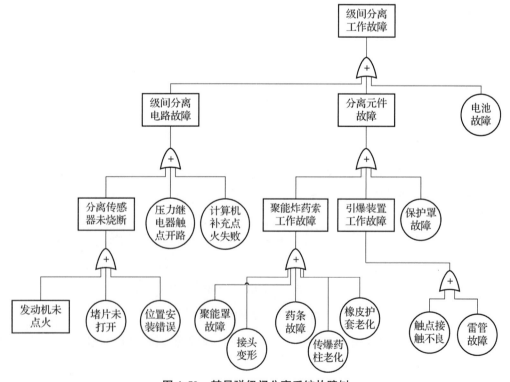

图 4.50 某导弹级间分离系统故障树

建立好故障树，就可以基于故障树模型针对顶事件开展故障树分析，找出所有可能导致其发生的底事件及其组合。故障树分析属于故障分析技术，将在后面第 6 章进行具体介绍。

4.8　基于行为仿真模型的系统可靠性模型

对于复杂的机电产品，通过单元可靠性及系统故障逻辑模型预计系统任务可靠性可能会有较大偏差。一方面由于单元和系统的功能/性能会存在降级状态（多态或连续态），因此采用"正常/故障"两态假设进行概率封装时，丢失了大量有用的信息；另一方面对可靠性的层次关系进行逻辑抽象，也割断了单元功能/性能变化对系统功能/性能变化影响的复杂联系。行为仿真模型为系统任务可靠性预计提供了一种新途径，其利用性能仿真模型来准确描述单元和系统的定量关系，同时通过故障建模、参数扰动建模和环境扰动建模等步骤，使性能仿真模型可以模拟系统故障行为，基于系统故障行为进行系统任务可靠性预计。其主要步骤如下：

（1）建立性能仿真模型，描述系统与单元性能之间的定量关系。该步骤是本方法的前提，没有性能仿真模型就不能进行可靠性预计。模型通常由熟悉性能设计的人员建立，同时确定影响系统可靠性的关键性能指标，确定系统故障判据。

（2）分析影响系统关键性能及可靠性的因素，包括单元故障、参数扰动及环境扰动，并且确定其服从分布函数及特征值。同时，对故障建模、参数扰动建模和环境扰动建模，将 3 类因素注入性能仿真模型中。

（3）根据对各类影响因素的分析，利用蒙特卡罗方法进行随机抽样。将抽样值依次代入仿真模型中，根据仿真模型输出的性能指标，判断该样本是否能满足任务要求。多次仿真，统计任务可靠性指标。

【例 4.15】伺服阀是一种机电液混合的产品，要求建立其可靠性仿真模型，并进行任务可靠性预计。建立伺服阀的性能模型，分析影响伺服阀可靠性的主要因素，并对主要因素进行建模和注入。通过蒙特卡罗方法对影响因素的随机性进行抽样，统计得到伺服阀任务可靠性。

（1）性能模型的建立。应用 AMESim 建立伺服阀的性能模型，将其性能模型建模分解为 4 大组件的建模，即力矩马达组件、衔铁及反馈组件、放大器组件和滑阀组件。AMESim 中建立的性能模型在输入电流信号的控制下，经过底层动力学关系可以仿真得到伺服阀的额定流量、零偏、内漏、滞环等性能输出。行业标准规定，当这些性能不满足要求时，则认为是伺服阀故障。因此，可将上述性能指标作为伺服阀故障判据，即当性能指标超过规定的阈值时，判定为软故障。此外，当系统严重退化或发生偶然故障时判定为硬故障，如反馈杆断裂等，则认为系统完全故障。

（2）影响因素的分析、建模与注入。伺服阀的偶然故障有线圈开短路、衔铁卡死、密封圈故障、反馈杆断裂。上述偶然故障通过产生随机数的方式得到一组确定的序列，即可得到各偶然故障的发生时间，达到偶然故障发生时间后将伺服阀故障发生部位设置为故障状态。

伺服阀在使用过程中，环境应力会对其可靠性产生影响。由于环境应力的不确定性也会造成可靠性产生波动，因此需要对环境应力的不确定性进行建模。影响伺服阀可靠性的环境应力包括油液污染度和油液温度，将这两种环境应力的不确定性注入性能模型中。

设计参数因制造误差等具有不确定性，建立性能模型后，需要对设计参数进行不确定性建模，将设计参数的不确定性注入性能模型中。参数退化可以视为参数扰动的一种复杂情况，需要借助故障物理模型来描述。本案例将其单独讨论，经过分析得出伺服阀的主要故障机理有磨粒磨损、冲刷磨损、腐蚀磨损、疲劳磨损、堵塞、污染卡紧和液压卡紧，主要作用的部分集中在滑阀组件和滤油器组件等，故将以上故障机理作用在这些组件上产生的退化规律进行建模。

（3）基于蒙特卡罗方法进行任务可靠性预计。综合考虑单元故障、环境应力、参数扰动和退化等，通过蒙特卡罗方法进行伺服阀的可靠性仿真。设置相关参数的初始值和仿真次数，在各次仿真中按设计参数的不确定性分布抽样确定设计参数的取值。当未达到单次仿真设置的仿真时间时，运行性能模型一个仿真步长，根据环境应力的分布抽样确定各次仿真的环境应力。判断是否发生偶然故障：若发生偶然故障，则记录该次故障时间，进入下一次仿真；若未发生偶然故障，则根据故障机理模型计算一个仿真步长内各单元的退化量。然后根据退化后的状态判断系统是否故障：若故障，则记录故障时间，进入下一次仿真；若未故障，则运行性能模型下一个仿真步长，直到系统发生故障。当仿真次数达到规定后，对仿真结果进行统计，输出伺服阀的可靠性曲线。

通过蒙特卡罗抽样可以计算出每个仿真时刻伺服阀的可靠性水平，200 h 内伺服阀的任务可靠性仿真曲线如图 4.51 所示。关于该部分内容，读者可参阅曾声奎主编的《可靠性设计分析基础》了解详细的内容。

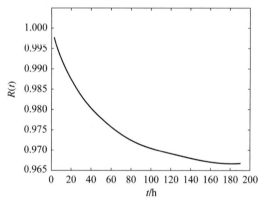

图 4.51　伺服阀的任务可靠性仿真曲线

4.9　本章小结

本章主要对常用的系统可靠性建模的方法进行了介绍，包括可靠性框图模型和故障树模型，其中还对复杂系统可靠性建模方法进行了介绍。可靠性模型的建立为后续开展可靠性分配与预计、故障分析提供了保障。

第 5 章
系统可靠性要求、分配与预计

前面 4 章对可靠性工程的一些基础理论进行了介绍,包括可靠性的度量,也就是可靠性的数学特征量,在此基础上介绍了系统可靠性框图模型和故障树模型,也就是系统可靠性建模,建立了模型才可以进行可靠性分析和设计。产品的寿命通常是进行大量试验后得到的,其缺点是不经济、周期太长。因此,产品制造前应控制其可靠度,在设计阶段进行可靠性分配与预计,从而实现可靠性的增长。本章主要介绍系统可靠性要求、分配与预计方法。

为了实现产品研制中可靠性方面的目标,需要开展一系列的活动,如图 5.1 所示。最基本的可靠性活动分为 3 类:第一类,提出可靠性要求,包括通过可靠性分配提出不同层次产品的可靠性设计要求,通过可靠性预计得到系统的可靠性,这也是本章要介绍的主要内容;第二类,开展可靠性设计分析;第三类,验证可靠性设计结果。

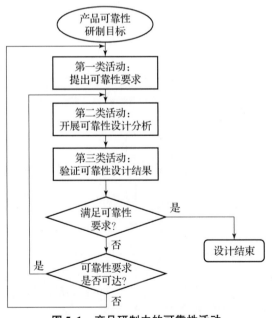

图 5.1 产品研制中的可靠性活动

5.1 基本概念

首先介绍可靠性参数指标和要求的一些基本概念。

5.1.1 寿命剖面与任务剖面

产品的可靠性水平应是产品在真实的使用条件下（包括运输、贮存等）的反映。为了研究产品的可靠性，必须确定产品的寿命剖面与任务剖面，其定义如下。

寿命剖面定义为产品从制造到寿命终结或退出使用这段时间内所经历的全部事件和环境的时序描述。寿命剖面说明了产品在整个寿命期所经历的事件（如装卸、运输、贮存、检测、维修、部署、执行任务等）以及每个事件的顺序、持续时间、环境和工作方式。它包含一个或多个任务剖面，通常把产品的寿命剖面分为后勤和使用两个阶段。后勤阶段是指产品从采购到开始使用所经历的装卸、运输、贮存、检测等事件及环境条件。使用阶段是指产品从开始使用到损坏或返回后勤阶段所经历的所有事件及环境条件。寿命剖面对建立系统可靠性要求是必不可少的。一般装备大部分时间处于非任务状态，在非任务期间，装卸、运输、贮存、检测所产生的长时间应力也会严重影响产品的可靠性。因此，必须把寿命剖面中非任务期间的特殊状况转化为设计要求。

任务剖面定义为产品在完成规定任务这段时间内所经历的事件和环境的时序描述，一般包括产品的工作状态、维修方案、产品工作的时间与顺序、产品所处环境（外加的与诱发的）的时间与顺序、任务成功或致命故障的定义。对于完成一种或多种任务的产品都应制定一种或多种任务剖面。

寿命剖面、任务剖面在产品指标论证时就应提出，并应精确和尽量完整地确定产品的任务事件和预期的使用环境，这是进行正确系统可靠性设计分析的基础。图5.2为某导弹寿命剖面，表5.1对其寿命剖面各项进行了说明。

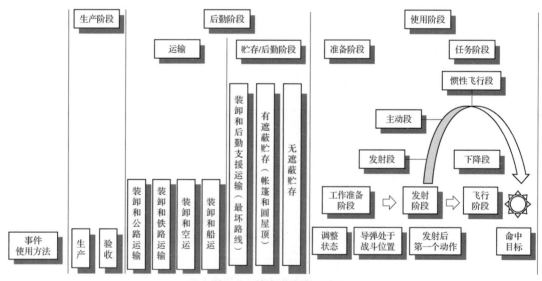

图 5.2 某导弹寿命剖面

表 5.1 某导弹寿命剖面各项的说明

项目	说明
环境剖面	对产品使用或生存有影响的环境特性（如温度、湿度、压力、盐雾、辐射、沙尘以及振动、冲击、噪声、电磁干扰等）及其强度的时序说明

续表

项目	说明
维修方案	维修级别（基层维修、中继维修、基地维修）、维修策略、维修职责、维修效果、维修条件、保障条件等的说明
时间长度	各事件时间长度
任务剖面	维修方案、环境剖面、时间长度、严重故障判别准则

5.1.2 基本可靠性与任务可靠性

这组概念在第 4 章提到过。在进行可靠性设计时，需要综合考虑减少全寿命周期费用和完成规定功能两方面的需求，据此可以把可靠性分为基本可靠性与任务可靠性。

基本可靠性模型主要是用于评估产品维修和保障要求，也就是度量费用，是一个全串联系统，即使存在贮备单元也都按照串联处理。因此，贮备单元越多，系统的基本可靠性越低。

任务可靠性模型是估计产品在执行任务过程中完成规定功能的概率，描述完成任务过程中各单元的预定作用即度量工作有效性的一种可靠性模型。因此，贮备单元越多，系统的任务可靠性越高。

5.1.3 固有可靠性与使用可靠性

固有可靠性（Inherent Reliability）又称设计可靠性或合同可靠性，即设计和制造赋予产品的，并在理想的使用和保障条件下所具有的可靠性。它是从产品承制方的角度来评价产品的可靠性水平。本书主要讲固有可靠性。

使用可靠性（Use Reliability）是产品在实际的环境中使用时所呈现的可靠性，反映了产品设计、制造、使用、维修、环境等因素的综合影响。它是从最终用户（产品使用方）的角度来评价产品的可靠性水平。

5.1.4 单元可靠性与系统可靠性

单元可靠性是指单元产品的可靠性，而系统可靠性是指系统产品的可靠性。一般而言，单元可靠性水平决定了系统可靠性水平。例如，要制造出具有高可靠性水平的航天器，就必须对其内部选用的各种元器件、机械零部件等单元产品的可靠性水平提出相当高的要求。

5.2 可靠性参数指标

指标指人们期望事物在某一参数上达到的数值。可靠性参数指标可用于约束产品研制过程并为最终产品验收提供依据，如产品的可靠度达到 0.99。系统目标的具体化和量化，可以通过使用几个主要参数指标来体现，这几个指标形成了参数指标体系。当然，指标的选取是一件非常复杂和困难的事情，不能过于笼统或过于集中（无法反映多方面的情况）。因此，数目要选得合适。同性能指标一样，可靠性指标是设计人员在可靠性方面的一个设计目标，除了前面第 2 章介绍的常用的可靠性特性量指标，如可靠度、故障概率密度、故障率等,还可以用可用度、效能等参数指标。在工程中往往同时选取多个参数指标,以便描述不同方面的目标和需求。

不同类型产品采用的可靠性参数不同。军用飞机、导弹(火箭)、卫星常用的可靠性参数如表 5.2 所示。

表 5.2　军用飞机、导弹(火箭)、卫星常用的可靠性参数

产品	基本可靠性参数	任务可靠性参数
军用飞机	λ、T_{BF}、T_{BM}、T_{FHBF}、T_{BR}	P_S、T_{BCF}、发动机空中停车率、发动机基本空中停车率
导弹(火箭)	贮存可靠度	发射可靠度、飞行可靠度、P_S
卫星	贮存可靠度	任务可靠度、在轨工作可靠度、返回可靠度

可以采用不同的参数对产品的可靠性特征进行刻画,而这些可靠性参数之间存在着相关性,某些参数之间可以相互转化。常用的可靠性参数介绍如下:

(1) T_{BF}:平均故障间隔时间(Mean Time Between Failures,MTBF)。T_{BF} 是可修复产品的一种基本可靠性参数,是指在规定的条件下和规定的时间内,产品寿命单位总数与故障总数之比。

(2) T_{BM}:平均维修间隔时间(Mean Time Between Maintenance,MTBM)。T_{BM} 是考虑维修策略的一种可靠性参数,是指在规定的条件下和规定的期间内,产品寿命单位总数与该产品计划维修和非计划维修事件总数之比。

(3) T_{BR}:平均拆卸间隔时间(Mean Time Between Removals,MTBR)。T_{BR} 是在规定的时间内,系统寿命单位总数与从该系统上拆下的产品总数之比。

(4) P_S:成功概率(Probability of Success,POS)。P_S 是产品在规定的条件下成功完成规定功能的概率,通常适用于一次性使用产品(如导弹)。

(5) T_{BCF}:平均严重故障间隔时间(Mean Time Between Critical Failures,MTBCF)。T_{BCF} 是与任务有关的一种可靠性参数,是指在规定的一系列任务剖面中,产品任务总时间与严重故障总数之比。

(6) T_{FHBF}:平均故障间隔飞行小时(Mean Flight Hours Between Failure,MFHBF)。T_{FHBF} 是衡量飞行器或航空发动机可靠性的指标,代表飞行器或发动机在发生故障前的平均运行时间。

可靠性要求是指产品使用方从可靠性角度向承制方(或生产方)提出的研制目标,是进行可靠性设计、分析、制造、试验和验收的依据。研制人员只有在透彻地了解这些要求后,才能将可靠性正确地设计、生产到产品中,并按要求有计划地实施有关的组织、监督、控制及验证工作。

5.3　可靠性分配与预计的关系

可靠性分配是把系统规定的可靠性指标分给分系统、部件及元件,使整体和部分协调一致。它是一个从整体到局部、从大到小、从上到下的过程,是一种自上而下的演绎分解的过程。可靠性预计是一种预报方法,是在产品设计阶段到产品投入使用前,利用过去积累的可靠性数据资料(用户、工厂、实验室的可靠性数据),综合元器件的故障数据,较为迅速地

预测产品可靠性大致指标，对其可靠性水平进行评估。它是一个从局部到整体、从小到大、从下到上的过程，是一种自下而上归纳综合的过程。

可靠性分配与预计都是可靠性设计分析的重要工作，二者互为逆过程，相辅相成，相互支持。图5.3显示了可靠性分配与预计的流程，可以看出，可靠性分配的结果是可靠性预计的目标，而可靠性预计的结果是可靠性分配与指标调整的基础。在产品设计的各个阶段，二者要相互交替反复多次进行，一个合理的设计往往要经过分配、预计、再分配、再预计多次循环。

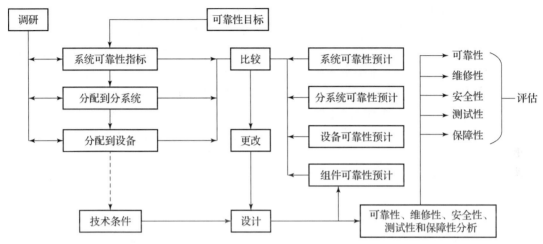

图 5.3　可靠性分配与预计的流程

5.4　可靠性分配

可靠性分配是将使用方提出的、在系统设计任务书或合同中规定的可靠性指标，从上到下、从大到小、从整体到局部，逐步分解，合理地分配到各分系统及设备，确定系统各组成单元的可靠性定量要求，从而保证整个系统的可靠性指标。例如，一台记录仪在整机的可靠性指标确定以后，在设计过程中要逐步对组成单元（电桥、放大器、电机、电源等）乃至组成各单元的元件（包括接插件和焊点等）的可靠性指标加以明确，使各部分的设计指标分配到每一个元件和每一个节点。这样，在设计中从整机到部件甚至到元件都贯彻了可靠性要求，使整个设计过程中的每一个环节都考虑了可靠性这一关键问题。也就是说，上一级产品对其下一级产品的可靠性定量要求，应在相应的设计任务书或合同中写明。可靠性分配是武器装备系统可靠性设计的首要任务。

5.4.1　概述

可靠性分配的意义和目的：

（1）落实对各部件（或分系统）合理的可靠性要求，便于各组成部分设计工作的顺利开展。研发初期的分配级别要求可以适当高一些，随着研发的深入，分配级别要求会逐渐降低。

（2）通过分配，暴露系统的薄弱环节，为改进设计提供依据，促使设计者全面考虑，以期获得合理设计。

（3）使设计人员可以综合考虑系统的研发周期、成本与可靠性等因素，以期获得更为合理的系统设计，提高产品的可靠性水平。

可靠性分配包括基本可靠性分配（决定全寿命周期费用）和任务可靠性分配（任务执行的有效性），这二者是相互矛盾的。要提高任务可靠性，通常就会采用冗余等来提高任务成功的概率，但是会降低基本可靠性。因为增加了冗余部件或元件，冗余的部件即使不运行，其发生故障也要对其进行维修，故都会带来费用成本。因此，在可靠性分配中要对基本可靠性和任务可靠性二者进行权衡分析。

可靠性分配遵循的总准则：对全系统可靠性影响显著、对系统性能具有重要作用、对完成执行任务具有保障作用、容易实现高可靠度要求的组成单元（或子系统），其可靠度要高，反之则低；同时，应在保证系统可靠性目标的前提下，使整个系统研制周期短、成本低。在实施中具体有以下基本准则需要考量：

（1）复杂度高的分系统、设备等，应分配较低的可靠性指标。产品越复杂，组成单元就越多，达到高可靠性就越困难且更费钱。

（2）技术上不成熟的产品，分配较低的可靠性指标。提出高可靠性要求会延长研制时间，增加研制费用。

（3）在恶劣环境条件下工作的产品，分配较低的可靠性指标，因为恶劣的环境会增加产品故障率。

（4）当把可靠度作为分配参数时，对于需要长期工作的产品，分配较低的可靠性指标，因为产品的可靠性随工作时间的增加而降低。

（5）重要度高的产品，分配较高的可靠性指标。通常，重要度高的产品发生故障会影响人身安全或任务的完成。

（6）维修可达性差的产品，分配较高的可靠性指标，以实现较好的综合效能。

（7）已有可靠性指标的货架产品或使用成熟的系统/成品，不再进行可靠性指标分配，要从总指标中剔除这些单元的可靠性指标。

进行可靠性分配时一般基于一定的假定：各部件的工作相互独立，且部件寿命服从指数分布，即故障率为常数。可靠性分配的大致步骤如下，图5.4同步显示了可靠性分配程序。

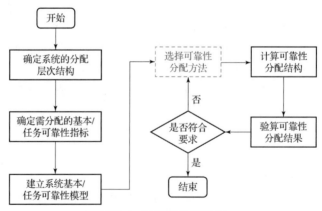

图5.4 可靠性分配程序

（1）确定系统的分配层次结构。主要包括：确定系统组成结构；确定系统中当前需要和可以提出可靠性定量要求的产品所在的最低层次；明确哪些是新研或改进产品、哪些是货架产品、哪些是外协配套产品，从而确定可靠性分配的层次。

(2) 确定需分配的基本/任务可靠性指标。主要包括：故障率、平均故障间隔时间/里程、任务可靠度、平均Ⅰ级严重故障间隔时间/里程、平均Ⅱ级严重故障间隔时间/里程等。

(3) 选择可靠性分配方法。主要包括：无约束分配法，如等分配法、评分分配法、比例组合分配法、考虑重要度和复杂度的分配法；有约束分配法，如拉格朗日乘数法、动态规划法。

(4) 验算可靠性分配结果。若不符合要求，则需要调整可靠性分配方法，否则可靠性分配结束。

5.4.2 基本原理

从数学上看，系统可靠性分配就是求解下面的基本不等式：

$$\left. \begin{array}{l} R_s(R_1,\cdots,R_i,\cdots,R_n) \geq R_s^* \\ \vec{g}_s(R_1,\cdots,R_i,\cdots,R_n) \geq \vec{g}_s^* \end{array} \right\} \quad (5.1)$$

式中，R_s^* 为要求系统达到的可靠性指标；$\vec{g}_s$ 为对系统设计的综合约束条件，包括费用、质量、体积、功耗等因素，是一个向量函数；R_i 为第 i 个单元的可靠性指标。

对于简单串联系统，有

$$R_1(t)R_2(t)\cdots R_i(t)\cdots R_n(t) \geq R_s^* \quad (5.2)$$

可靠性分配的关键在于要确定一个方法，通过它能得到合理的可靠性分配值的优化解（唯一解或有限数量解）。为提高分配结果的合理性和可行性，可以选择故障率、可靠度等参数进行可靠性分配。可靠性分配问题实际是系统优化问题，必须明确要求与限制条件，因为分配的方法因要求和限制条件而异。有的设备以可靠性指标为限制条件，在满足可靠性下限值的条件下，使成本、质量及体积等指标尽可能低；有的设备则以成本为限制条件，要求做出使系统可靠度尽可能高的分配。但是，不管情况如何，除了考虑设计要求之外，还要考虑在现有技术水平下实际实现的可能性。

5.4.3 主要方法

下面将着重讨论典型系统常用的可靠性分配方法。

1. 等分配法

等分配法又称平均分配法、等同分配法。它不考虑各个单元（或元件）的重要程度，而是把系统总的可靠度平均分配给各个单元（或元件）。等分配法主要用于产品设计初期，即方案设计阶段，此时产品没有继承性且产品定义并不十分清晰。它可用于基本可靠性和任务可靠性的分配。基于前面所述可靠性分配时所做的假设，各单元相互独立，系统由各单元串联组成。由于串联系统的可靠性取决于系统中最弱单元的可靠性，因此除最弱单元外的其他单元如具有较高的可靠性，将被认为意义不大，这就是等分配法的基本思想。

串联系统如何利用等分配法呢？若系统由 n 个部件串联组成（图 5.5），可靠度相同，系统规定的可靠度为 R，第 i 个部件的可靠度为 R_i。

图 5.5 串联系统可靠性框图

根据串联系统的可靠性计算，有

$$R_s = \prod_{i=1}^{n} R_i = R^n$$

得

$$R_i^* = \sqrt[n]{R_s^*} \qquad (5.3)$$

由于单元寿命服从指数分布，则

$$\lambda_i^* = \lambda_s^*/n \qquad (5.4)$$

对于并联系统（图 5.6），系统可靠度为

$$R = 1 - \prod_{i=1}^{n}[1 - R_i] \qquad (5.5)$$

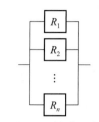

图 5.6 并联系统可靠性框图

则分配到各元件的可靠度为

$$R_i^* = 1 - [1 - R_s^*]^{\frac{1}{n}} \qquad (5.6)$$

【例 5.1】某引信由点火机构、保险机构、隔爆机构、传爆序列和引信体 5 个单元组成（图 5.7）。根据战技指标的要求，可靠度指标规定为 $R^* = 0.90$，用等分配法确定各个元件的可靠度指标。

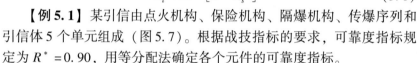

图 5.7 某引信可靠性框图

解：根据式（5.3），得 $R_i^* = \sqrt[n]{R_s^*}$，则有 $R_i^* = \sqrt[n]{R_s^*} = \sqrt[5]{0.9} = 0.979\ 1, i = 1, 2, \cdots, 5$。

【例 5.2】固体火箭发动机的系统组成主要由燃烧室（装药）、喷管、安全点火机构和密封圈 4 个部分组成。固体火箭发动机保证它所装填的推进剂装药在一定压强下燃烧，产生的燃气通过喷管进行膨胀，而喷管的作用是把这种压强转变成超声速的排气。要求固体火箭发动机可靠度为 $R_s = 0.999\ 7$，采用等分配法求发动机 4 个分系统的可靠度指标。

解：采用等分配法，$R_{装药} = R_{喷管} = R_{点火} = R_{密封} = \sqrt[4]{R_s^*} = 0.999\ 92$。

【例 5.3】由两个保险机构组成的引信隔爆机构（图 5.8），若两个保险机构相同，该隔爆机构的可靠度指标为 0.99。求每个保险机构的可靠度应多大？

解：根据式（5.6），有

$$R_i^* = 1 - [1 - R_s^*]^{\frac{1}{n}}$$

图 5.8 由两个保险机构组成的引信隔爆机构可靠性框图

则分配给每个保险机构的可靠度应为

$$R_i^* = 1 - [1 - 0.99]^{\frac{1}{2}} = 0.900\ 0, i = 1, 2$$

对于混联系统，先将混联系统简化为等效的串联系统和等效单元，再给同级等效单元分配可靠度。

等分配法简单、快捷，适用于基本和任务可靠性分配，但不甚合理，因为它没考虑到各单元的工作时间、重要程度、复杂程度及工艺水平等。因此，可能会出现所分配的可靠度过高或过低的情况。显然这种方法对一般系统来说不合理，而且在技术、时间和费用上不太容易实现。该方法一般只在方案论证的最初阶段，针对系统简单、应用条件不高、产品无继承性、系统信息缺乏等情况，作为粗略分配采用。

2. 评分分配法

评分分配法是在可靠性数据非常缺乏的情况下，通过有经验的设计人员或专家对影响可靠性的因素进行评分和综合分析，并给出各单元产品之间的可靠性相对比值，从而根据相对

比值给每个单元产品分配可靠性指标。影响可靠性的因素通常有复杂程度、技术发展水平、工作时间、环境条件。应用这种方法时，时间一般应以系统工作时间为基准。这种方法主要用于分配串联系统的可靠性，并假设产品服从指数分布。该方法适合于方案论证阶段和初步设计阶段，可用于基本和任务可靠性分配。

评分分配法下，分配给第 i 个单元的可靠性指标为

$$\lambda_i^* = C_i \lambda_s^* \tag{5.7}$$

式中，C_i 为第 i 个单元的评分系数；λ_s^* 为系统的故障率；λ_i^* 为分配给系统的第 i 个单元的故障率。

专家进行评分考虑的因素有复杂性、技术水平、工作时间、环境条件、可达性、改进难度等，评分原则为各种因素评分值范围 1~10，评分越高可靠性越差。关于各评分因素的具体评分准则如下：

（1）复杂度。根据组成单元的元部件数量以及它们组装的难易程度来评定。最复杂的评 10 分，最简单的评 1 分。

（2）技术水平。根据单元目前的技术水平和成熟程度来评定。水平最低的评 10 分，水平最高的评 1 分。

（3）工作时间。根据单元工作时间来评定。单元工作时间最长的评 10 分，最短的评 1 分。

（4）环境条件。根据单元所处的环境来评定。单元工作过程中经受极其恶劣而严酷环境条件的评 10 分，环境条件最好的评 1 分。

表 5.3 和表 5.4 分别显示了技术成熟水平因素和重要程度因素的评分准则。

表 5.3 技术成熟水平因素评分准则

等级	分数	说明
1	9~10	掌握技术的基本原理或明确技术概念及如何应用
2	7~8	已进行概念验证，主要功能的分析和验证或已在实验室环境中验证主要功能模块
3	5~6	已在相似环境中验证主要功能模块或已在相似环境中验证系统或原型
4	3~4	已在运行环境中验证原型或实际系统已通过试验和验证
5	1~2	实际系统已成功应用

表 5.4 重要程度因素评分准则

等级	分数	说明
1	9~10	该设备故障不会影响人身安全或任务完成
2	7~8	该设备故障不会影响人身安全，但可能对任务顺利完成有轻微影响
3	5~6	该设备故障可能造成人身安全隐患，可能影响任务完成
4	3~4	该设备故障对人身安全有侵害或威胁，影响任务完成
5	1~2	该设备故障会影响人身安全和任务完成

下面对如何获取各单元评分系数 C_i 的流程进行介绍。第 h 个专家给第 i 个单元第 j 个因素的打分 $t_{ij}(h)$，有效打分的专家数量 m，第 i 个单元产品第 j 个因素的平均得分为

$$S_{ij} = \frac{1}{m}\sum_{h=1}^{m} t_{ij}(h) \tag{5.8}$$

第 i 个单元评分数为

$$\omega_i = \prod_{j=1}^{k} S_{ij} \tag{5.9}$$

系统的评分数为

$$\omega = \sum_{i}^{n} \omega_i \tag{5.10}$$

第 i 个单元评分系数为

$$C_i = \omega_i / \omega \tag{5.11}$$

将每位专家的评分表（表5.5）收集上来后，按每一设备每一评分因素将各位专家的评分值排序，去除几个畸高和畸低的评分值（如去掉1~2个最高分，同时去掉1~2个最低分），计算剩下有效评分的算术平均值，作为该设备该因素的本轮评分值。然后，将本轮的评分原始数据和评分结果整理并匿名公布出来供专家研讨，以确定最终的评分值或是否进行下一轮评分。这样经过两三轮次，各专家评分一般会渐趋一致，再去除最高和最低的评分值。最后，计算各专家有效评分的算术平均值，从而得到各单元各因素的评分。

表5.5　专家评分表

单元	影响因素1	影响因素2	影响因素3	…	影响因素 k
单元1	t_{11}	t_{12}	t_{13}	t_{1j}	t_{1k}
单元2	t_{21}	t_{22}	t_{23}	t_{2j}	t_{2k}
…	t_{i1}	t_{i2}	t_{i3}	t_{ij}	t_{ik}
单元 n	t_{n1}	t_{n2}	t_{n3}	t_{nj}	t_{nk}

评分分配法的大致步骤如下：

（1）确定系统的基本可靠性指标，对系统进行分析，确定评分因素和分配参数。

（2）确定该系统中货架产品或已单独给定可靠性指标的产品。

（3）聘请评分专家，专家人数不宜过少（至少5人）。

（4）专家了解产品。设计人员向评分专家介绍产品及其组成部分的构成、工作原理、功能流程、任务时间、工作环境条件、研制生产水平等情况，或专家通过查阅相关技术文件获得相关信息。

（5）专家评分。首先由专家按照评分原则给各单元打分，填写评分表格。再由负责可靠性分配的人员，将各专家对产品的各项评分综合，即每个单元的各个因素评分为各专家评分的平均值，填写表格。

（6）最后，按公式分配各单元可靠性指标。

【例5.4】 某飞机共由18个分系统组成，其中5个分系统是已使用过的成件并已知其

MFHBF，见表5.6。规定飞机的可靠性指标 MFHBF = 2.9 h。试用评分分配法对其余13个分系统进行分配。

表 5.6 已知 MFHBF 的分系统

分系统名称	已知的 MFHBF/h
发动机	50
前缘襟翼	80
应急系统	500
飞控系统	142
弹射救生系统	280
总计	22.166

解：已知5个分系统的 MFHBF 为 22.166，则在总目标 2.9 中应扣除，把剩下的值分给其余13个分系统。

$$MFHBF^* = \frac{1}{\frac{1}{2.9} - \frac{1}{22.166}} = 3.337$$

因此应按 $MFHBF^* = 3.337$ 的目标，用评分法分配法根据13个分系统的评分系数 C_i 对其分配可靠性指标，可靠性分配结果见表5.7。

表 5.7 可靠性分配结果

分系统名称	复杂度 r_{i1}	技术水平 r_{i2}	工作时间 r_{i3}	环境条件 r_{i3}	各单元评分数 w_i	各单元评分系数 C_i	分配给各单元的 MFHBF/h
结构	8	4	10	4	1 280	0.127 6	26.15
动力装置	8	1	10	8	640	0.063 8	52.30
发动机接口	3	2	8	4	192	0.019 1	174.71
燃油系统	5	2	10	8	800	0.079 7	41.87
液压系统	5	2	8	7	560	0.055 8	59.80
前轮结构	4	5	8	3	480	0.047 8	69.81
电源	7	2	10	6	840	0.083 7	39.87
座舱	3	1	6	3	54	0.005 4	617.96
航空电子	9	7	8	7	3 528	0.351 6	9.49
…	…	…	…	…	…	…	…
其他	2	5	5	5	250	0.024 9	134.02
总计	—	—	—	—	10 034	1.0	3.337

【例 5.5】 某导弹车载发射系统由 5 个分系统组成，其中 5 个分系统故障率指标见表 5.8。规定发射系统的可靠性指标 $\lambda_s = 0.035 \times 10^{-6}/\text{h}$，根据评分分配法进行可靠性分配。

解：计算出各单元评分系数 C_i，得各个单元分配的故障率为 $\lambda_s C_i$，最终可靠性分配的结果见表 5.8。

表 5.8 某导弹车载发射系统的可靠性分配结果

单元名称	复杂程度 r_{i1}	技术水平 r_{i2}	工作时间 r_{i3}	环境条件 r_{i4}	各单元评分数 ω_i	各单元评分系数 C_i	各个单元的 $\lambda_s/(\times 10^{-6} \cdot \text{h}^{-1})$
发射架支撑系统	8	4	10	4	1 280	0.383	0.013 4
液压传动系统	5	2	8	7	560	0.168	0.005 9
电气系统	6	1	10	6	360	0.108	0.003 8
柴油机系统	7	2	10	6	840	0.251	0.008 8
其他	2	5	6	5	300	0.09	0.003 1
总计	—	—	—	—	3 340	1	0.035

3. 比例组合分配法

比例组合分配法是根据相似老系统中各单元的故障率或单元预计数据，按新系统可靠性的要求，对新系统的各单元按原比例进行分配的一种方法。其本质是认为老系统基本上反映了一定时期内产品能实现的可靠性水平，新系统的个别单元不会在技术上有什么重大的突破。

定义比例系数为

$$k = \lambda_{s\text{新}}^* / \lambda_{s\text{老}}^* \tag{5.12}$$

式中，$\lambda_{s\text{老}}^*$ 为相似老系统故障率；$\lambda_{s\text{新}}^*$ 为新系统故障率。

计算分配给新系统第 i 个组成单元的故障率为

$$\lambda_{i\text{新}}^* = \lambda_{i\text{老}} \cdot k \tag{5.13}$$

比例组合分配法建立在系统及单元已做出可靠性估计的基础上，也称为阿林斯分配法。其分配前提是已知部件的故障率进行分配；分配原则为分配给每个部件的故障率正比于预计的故障率，即预计故障率大，分配给它的故障率也大。例如，如果新飞机、老飞机都是由机体和动力装置、燃油、液压、导航等相似的分系统组成，对这个新系统只是根据新情况提出新的可靠性要求，那么就可以采用比例分配法根据老系统中各分系统的故障率，按新系统可靠性的要求给新系统的各分系统分配故障率。

比例组合分配法适合新、老系统设计相似，而且有老系统统计数据或者已有各组成单元预计数据的情况，其适用于串联系统，可用于产品初步设计阶段的基本和任务可靠性分配，需要部件工作时间等于系统工作时间。

【例 5.6】 现要设计一个新液压动力系统，其组成部分与老液压动力系统完全一样，只是要求提高新系统的可靠性，已知老系统故障率为 $256.0 \times 10^{-6}/\text{h}$，新系统故障率要求为 $200.0 \times 10^{-6}/\text{h}$。试分配可靠性指标。

解：（1）计算比例系数，即

$$k = \lambda_{s\text{新}}^* / \lambda_{s\text{老}}^* = 200.0 \times 10^{-6} / (256.0 \times 10^{-6}) = 0.781\ 25$$

（2）计算分配给各分系统的故障率，即

$$\lambda_{\text{油箱}}^* = 3.0 \times 10^{-6} \times k \approx 2.3 \times 10^{-6}/\text{h}$$

$$\lambda_{\text{拉紧装置}}^* = 1.0 \times 10^{-6} \times k \approx 0.78 \times 10^{-6}/\text{h}$$

$$\vdots$$

（3）验算。

最后，得到液压动力系统各分系统分配的故障率，见表5.9。

表5.9　液压动力系统各分系统分配的故障率

序号	分系统名称	$\lambda_{i\text{老}}/(\times 10^{-6} \cdot \text{h}^{-1})$	$\lambda_{i\text{新}}^*/(\times 10^{-6} \cdot \text{h}^{-1})$
1	油箱	3.0	2.3
2	拉紧装置	1.0	0.78
3	油泵	75.0	59.0
4	联轴节	1.0	0.78
5	导管	3.0	2.3
…	…	…	…
10	启动器	67.0	52.0
—	总计（系统）	256.0	199.6

4. 比例组合分配法（部分扣除）

现实中，一般不可能新老系统构成完全相似，某些单元可能属于已定型的货架产品或已单独给定可靠性指标的产品，即该单元的指标已经确定，上面介绍的比例组合分配法无法适用，此时可以按下式进行分配：

$$\lambda_{i\text{新}}^* = \frac{\lambda_{s\text{新}}^* - \lambda_{c\text{新}}}{\lambda_{s\text{老}}^* - \lambda_{c\text{老}}} \cdot \lambda_{i\text{老}} \tag{5.14}$$

式中，λ_c 为已定型货架产品或已给定可靠性指标的产品故障率，若沿用老产品，则 $\lambda_{c\text{新}} = \lambda_{c\text{老}}$；若改用给定可靠性指标，则 $\lambda_{c\text{新}}$ 为新选用的给定可靠性指标的产品故障率，$\lambda_{c\text{老}}$ 为被取代的老产品故障率。$\lambda_{s\text{新}}^*$ 为新系统的故障率。$\lambda_{i\text{新}}^*$ 为分配给新系统第 i 个单元的故障率。$\lambda_{i\text{老}}$ 为老系统中第 i 个单元的故障率。

5. 考虑重要度和复杂度的分配法

考虑重要度和复杂度的分配法也称AGREE法，由美国电子设备可靠性顾问团（Advice Group on Reliability of Electronic Equipment，AGREE）于1957年提出。因为考虑了系统的各单元或各子系统的复杂度、重要度、工作时间以及它们与各系统故障之间的关系，故又称为按单元的复杂度及重要度的分配法，其发展较完善。AGREE法用于能获取产品各单元重要度和复杂度定量数据的可靠性分配，是工程应用中较广泛的一种分配方法，适用于系统基本和任务可靠性分配，主要用于产品的方案和初步设计阶段。AGREE法实施的前提条件是产品由各系统串联组成，而系统则由分系统/设备以串联、并联等组成混联系统，并且已知其系统故障统计信息和组成部件数量。

AGREE 法基本思想是越重要的单元，其分配的可靠性指标应当按比例加大；越复杂的单元，越容易出故障，可靠性指标可以分配得低一些。应用 AGREE 法要求各单元工作期间的故障率为常数，且为互相独立的串联系统。其优点是考虑了各部件的复杂度、重要度和工作时间等差别，明确考虑了部件和系统故障之间的关系。AGREE 法进行可靠性分配中涉及两个基本概念——重要度和复杂度。

系统可按分系统级、设备级逐级展开。一般情况下，系统可靠性框图是由各分系统串联组成，而分系统则由设备以串联、并联等组成混联系统。例如，图 5.9 为某飞机的可靠性框图，一架飞机由机体、动力装置、飞控等系统串联组成，动力装置又由两台发动机并联组成。

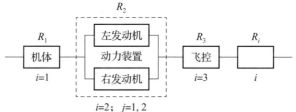

图 5.9　某飞机的可靠性框图

重要度是指用一个定量的指标（重要系数）来表示各分系统（或设备）故障对系统故障的影响。其定义为第 i 个分系统（第 j 个设备）故障引起系统故障的概率，其数值为 $0\sim1$，根据实际经验（或统计数据）来确定，即

$$\omega_{i(j)} = \frac{N_i}{r_{i(j)}} \tag{5.15}$$

式中，$\omega_{i(j)}$ 为重要因子，$0 \leq \omega_{i(j)} \leq 1$；$N_i$ 为由第 i 个单元故障引起系统故障的次数；$r_{i(j)}$ 为第 i 个单元（第 j 个分系统）的故障次数。

如果 $\omega_{i(j)} = 1$，则意味着从可靠性角度来看，第 i 个分系统（第 j 个设备）在系统中的地位极为重要，它的可靠程度将对系统产生百分之百的影响（对系统可靠性贡献为 1）。由分系统串联组成的系统，其各分系统的 $\omega_{i(j)} = \omega_i = 1$，若一个分系统中有冗余设备，则每个设备有 $0 \leq \omega_{i(j)} \leq 1$。

图 5.9 所示的系统可靠度为

$$R_s = \prod_{i=1}^{n} R_i \tag{5.16}$$

显然有 $\omega_1 = \omega_2 = \cdots = \omega_n = 1$，动力装置重要因子 $\omega_2 = \dfrac{N_2}{r_2} = 1$，可推出 $N_2 = r_2$。

动力装置不可靠度为

$$F_2 = \frac{N_2}{N_0} \tag{5.17}$$

同时根据重要度的定义，有

$$\omega_{21} = \frac{N_2}{r_{21}} = \frac{N_2}{F_{21} N_0} = \frac{F_2 N_0}{F_{21} N_0} = \frac{F_2}{F_{21}} \tag{5.18}$$

则有
$$F_2 = \omega_{21} F_{21} \tag{5.19}$$
$$R_2 = 1 - F_2 = 1 - \omega_{21} F_{21} \tag{5.20}$$

对于各个单元服从指数分布的情况，有

$$\begin{aligned} R_s &= \prod_{i=1}^{n} R_i \\ &= \prod_{i=1}^{n} (1 - \omega_{i(j)} F_{i(j)}) \\ &= \prod_{i=1}^{n} [1 - \omega_{i(j)} (1 - R_{i(j)})] \\ &= \prod_{i=1}^{n} [1 - \omega_{i(j)} (1 - e^{-t_{i(j)}/\theta_{i(j)}})] \end{aligned} \tag{5.21}$$

平均故障间隔时间（h）为

$$\theta_{i(j)} = \frac{1}{\lambda_{i(j)}} \tag{5.22}$$

根据 $e^x \approx 1 + x$，得

$$\begin{aligned} R_s &\approx \prod_{i=1}^{n} (1 - \omega_{i(j)} t_{i(j)}/\theta_{i(j)}) \\ &\approx \prod_{i=1}^{n} e^{-\omega_{i(j)} t_{i(j)}/\theta_{i(j)}} \\ &= e^{-\sum_{i=1}^{n} \omega_{i(j)} t_{i(j)}/\theta_{i(j)}} \end{aligned} \tag{5.23}$$

则有
$$R_i^* = \sqrt[n]{R_s^*} \approx e^{-\omega_{i(j)} t_{i(j)}/\theta_{i(j)}} \tag{5.24}$$
$$\frac{1}{n} \ln R_s^* = -\omega_{i(j)} t_{i(j)}/\theta_{i(j)} \tag{5.25}$$

可得
$$\theta_{i(j)} = \frac{n \omega_{i(j)} t_{i(j)}}{-\ln R_s^*} \tag{5.26}$$

AGREE 法实质是使 $\theta_{i(j)}$ 与 $\omega_{i(j)}$ 成比例，即第 i 个系统（第 j 个分系统）越重要，其可靠性指标也应当成比例加大。

复杂因子用该系统（分系统/设备）的基本构成部件数来表示。复杂因子 C_i 的定义为

$$C_i = \frac{n_i}{N} = \frac{n_i}{\sum_{i=1}^{n} n_i} \tag{5.27}$$

式中，n_i 为第 i 个分系统的基本构成部件数；N 为产品的基本构成部件总数。

某个系统中基本构成部件数所占百分比越大就越复杂，其实质为越复杂的系统越容易出现故障，因此可靠度应分配得低一些。因此，系统 i 的可靠度为

$$R_i^* = [(R_s^*)^{\frac{1}{N}}]^{n_i} = (R_s^*)^{\frac{n_i}{N}} \tag{5.28}$$

综合考虑重要度和复杂度分配，分配给第 i 个分系统（第 j 个设备）的可靠性指标与该

分系统的重要度成正比,与它的复杂度成反比。

仅考虑重要因子时,分配给第 i 个分系统的可靠度指标为

$$R_i^* \approx e^{-\omega_{i(j)} t_{i(j)}/\theta_{i(j)}} = \sqrt[n]{R_s^*} \tag{5.29}$$

继续考虑复杂因子,则分配给第 i 个分系统的可靠度指标为

$$R_i^* \approx e^{-\omega_{i(j)} t_{i(j)}/\theta_{i(j)}} = \left[(R_s^*)^{\frac{1}{N}}\right]^{n_i} = (R_s^*)^{\frac{n_i}{N}} \tag{5.30}$$

$$-\omega_{i(j)} t_{i(j)}/\theta_{i(j)} = \frac{n_i}{N} \ln R_s^* \tag{5.31}$$

最后得

$$\theta_{i(j)} = \frac{N\omega_{i(j)} t_{i(j)}}{n_i(-\ln R_s^*)} \tag{5.32}$$

式中,$t_{i(j)}$ 为第 i 个单元(第 j 个设备)的工作时间;R_s^* 为产品要求的可靠度。

综上,对 AGREE 法的实施步骤总结如下:

步骤 1:按照下式给各系统(分系统/设备)分配平均故障间隔时间 $\theta_{i(j)}$,即

$$\theta_{i(j)} = \frac{N\omega_{i(j)} t_{i(j)}}{n_i(-\ln R_s^*)} \tag{5.33}$$

步骤 2:计算各系统(分系统/设备)的可靠度 R_i,即

$$R_i = e^{\frac{-t_{i(j)}}{\theta_{i(j)}}} \tag{5.34}$$

步骤 3:按照下式求出产品的可靠度 R_s,与规定的产品可靠度指标 R_s^* 比较,必须满足

$$R_s \geqslant R_s^* \tag{5.35}$$

【例 5.7】 某机载电子设备要求工作 12 h 的可靠度为 0.923,这台设备各分系统(设备)的有关数据见表 5.10。试用 AGREE 法对各分系统(设备)进行可靠度分配。

表 5.10 某机载电子设备各分系统(设备)的有关数据

序号	分系统(设备)名称	分系统(设备)构成部件数	工作时间/h	重要因子
1	发动机	102	12.0	1.0
2	接收机	91	12.0	1.0
3	起飞用自动装置	95	3.0	0.3
4	控制设备	242	12.0	1.0
5	电源	40	12.0	1.0
—	共计	570	—	—

解:已知 $R_s^* = 0.923$,根据式(5.32),有

$$\theta_{i(j)} = \frac{N\omega_{i(j)} t_{i(j)}}{n_i(-\ln R_s^*)}$$

依次计算出分配给各个分系统的平均寿命为

$$\theta_1 = \frac{-570 \times 1.0 \times 12}{102 \times \ln 0.923} = 837 \text{ h}$$

$$\theta_2 = \frac{-570 \times 1.0 \times 12}{91 \times \ln 0.923} = 938 \text{ h}$$

$$\theta_{31} = \frac{-570 \times 0.3 \times 3}{95 \times \ln 0.923} = 67 \text{ h}$$

$$\theta_4 = \frac{-570 \times 1.0 \times 12}{242 \times \ln 0.923} = 353 \text{ h}$$

$$\theta_5 = \frac{-570 \times 1.0 \times 12}{40 \times \ln 0.923} = 2134 \text{ h}$$

各个分系统的可靠度为

$$R_i = e^{-\frac{t_i}{\theta_i}}$$

$$R_1 = e^{-\frac{12}{837}} = 0.9858$$

$$R_2 = e^{-\frac{12}{938}} = 0.9873$$

$$R_3 = e^{-\frac{3}{67}} = 0.9562$$

$$R_4 = e^{-\frac{12}{353}} = 0.9666$$

$$R_5 = e^{-\frac{12}{2134}} = 0.9944$$

最后对可靠性分配的结果进行验算,满足要求,分配完毕。

$$R_s = \prod_{i=1}^{5}\left[1 - \omega_{i(j)}(1 - R_{i(j)})\right] = 0.9232 > R_s^*$$

由该例可以看出,相对而言,单元的零部件数目越少,结构越简单,分配的可靠度就越高;反之分配的可靠度越低。R_3 零部件数目较少,而且重要度也最低,因此分配的可靠度较低。

【例 5.8】靶弹系统主要由动力系统、控制系统、电气系统、弹体结构、遥外安设备等组成。某靶弹系统在某一次飞行保障过程中,要求工作 180 s 的可靠度为 0.91,靶弹系统各分系统(设备)相关数据见表 5.11。试采用 AGREE 法对各分系统(设备)进行可靠度分配。

表 5.11 某靶弹系统各分系统(设备)相关数据

序号	分系统(设备)名称	分系统(设备)构成部件数	工作时间/s	重要因子
1	发动机	4	1	1.0
2	靶弹结构	70	18	1.0
3	靶弹电气	80	18	0.3
4	控制设备	10	1	1.0
5	制导组合体	5	1	1.0
6	地面发射车系统	40	0.3	0.1
7	地面指挥车系统	30	18	0.2
8	电源	60	12	1
—	共计	299	—	—

解：已知系统可靠度指标为 $R_s^* = 0.91$，根据公式 $\theta_{i(j)} = \dfrac{N\omega_{i(j)} t_{i(j)}}{n_i(-\ln R_s^*)}$，代入上表数据可得各分系统（设备）的平均寿命分配如下：

$$\theta_1 = 792.59 \text{ s}$$
$$\theta_2 = 815.24 \text{ s}$$
$$\theta_3 = 214 \text{ s}$$
$$\theta_4 = 317.04 \text{ s}$$
$$\theta_5 = 634.07 \text{ s}$$
$$\theta_6 = 2.3778 \text{ s}$$
$$\theta_7 = 380.44 \text{ s}$$
$$\theta_8 = 634.07 \text{ s}$$

又有 $R_i = e^{-\frac{t_i}{\theta_i}}$，则得各分系统（设备）的可靠度指标为

$$R_1 = 0.99874$$
$$R_2 = 0.97816$$
$$R_3 = 0.91933$$
$$R_4 = 0.99685$$
$$R_5 = 0.99842$$
$$R_6 = 0.88147$$
$$R_7 = 0.95379$$
$$R_8 = 0.98125$$

对可靠性分配结果进行检验，即

$$R_s = \prod_{i=1}^{8}\left[1 - \omega_{i(j)}(1 - R_{i(j)})\right] = 0.91146 > R_s^*$$

满足要求，分配完毕。

6. 余度系统的比例组合分配法

常规的比例组合分配法只适用于基本可靠性指标的分配，即只适用于串联系统。对于简单的贮备模型来说，可采用的分配方法有考虑重要度和复杂度的分配法、拉格朗日乘数法、动态规划法、直接寻查法等。这些方法多是从数学优化的角度并考虑某些约束条件来研究系统的冗余问题，在工程上往往不是简易可行的，而且不能应用于含有冷贮备等多种模型的情况。下面介绍如何把比例组合分配法应用于含有串联、并联、旁联等混联系统的方法。余度系统的比例组合分配法适用于产品方案和初步设计阶段的任务可靠性分配，其实施的前提条件是系统的可靠性模型是含串联、并联、旁联等的混联系统，并且已知相似系统中各个组成单元的故障率数据。

新系统各组成单元故障率的分配值与老系统相似单元故障率的比值相等，即

$$\dfrac{\lambda_i^*}{\lambda_i} = K, \quad i = 1, 2, \cdots, n \tag{5.36}$$

系统各组成单元的寿命服从指数分布，有

$$R_i(t) = e^{-K\lambda_i t} \tag{5.37}$$

则系统可靠度可利用下式计算，即

$$f(e^{-K\lambda_1 t}, e^{-K\lambda_2 t}, \cdots, e^{-K\lambda_n t}) = R_s^*(t)\big|_{t=t_0} \tag{5.38}$$

求解式（5.38），可得 K 或 Kt 的值。各单元故障率的分配值为

$$\lambda_i^* = K \cdot \lambda_i \tag{5.39}$$

一般而言，求解式（5.39）很困难，因此可以采用逐步逼近的数值解法。

【例 5.9】某系统由 A、B、C、D、E 5 个单元组成，图 5.10 所示为系统可靠性框图。由相似系统可得各单元故障率如图中所示，若要求的系统可靠度为 0.9（在任务时间内），试将此指标分配给各单元。

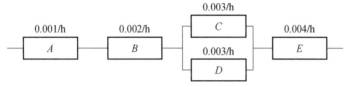

图 5.10　系统的可靠性框图

解：系统可靠度计算如下：

$$R_s(t) = f[R_A(t), R_B(t), \cdots, R_E(t)]$$
$$= e^{-\lambda_1 t} e^{-\lambda_2 t}[1 - (1 - e^{-\lambda_3 t})^2] e^{-\lambda_4 t}$$
$$e^{-\lambda_1 Kt} e^{-\lambda_2 Kt}[1 - (1 - e^{-\lambda_3 Kt})^2] e^{-\lambda_4 Kt} = R_s^* = 0.9$$

整理得

$$Kt = 14.78$$

代入各个单元的可靠度计算公式中，则得各个单元的可靠性分配结果如下：

$$R_A^* = e^{-\lambda_1 Kt} = e^{-0.001 \times 14.78} = 0.985\ 3$$
$$R_B^* = e^{-\lambda_2 Kt} = 0.970\ 9$$
$$R_C^* = R_D^* = e^{-\lambda_3 Kt} = 0.956\ 6$$
$$R_E^* = e^{-\lambda_4 Kt} = 0.942\ 6$$

7. 可靠性再分配法

当通过预计得到各分系统可靠度 R_1，R_2，$\cdots$，R_n 时，系统的可靠度 R_s 为

$$R_s = \prod_{i=1}^{n} R_i \tag{5.40}$$

式中，$i = 1, 2, \cdots, n$；n 为分系统数。

如果 $R_s < R_s^*$（规定的可靠度指标），即所设计的系统不能满足规定的可靠度指标的要求，则应对各分系统的可靠度指标进行再分配。可靠性再分配法适用于产品方案和初步设计阶段的任务可靠性分配。

根据工程经验，对可靠性低的分系统（或元部件）进行改进设计，其效果最为显著。因此，可靠性再分配的基本思想是把原来可靠度较低的分系统的可靠度都提高到某一值，而对于原来可靠度较高的分系统的可靠度仍保持不变，具体步骤如下所示。

步骤 1：根据各分系统可靠度大小，由低到高将它们依次排列为

$$R_1 < R_2 < \cdots < R_K < R_{K+1} < \cdots < R_n \tag{5.41}$$

步骤2：按可靠性再分配的思想，把可靠度较低的 R_1, R_2, $\cdots$, R_K 都提高到某一 R_0 值，而原可靠度较高的 R_{K+1}, $\cdots$, R_n 仍保持不变，则系统可靠度 R_s 为

$$R_s = R_0^K \prod_{i=K+1}^{n} R_i \tag{5.42}$$

使 R_s 满足规定的系统可靠度指标要求，也就是使

$$R_s = R_s^* = R_0^K \prod_{i=K+1}^{n} R_i \tag{5.43}$$

步骤3：确定 K 及 R_0，也就是要确定哪些分系统的可靠度需要提高以及提高到什么程度。K 可以通过下述不等式求得，即

$$r_j = \left(\frac{R_s^*}{\prod_{i=j+1}^{n+1} R_i} \right)^{\frac{1}{j}} > R_j \tag{5.44}$$

令 $R_{n+1} = 1$，K 即为满足此不等式的 j 的最大值，即

$$R_0 = \left(\frac{R_s^*}{\prod_{i=K+1}^{n+1} R_i} \right)^{\frac{1}{K}} \tag{5.45}$$

【例5.10】一个系统由3个分系统串联组成，通过预计得到它们的可靠度分别为0.7、0.8、0.9，则系统可靠度 $R_s = 0.504$，而规定的系统可靠度 $R_s^* = 0.65$。试对3个分系统进行可靠性再分配。

解：把原分系统的可靠度由小到大排列为

$$R_1 = 0.7, \quad R_2 = 0.8, \quad R_3 = 0.9$$

令 $R_{n+1} = R_4 = 1$，利用式（5.44）得

$$j=1, \quad r_1 = \left(\frac{R_s^*}{R_2 R_3 R_4} \right)^{\frac{1}{1}} = \left(\frac{0.65}{0.8 \times 0.9 \times 1} \right)^{\frac{1}{1}} = 0.903 > R_1$$

$$j=2, \quad r_2 = \left(\frac{R_s^*}{R_3 R_4} \right)^{\frac{1}{2}} = \left(\frac{0.65}{0.9 \times 1} \right)^{\frac{1}{2}} = 0.85 > R_2$$

$$j=3, \quad r_3 = \left(\frac{R_s^*}{R_4} \right)^{\frac{1}{3}} = \left(\frac{0.65}{1} \right)^{\frac{1}{3}} = 0.866 < R_3$$

则

$$K = 2$$

应用式（5.45），有

$$R_0 = \left[\frac{R_s^*}{R_3 R_4} \right]^{\frac{1}{K}} = \left[\frac{0.65}{0.9 \times 1} \right]^{\frac{1}{2}} = 0.85$$

即

$$R_1 = R_2 = R_0 = 0.85, \quad R_3 = 0.9$$

应用式（5.43），则

$$R_s = R_0^2 R_3 = 0.85^2 \times 0.9 = 0.65 = R_s^*$$

5.4.4 可靠性分配注意事项

可靠性分配时应该注意以下事项：

（1）可靠性分配应在研制阶段早期即开始进行。使设计人员尽早明确其设计要求，以便研究实现这个要求的可能性，同时为外购件及外协件的可靠性指标提供初步依据，根据所分配的可靠性要求估算所需人力和资源等管理信息。

（2）可靠性分配应反复多次进行。

（3）为减少可靠性分配的重复次数，在规定的可靠性指标的基础上，考虑留出一定余量。这种做法为在设计过程中增加新的功能单元留下余地，因而可以避免为适应附加的设计而必须进行的反复分配。

（4）可靠性分配应留有"其他"项，以反映接口电缆管线等不直接参加分配部分。

（5）应按成熟期目标值进行分配，作为可靠性设计的目标。

（6）应保证基本可靠性指标分配值与任务可靠性指标分配值的协调，使它们的指标同时得到满足。

（7）对于那些通过可靠性指标再分配后，仍然不能达到可靠性要求的产品，设计人员应当采用下列一种或几种方法（前提是它们互不排斥），以便使设计的产品达到预期可靠性要求。

①采用质量等级更高、更可靠的元器件；
②简化设计，但不应使性能下降；
③采用降额技术，使故障率降低到平均值以下；
④对于任务可靠性，根据需要采用余度设计技术。

对于复杂系统，在其寿命周期的各个阶段，需要根据其工作模式进行可靠性指标的分配。例如，某运载火箭的发动机设计可靠性指标分配表如表 5.12 所示，可靠性根据系统组成、工作模式进行相应的分配。

表 5.12　某运载火箭的发动机设计可靠性指标分配表

分系统名称		贮存可靠度	发射可靠度	飞行可靠度
固体发动机	Ⅰ级	0.999 0	0.999 0	0.995
	Ⅱ级	0.999 0	0.999 0	0.995
	Ⅲ级	0.999 0	0.999 0	0.995
	Ⅳ级	0.999 0	0.999 0	0.995
Ⅰ级滚控发动机		0.999 6	0.999 5	0.998
安全自毁系统		0.999 9	0.999 0	—

在方案论证和初步设计工作中，分配是较粗略的，经粗略分配后，应与经验数据进行比较、权衡。此外，也可以与不依赖于最初分配的可靠性预测结果相比较，确定分配的合理性，并根据需要重新进行分配。随着设计工作的不断深入，可靠性模型逐步细化，可靠性分配也应随之反复进行。在实际分析中，应根据实际情况合理选择可靠性分配的方法，应注意

各种方法的综合应用。

随着研制阶段的进展，产品定义起来越清晰，采用的可靠性分配方法也有所不同，通常方案论证阶段（粗）采用等分配法；初步设计阶段（细）采用评分分配法、比例组合分配法；详细设计阶段（精）采用评分分配法、AGREE 法、可靠性再分配法。

5.5 可靠性预计

从理论上讲，产品可靠度应是在产品的大量寿命试验结束后才能得到。然而，在工业生产中，采用产品制成后测得可靠度的方法来保证产品的可靠性，是一种很不经济的方法。特别是一些被称为系统的大型昂贵的复杂产品，根本不能采用这种方法。这是因为，一方面产量很少的大型复杂系统的同类产品的成败记录数据甚少，而其中又包括许多特殊原因的故障，且不属于随机故障，故很难根据很少的数据来推断其可靠性，即要对全系统的试验结果进行统计推断很困难；另一方面，大型复杂系统的可靠性要求极高，如大型导弹、人造卫星、运载火箭或载人飞行器，只根据很少的试验数据不可能经过统计推断获得如此高的可靠性。因此，在产品制造之前就要控制它的可靠性，即在产品的设计阶段要进行可靠性预计。

产品可靠性预计是可靠性工程重要工作项目之一，是可靠性设计和分析、可靠性试验等工作的基础。因此，国内外都投入大量人力、资金进行这项工作。可靠性预计方法经过 30 多年的应用和发展，运用范围已从军品企业拓宽到工业全领域。由于科技进步的速度越来越快，尤其是电子元器件水平与种类迅速发展，传统的可靠性预计方法也不断遇到挑战。

5.5.1 概述

为了对所设计的产品在不同的设计阶段均能预估其可靠性水平，发现存在的问题，提高设备的可靠性和安全性，以免在使用过程中发生故障，必须对可靠性进行预计。可靠性预计的目的和意义如下：

(1) 通过预计产品的可靠性，了解设计任务所提的可靠性指标是否能满足。

(2) 在方案论证阶段，通过可靠性预计，便于比较不同设计方案的特点及可靠性，为最优方案的选择及方案优化提供依据。为完成某一任务，可提出几种设计方案。分析及比较某系统、子系统或设备的几个设计方案时，决定其选择的因素之一是这些方案的相对可靠度。可靠性预计可以用来分析及比较几种设计方案的可靠度，以便从中选择最佳方案。

(3) 通过可靠性预计，发现影响系统可靠性的主要因素和可靠性薄弱环节。发现哪些元件或子系统是造成系统故障的主要因素，从而根据技术和经济上的可能性，协调设计参数及性能指标，以便在给定性能、费用和寿命要求下，找到可靠性指标最佳的设计方案，以降低产品的故障率，合理地提高产品的可靠性。

(4) 确认和验证可靠性增长，为开展可靠性增长试验、验证试验及费用核算等方法的研究提供基础。

(5) 作为可靠性分配的基础。

(6) 评价系统的固有可靠性。

(7) 预测产品的维修性及有效性。

在可靠性预计过程中,要依靠经验数据,分析过去同类产品实际达到的可靠性水平,并应对不同阶段的试验结果加以区别,这样可以分析可靠性增长的情况。确认已排除各种早期必然故障,产品已进入相对稳定的使用寿命期时,其可靠性应达到或接近设计的可靠性水平。预计的结果应当尽可能准确,但是当经验数据不足而可靠性要求又很高时,系统可靠性相对关系比绝对数字的准确性就更为重要。因此,保持不同设计方案过去、现在和未来系统各组成部分之间的可靠性相对关系稳定更为重要。

可靠性预计程序大致如下:
(1) 明确系统定义;
(2) 明确系统的故障判据;
(3) 明确系统的工作条件;
(4) 绘制系统的可靠性框图;
(5) 建立系统可靠性数学模型;
(6) 预计各单元的可靠性;
(7) 根据系统可靠性模型预计基本可靠性或任务可靠性。

可靠性预计包括单元可靠性预计和系统可靠性预计。系统是由许多单元组成,则系统可靠性是各单元可靠性概念的综合。因此,单元可靠性预计是系统可靠性预计的基础。预计系统的可靠性通常以预计系统中的元件或组件的可靠性为基础。所有元件的可靠性确定以后,把这些元件的可靠性适当地组合起来就可得出系统可靠性。因此,首先碰到的问题就是如何预计单元的可靠性。

5.5.2 单元可靠性预计

常用的单元可靠性预计方法有相似产品法、评分预计法、应力分析法、机械产品可靠性预计法。这些方法的基本思想,下面将一一进行介绍。

1. 相似产品法

相似产品法就是利用与该产品相似的现有成熟产品的可靠性数据来预计该产品的可靠性。成熟产品的可靠性数据主要来源于现场统计和实验室的实验结果。相似产品法考虑的相似因素一般包括:产品结构、性能的相似性;设计的相似性;材料和制造工艺的相似性;使用剖面(保障、使用和环境条件)的相似性。

相似产品法进行单元可靠性预计的过程如下:
(1) 确定与新产品相似的现有产品的类型、使用条件及可靠性;
(2) 分析相似因素对可靠性的影响,对相似产品在使用期间所有的数据进行可靠性分析,主要是相似产品可靠性数据的积累及其准确性,分析影响产品可靠性的主要因素;
(3) 根据相似产品的可靠性,确定相似系数;
(4) 新产品可靠性预计。

【例 5.11】某型号导弹射程为 3 500 km,已知飞行可靠性指标为 0.885 7,各分系统可靠性指标为战斗部 0.99、安全自毁系统 0.98、弹体结构 0.99、控制系统 0.98、发动机 0.940 9。为了将导弹射程提高到 5 000 km,对发动机采取了 3 项改进措施:采用能量更高的装药;发动机长度增加 1 m;发动机壳体壁厚由 5 mm 减为 4.5 mm。试预计改进后的导弹飞行可靠性。

解：新导弹与原来的导弹十分相似，区别就在于发动机。根据经验，新型装药是成熟工艺，加长后的药柱质量有保证，不会对发动机的可靠性带来很大影响，唯有壁厚减薄会使壳体强度下降，使燃烧室的可靠性下降，从而影响发动机的可靠性。因此，可粗略认为发动机的可靠性与壳体强度成正比。

经过计算，原发动机壳体的结构强度为 9.806×10^6 Pa，而现在发动机壳体的结构强度为 9.412×10^6 Pa，则确定相似系数为 $d = (9.412 \times 10^6)/(9.806 \times 10^6)$，最终得发动机的可靠性为

$$R = 0.9409 \times d = 0.9031$$

则改进后导弹的飞行可靠性为

$$R_s = 0.8503$$

该方法对具有继承性产品或其他相似产品较为适用，但是对新产品或功能、结构改变较大的产品不太适合。相似产品法适用于尚未确定系统设计特性的早期方案论证阶段，适用于电子、机械、机电等产品。其精度决定于相似设备可靠性数据的精确性和累积经验以及现有设备与原设备的相似性，成熟产品的详细故障记录越全，数据越丰富，比较的基础越好，预计的准确度越高。在方案论证阶段，应首先考虑相似产品法。

2. 评分预计法

评分预计法是指在可靠性数据非常缺乏情况下（可以得到个别产品可靠性数据），通过有经验设计人员或专家对影响可靠性的因素进行评分和综合分析，从而获得各单元产品之间的可靠性相对比值，再以某一个已知可靠性数据的产品为基准，预计其他产品的可靠性。

以产品故障率为预计参数，各种因素评分值为 1~10，评分越高说明可靠性越差。具体说明如下：

（1）复杂程度。根据组成单元的元部件数量以及它们组装的难易程度评定。
（2）技术水平。根据单元目前技术水平的成熟程度评定。
（3）工作时间。根据单元工作的时间评定（前提是以系统的工作时间为时间基准）。
（4）环境条件。根据单元所处的环境评定。

评分预计法适用于机械、电子、机电类产品中仅有个别单元的故障率数据，或用于产品的方案论证及初步设计阶段。

第 i 个单元的可靠性指标预计为

$$\lambda_i = \lambda^* C_i \tag{5.46}$$

式中，λ^* 为某单元的故障率；λ_i 为第 i 个单元的故障率。

第 i 个单元的评分系数为

$$C_i = \omega_i / \omega^* \tag{5.47}$$

式中，ω^* 为故障率为 λ^* 的单元的评分数；ω_i 为第 i 个单元的评分数，其计算如下：

$$\omega_i = \prod_{j=1}^{n} r_{ij} \tag{5.48}$$

式中，r_{ij} 为第 i 个单元、第 j 个因素的评分数。

【例 5.12】某飞行器由动力装置、武器等 6 个分系统组成，如表 5.13 所示。已知制导装置故障率为 284.5×10^{-6}/h，试用评分法求得其他分系统的故障率。

解：计算结果如表格所示：

表 5.13 各分系统故障率计算表格

序号	单元名称	复杂程度	技术水平	工作时间	环境条件	各单元评分数	各单元评分系数	各单元的故障率/($\times 10^{-6} \cdot h^{-1}$)
1	动力装置	5	6	5	5	750	0.3	85.4
2	武器	7	6	10	2	840	0.336	95.6
3	制导装置	10	10	5	5	2 500	1.0	284.5
4	飞行控制装置	8	8	5	7	2 240	0.896	254.9
5	机体	4	2	10	8	640	0.256	72.8
6	辅助动力装置	6	5	5	5	750	0.3	85.4

最右列即预计的各分系统的故障率，把该列数值相加，得该飞行器的故障率。

3. 应力分析法

应力分析法的原理是元器件处于不同的应力水平就会有不同的故障率。以元器件的基本故障率为基础，根据使用环境、质量等级、工作方式和工作应力的不同，进行修正，得到元器件的故障率，然后得到系统故障率。

应力分析法主要用于产品详细设计阶段的电子元器件故障率预计。在详细设计阶段，由于零部件的应力减额、质量系数、工作应力、环境条件都是确定的，故对其故障率因子的假设较准确，所以这种预计方法是最精确的方法。应力分析法假设零部件的故障率是不变的。对某种电子元器件在实验室的标准应力与环境条件下，通过大量实验而得出该种元器件的基本故障率。预计电子元器件工作故障率时，应根据元器件质量等级、应力水平、环境条件等因素对基本故障率修正。电子元器件的应力分析已有成熟的标准手册，晶体管和二极管的故障率计算模型（见 GJB/Z 299C—2006）为

$$\lambda_P = \lambda_b \pi_E \pi_Q \pi_R \pi_A \pi_{S_2} \pi_C \tag{5.49}$$

式中，λ_b 为基本故障率；π_E 为环境系数，其值取决于期间的种类和初始温度外的使用环境；π_Q 为质量系数，不同质量等级的同类元器件取值不同；π_A 为应用系数，不同元器件在同一电路中使用时，取值不同；π_{S_2} 为电压应力系数，元器件外加不同电压时，取值不同；π_C 为种类系数或结构系数（二极管），相同类型的单管、双管、复合管有不同的取值；π_R 为额定功率或额定电流系数，不同额定功率或电流的元器件有不同的取值。

环境条件的好坏对元器件的故障率影响很大，是重要的因素之一。应力分析法的计算步骤如下：

步骤1：确定每一个零部件的基本故障率；

步骤2：确定各种相关系数，如环境系数、质量系数、温度系数等；

步骤3：计算零部件故障率，需要知道的信息有特殊零部件的种类、零部件的数量、零部件的质量水平、产品的环境条件、零部件的工作压力。

表 5.14 显示了应力分析法表格，表中 λ_b 为基本故障率。应力分析法虽然精确但是过于

烦琐，必须知道零部件的应力和环境条件。应力分析法较烦琐费时，目前已经开发了专门的软件。

表 5.14 应力分析法表格

编号	型号规格	元器件类别	数量 N	质量等级	各 π 系数	λ_b/($\times 10^{-6} \cdot h^{-1}$)	工作故障率/($\times 10^{-6} \cdot h^{-1}$)	
							λ_P	$N\lambda_P$

国军标 GJB/Z 299C—2006 给出了各种元器件的 λ_b 和质量系数 π_Q 等数据，假设所属系统分别在不同的环境下工作，可通过环境因子 Π_K 进行适当修正。表 5.15 给出了工程应用中不同环境下的 Π_K 取值。

表 5.15 工程应用中不同环境下的 Π_K 取值

环境条件	Π_K	环境条件	Π_K
空调实验室	0.5~1	导弹二级飞行段	30
普通实验室	1.1~10	导弹三级飞行段	10
船舶	10~18	发射箱内工作（设备不上电）	1
铁路车辆	13~30	在控制舱段工作	3
野外军用保障车辆	30	在导引头舱段工作	8
飞机或者火箭	50~80	在尾舱段工作	30

【例 5.13】数字电路 54LS00 为国产器件，质量等级为 B1，环境类别为 A_{IF}，计算该器件的工作故障率。

解： 国产器件，使用 GJB/Z 299C—2006《电子设备可靠性预计手册》，读者可自行查阅该标准中对应的表格。

双极型数字电路，查 GJB/Z 299C—2006 的表 5.2.2-1，得基本故障率模型 $\lambda_P = \pi_Q [C_1 \pi_T \pi_V + (C_2 + C_3) \pi_E] \pi_L$。

质量等级为 B1，查 GJB/Z 299C—2006 的表 5.2.2-3，得质量系数 $\pi_Q = 0.5$。

环境类别为 A_{IF}，查 GJB/Z 299C—2006 的表 5.2.2-2，得环境系数 $\pi_E = 5$。

查 GJB/Z 299C—2006 的表 5.2.2-4，得成熟系数 $\pi_L = 1.0$。

查 GJB/Z 299C—2006 的表 5.2.2-8，得温度系数 $\pi_T = 1.33$。

查 GJB/Z 299C—2006 的表 5.2.2-17，得电路复杂度故障率 $C_1 = 0.1227$，$C_2 = 0.0100$。

查 GJB/Z 299C—2006 的表 5.2.2-31，得封装复杂度 $C_3 = 0.0558$。

查 GJB/Z 299C—2006 的表 5.2.2-14，得电压应力系数 $\pi_V = 1.0$。

最后得该数字电路的工作故障率 λ_P 为

$$\lambda_P = \pi_Q [C_1 \pi_T \pi_V + (C_2 + C_3) \pi_E] \pi_L = 0.5750955 \times 10^{-6}/\text{h}$$

4. 机械产品可靠性预计法

对机械类产品而言，它具有一些不同于电子类产品的特点，诸如：

(1) 许多机械产品是为特定用途单独设计的，通用性不强，标准化程度不高；

(2) 机械产品的故障率通常不是常值，其设备的故障往往是由耗损、疲劳和其他与应力有关的故障机理造成的；

(3) 机械产品可靠性与电子产品可靠性相比，对载荷、使用方式和利用率更加敏感；

(4) 机械设备的故障定义取决于它的应用；

(5) 看起来很相似的机械部件，其故障率往往是非常分散的；

(6) 用数据库中已有的统计数据进行预计，其精度是无法保证的。

目前预计机械产品可靠性尚没有相对于电子产品那样通用、可接受的方法。现阶段可参考《机械设备可靠性预计程序手册》《非电子零部件可靠性数据》（NPRD-3）。将机械产品分解到零件级，有许多基础零件是通用的。将机械零件分为密封件、弹簧、电磁铁、阀门、轴承、齿轮和花键、作动器、泵、过滤器、制动器和离合器 11 类。对诸多零件进行故障模式及影响分析，找出其主要故障模式及影响这些模式的主要设计、使用参数，通过数据收集、处理及回归分析，可以建立各零件故障率与上述参数的数学函数关系。

实践结果表明，具有耗损特性的机械产品，在其耗损期到来之前的一定试用期内，某些机械产品寿命近似服从指数分布。例如，《机械设备可靠性预计程序手册》中介绍的齿轮故障率模型表达式为

$$\lambda_{GE} = \lambda_{GE.B} \times C_{GS} \times C_{GP} \times C_{GA} \times C_{GL} \times C_{GN} \times C_{GT} \times C_{GV} \tag{5.50}$$

式中，λ_{GE} 为在特定使用情况下的齿轮故障率（故障数/10^{10} 转）；$\lambda_{GE.B}$ 为制造商确定的齿轮故障率（故障数/10^6 万转）；C_{GS} 为考虑到速度偏差（相对于设计）的修正系数；C_{GP} 为考虑到扭矩偏差（相对于设计）的修正系数；C_{GA} 为考虑到不同轴性的修正系数；C_{GL} 为考虑到润滑偏差（相对于设计）的修正系数；C_{GN} 为考虑到污染环境的修正系数；C_{GT} 为考虑到温度的修正系数；C_{GV} 为考虑到振动和冲击的修正系数。

机械产品的可靠性预计也可以采用 5.5.2 节介绍的相似产品法，则最终得一个故障率综合修正因子 D：

$$D = K_1 \times K_2 \times K_3 \times K_4 \times K_5 \tag{5.51}$$

式中，K_1 为修正系数，表示所选原材料之间的差异；K_2 为修正系数，表示我国基础工业（热处理、表面处理、铸造质量控制等方面）与先进国家的差距；K_3 为修正系数，表示生产厂现产品工艺水平与原产品工艺水平之间的差异；K_4 为修正系数，表示生产厂现产品在产品结构等方面的经验与原产品之间的差异；K_5 为修正系数，表示生产厂现产品在产品设计、生产等方面的经验与原产品的差异。

在式 (5.51) 的应用中，可以根据实际情况对修正系数进行增补或删减，最后根据比值预计新产品的可靠性。

【例 5.14】 某型飞机电源系统的恒装是参考国外某公司的产品研制的，已知该液压机械

式恒装的 MTBF = 4 000 h，试对比分析国产恒装的 MTBF。

解：因为国产恒装是在国外产品基础上研制的，而且已知原型产品的 MTBF = 4 000 h，故采用相似产品法，即以国外恒装的故障率为基本故障率，在此基础上考虑综合的修正系数 D。该系数 D 应包括原材料、基础工业、工艺水平、产品结构、使用环境等因素。通过专家评分可得式（5.51）中的各修正系数，即

$$D = K_1 \times K_2 \times K_3 \times K_4 \times K_5$$

式中，K_1、K_2、K_3、K_4 的含义与式（5.51）中相同，$K_1 = 1.2$；$K_2 = 1.2$；$K_3 = 1.2$；$K_4 = 1.5$；K_5 为另一个新的修正系数，表示国产某型恒装与国外产品在结构等方面的差异。国产恒装是双排泵 – 马达结构，而国外产品是单排结构；国产恒装工作温度正常情况在150 ℃，而国外产品一般工作温度在 125 ℃左右，综合分析得 $K_5 = 1.2$。

因此，综合修正系数为

$$D = 1.2 \times 1.2 \times 1.2 \times 1.5 \times 1.2 = 3.1104$$

国产某型恒装的故障率为

$$\lambda_\text{新} = D \times \lambda_\text{原} = 3.1104 \times 1/4000 = 7.776 \times 10^{-4}/\text{h}$$

$$\text{MTBF}_\text{新} = 1/\lambda_\text{新} = 1286.0 \text{ h}$$

5.5.3 系统可靠性预计

系统可靠性预计是以组成系统的各单元产品的预计值为基础，根据系统可靠性模型，对系统基本/任务可靠性进行预计。系统可靠性预计必须注意时间基准的问题。对于以前的系统或产品（对设计不做任何改进/修改），货架产品不再进行可靠性预计，直接用其以往的统计值或可靠性指标。

可靠性预计可分为基本可靠性预计和任务可靠性预计。前者是估计产品不可靠导致的对维修与后勤保障的要求；后者是预计执行任务过程中完成规定功能的概率，其又分为任务期间不可修系统的任务可靠性预计和任务期间可修系统的任务可靠性预计。

1. 基本可靠性预计

基本可靠性模型为串联关系，系统组成单元之间相互独立，则系统可靠性为

$$R_s(t_s) = R_1(t_1)R_2(t_2)\cdots R_n(t_n) \tag{5.52}$$

$$\text{MTBF}_s = \int_0^{+\infty} R_s(t_s) \, \text{d}t_s \tag{5.53}$$

$$\bar{\lambda}_s = \frac{1}{\text{MTBF}_s} \tag{5.54}$$

假设各单元均服从指数分布，则有

$$d_i = \frac{t_i}{t_s} \tag{5.55}$$

$$\begin{aligned} R_s(t_s) &= e^{-\lambda_1 t_1} e^{-\lambda_i t_i} \cdots e^{-\lambda_n t_n} \\ &= e^{-(\lambda_1 d_1 + \lambda_2 d_2 + \cdots + \lambda_n d_n) t_s} \\ &= e^{-\sum_{i=1}^{n} \lambda_i d_i t_s} \end{aligned} \tag{5.56}$$

$$\lambda_s = \sum_{i=1}^{n} \lambda_i d_i \tag{5.57}$$

严格来讲,一个系统内各单元的工作时间并非一致。例如,一架飞机,其燃油、液压、电源等系统是随飞行同时工作的,而其应急动力、弹射救生等系统则是仅在应急状态下才工作,故其工作时间远远小于飞机的工作时间。对于串联系统,其系统的故障率等于各单元的故障率之和。

2. 元器件计数法

元器件计数法步骤:首先,计算系统中各种型号和各种类型元器件数目;然后,乘以相应型号或相应类型元器件的通用故障率;最后,把各乘积累加起来,即可得到部件、系统的故障率。

元器件计数法适用于电子产品的基本可靠性预计,主要用于方案论证阶段和初步设计阶段,整个系统具体的工作应力和环境等尚未明确,只需要知道整个系统采用元器件的种类和数量,就能很快地进行基本可靠性预计,以便粗略地判断某设计方案的可行性。应用这种方法,所需的信息包括每一类型元器件的数据、该类元器件的通用故障率和质量水平,以及设备的使用环境条件。其优点是只使用现有工程信息,不需要详尽地了解每个元器件的应力及环境条件就可以迅速地估算出该系统的故障率,缺点是准确性较差。

这种方法以元器件的可靠性数据为基础预计系统的可靠性。元器件的可靠性数据不能用计算方法得到,只能在实验室或工作场合得出,而且大多数的零部件或元器件的故障分布,都是假设服从指数分布,也就是说故障率为常数,因此在进行可靠性预计时就方便很多。

元器件计数法大致思路为把系统中所有的元器件分类,按类统计使用数量,根据每个元器件的故障率计算各类元器件的总故障率,再求和乘以修正系数,得到系统的故障率。其基本原理为对元器件通用故障率的修正。元器件计数法下系统的故障率计算模型为

$$\lambda_s = \sum_{i=1}^{n} N_i \lambda_{Gi} \pi_{Qi} = \sum_{i=1}^{n} \lambda_{Pi} \tag{5.58}$$

式中,λ_{Gi} 为第 i 种元器件的通用故障率($10^{-6} \cdot h^{-1}$);π_{Qi} 为第 i 种元器件的通用质量系数;n 为系统所用元器件的种类数;N_i 为第 i 种元器件数量。

元器件的质量系数和通用故障率等都可从 GJB/Z 299C—2006 手册查到。

目前有些国家采用寿命试验方法,求出各种元器件的故障率数据,编成手册,以供使用。例如,美国 MIL‑HDBK‑217 军用手册、我国的国军标 GJB/Z 299C—2006《电子设备可靠性预计手册》。表 5.16 显示了基于元器件计数法的可靠性预计表格。

表 5.16 基于元器件计数法的可靠性预计表格

编号	元器件类别	数量 N_i	质量等级	质量系数 π_{Qi}	$\lambda_{Gi}/(\times 10^{-6} \cdot h^{-1})$	$N_i\lambda_{Gi}/(\times 10^{-6} \cdot h^{-1})$

需要说明的是,式(5.58)仅适用于整个系统在同一环境中使用。若元器件的使用环境不同,同一种类的元器件其应用故障率也不同,应分别加以处理,然后相加再求出总故障率。

【例 5.15】 某电子设备由 4 个调整二极管、2 个合成电阻器、4 个云母电容器组成,所有器件都是国产的,质量等级都是 B1。设备的工作环境为战斗机座舱。计算该设备的基本可靠性。

解:计算步骤如下:

国产器件,使用 GJB/Z 299C—2006《电子设备可靠性预计手册》,读者可自行查阅该标准中对应的表格。

确定设备的工作环境类别:A_{IF};

确定元器件的种类:调整二极管、合成电阻器、云母电容器;

确定元器件的质量等级:全部为 B1;

查 GJB/Z 299C—2006 中的表 5.3.2-1、表 5.5.2-1、表 5.7.4-1,确定元器件的通用故障率;

查 GJB/Z 299C—2006 中的表 5.2.2-3,确定元器件的质量系数;

确定元器件的数目。

最后,计算设备的基本可靠性如下:

$$\lambda_{设备} = N_1 \lambda_1 \pi_{Q1} + N_2 \lambda_2 \pi_{Q2} + N_3 \lambda_3 \pi_{Q3}$$
$$= 4.78 \times 10^{-6}/h$$
$$\text{MTBF}_{设备} = 1/\lambda_{设备} = 209\ 205\ h$$

【例 5.16】 某型号杀伤检测系统的弹载计算机主板,所用元器件为:10 个小规模集成电路;20 个 RAM 片;10 个金属电阻;20 个 24 脚 IC 插座;56 芯印制板插脚;600 个焊点。杀伤检测系统的弹载计算机主板在尾舱段工作,环境条件为 $\Pi_K = 30$;元器件的质量等级取 B 级 $\Pi_G = 1$。求该杀伤检测系统的故障率。

解:查 GJB/Z 299C—2006 中元器件的故障概率手册,根据给出的元器件环境条件和元器件的质量等级,计算元器件故障率如下:

小规模集成电路: $5 \times 10^{-8} \times 10 = 50 \times 10^{-8}/h$
RAM 片: $20 \times 10^{-8} \times 20 = 400 \times 10^{-8}/h$
金属电阻: $0.7 \times 10^{-8} \times 10 = 7 \times 10^{-8}/h$
IC 插座: $0.05 \times 10^{-8} \times 24 \times 20 = 24 \times 10^{-8}/h$
印制板插脚: $0.3 \times 10^{-8} \times 56 = 17 \times 10^{-8}/h$
焊点: $0.02 \times 10^{-8} \times 600 = 12 \times 10^{-8}/h$
印制板开路或短路: $10 \times 10^{-8} = 10 \times 10^{-8}/h$

将上述各个元器件和工艺的故障率按照公式进行相加,得

$$\lambda_s = (50 + 400 + 7 + 24 + 17 + 12 + 10) \times 10^{-8} = 5.20 \times 10^{-6}/h$$
$$\text{MTBF} = \frac{1}{\lambda_s} = \frac{1}{5.20 \times 30} \times 10^6 = 6\ 410.3\ h$$

【例 5.17】 用元器件计数法预计某地面雷达的 MTBF。该雷达使用的元器件类型、数量及故障率如表 5.17 所示。

解:首先计算出每种类型元器件的总故障率,结果见表 5.17。然后求和,计算出系统

总故障率为 $3\,925.67\times10^{-6}/\text{h}$。

因此，$\text{MTBF}=10/(3\,925.67\times10^{-6})=2\,546.7\text{ h}$。

表 5.17 某雷达使用的元器件、数量及其故障率

元器件名称	使用数量	故障率/($\times10^{-6}\cdot\text{h}^{-1}$)	总故障率/($\times10^{-6}\cdot\text{h}^{-1}$)
接收管	96	6.0	576.0
发射管	12	40.0	480.0
磁控管	1	200.0	200.0
阴极射线管	1	15.0	15.0
晶体二极管	7	2.98	20.86
高 K 陶瓷固定电容器	59	0.18	10.62
云母膜制电容器	89	0.018	1.6
碳合成固定电容器	467	0.020 7	9.67
固定低介质电容器	108	0.01	1.08
功率型薄膜固定电容器	2	1.6	3.2
固定绕线电阻器	22	0.39	8.58
可变合成电阻器	38	7.0	266.0
可变绕线电阻器	12	3.5	42.0
同轴连接器	17	13.31	226.27
电感器	42	0.938	39.4
电气仪表	1	1.36	1.36
鼓风机	3	630.0	1 890.0
功率变压器和滤波变压器	31	0.062 5	1.94
同步电动机	13	0.8	10.4
晶体壳继电器	4	21.28	85.12
接触器	14	1.01	14.14
波动开关	24	0.57	13.68
旋转开关	5	1.75	8.75
合计	—	—	3 925.67

3. 任务可靠性预计

任务可靠性预计是指对系统完成某项规定任务成功概率的估计，针对某一任务剖面进行。在进行任务可靠性预计时，单元的可靠性数据应当是对影响系统安全和任务完成的故障统计而得出的数据。但当缺乏单元任务可靠性数据时，也可用基本可靠性的预计值代替，但

系统预计结果偏保守。

任务可靠性预计常用的是可靠性框图法，以系统组成单元的预计值为基础，依据建立的可靠性框图及数学模型计算得出系统任务可靠度。其大致步骤为：

(1) 根据任务剖面建立系统任务可靠性框图；
(2) 预计单元的故障率；
(3) 确定单元的工作时间；
(4) 根据可靠性框图计算系统任务可靠度。

【例 5.18】 某飞机共有 6 个任务剖面，完成复杂特技的任务可靠性框图如图 5.11 所示。假设燃油系统各单元产品故障均服从指数分布，工作时间均为 1.0 h，其故障率如表 5.18 所示。求燃油系统的任务可靠度。

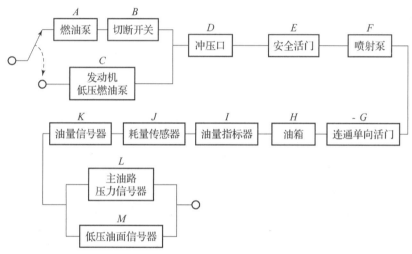

图 5.11 完成复杂特技的任务可靠性框图

表 5.18 燃油系统各单元产品故障率

单元名称	故障率/($\times 10^{-6} \cdot h^{-1}$)	单元名称	故障率/($\times 10^{-6} \cdot h^{-1}$)
燃油泵（A）	900	油箱（H）	1
切断开关（B）	30	油量指标器（I）	50
发动机低压燃油泵（C）	800	耗量传感器（J）	45
冲压口（D）	20	油量信号器（K）	30
安全活门（E）	30	主油路压力信号器（L）	35
喷射泵（F）	700	低压油面信号器（M）	20
连通单向活门（G）	40		

解：任务可靠度预计如下：

(1) 串联单元 1，由 A、B 组成，其可靠度为

$$R_1 = R_A R_B = e^{-\lambda_A t} \times e^{-\lambda_B t} = e^{-(\lambda_A + \lambda_B)t}$$
$$\lambda_1 = \lambda_A + \lambda_B = 900 \times 10^{-6}/h + 30 \times 10^{-6}/h = 9.30 \times 10^{-4}/h$$

(2) 旁联单元 2，由 1、C 组成，其可靠度为

$$\begin{aligned}
R_2 &= \frac{\lambda_2}{\lambda_2 - \lambda_1} e^{-\lambda_1 t} + \frac{\lambda_1}{\lambda_1 - \lambda_2} e^{-\lambda_2 t} \\
&= \frac{800}{800 - 930} e^{-9.30 \times 10^{-4} \times 1.0} + \frac{930}{930 - 800} e^{-8.00 \times 10^{-4} \times 1.0} \\
&= -6.1538 \times 0.9991 + 7.1538 \times 0.9992 \\
&\approx 1.0
\end{aligned}$$

(3) 串联单元 3，由 D、E、F、G、H、I、J、K 组成，其可靠度为

$$\begin{aligned}
R_3 &= R_D R_E R_F R_G R_H R_I R_J R_K \\
&= e^{-\lambda_D t} \times e^{-\lambda_E t} \times e^{-\lambda_F t} \times e^{-\lambda_G t} \times e^{-\lambda_H t} \times e^{-\lambda_I t} \times e^{-\lambda_J t} \times e^{-\lambda_K t} \\
&= e^{-(\lambda_D + \lambda_E + \lambda_F + \lambda_G + \lambda_H + \lambda_I + \lambda_J + \lambda_K)t} \\
&= e^{-(20 + 30 + 700 + 40 + 1 + 50 + 45 + 30) \times 10^{-6} \times 1.0} \\
&= e^{-9.16 \times 10^{-4} \times 1.0} \\
&= 0.99908442
\end{aligned}$$

(4) 并联单元 4，由 L、M 组成，其可靠度为

$$\begin{aligned}
R_4 &= R_L + R_M - R_L R_M \\
&= e^{-\lambda_L t} + e^{-\lambda_M t} - e^{-\lambda_L t} e^{-\lambda_M t} \\
&= e^{-3.5 \times 10^{-5} \times 1.0} + e^{-2.0 \times 10^{-5} \times 1.0} - e^{-5.5 \times 10^{-5} \times 1.0} \\
&= 0.999965 + 0.99998 - 0.999945 \\
&\approx 1.0
\end{aligned}$$

则燃油系统任务可靠度为

$$\begin{aligned}
R_s &= R_2 R_3 R_4 \\
&= 1.0 \times 0.999084 \times 1.0 \\
&= 0.999084
\end{aligned}$$

【例 5.19】 某滚转导弹的弹体姿态控制任务可靠性框图如图 5.12 所示，根据任务分配，对系统的任务可靠度进行预计。

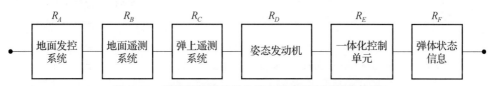

图 5.12　某滚转导弹的弹体姿态控制任务可靠性框图

解： 由于弹体姿态控制系统为全串联系统，根据各个组成部分的故障率统计值，当 $t_s = 1$ 年时，其任务可靠度预计如下：

$$\begin{aligned}
R_s(t_s) &= e^{-\lambda_1 t_1} \cdot e^{-\lambda_i t_i} \cdot \cdots \cdot e^{-\lambda_n t_n} \\
&= e^{-(0.175406 + 0.013174 + 0.072748 + 0.132342 + 0.202836 + 0.01064)t_s} = 0.5449
\end{aligned}$$

5.5.4 可靠性预计注意事项

在对飞机等武器装备的可靠性指标要求中，一个重要的指标是完成任务成功概率（MCSP），即整机总的任务可靠度，它是多任务剖面的综合任务可靠度指标。对于多任务剖面的综合任务可靠度预计，在任务可靠度预计时必须根据不同的任务剖面，预计其各自的任务可靠度，再将各任务剖面的任务可靠度综合预计出整机总的任务可靠度。

各研制阶段所用的可靠性预计方法不同，表 5.19 显示了各研制阶段可靠性预计方法的选取。

表 5.19 各研制阶段可靠性预计方法的选取

研制阶段		方案设计	初步设计	详细设计	适用范围
预计方法	相似产品法	√	√	√	非电子产品、有相似产品数据的改进改型产品
	专家评分法		√	√	非电子产品、新研产品、无相似产品数据的改进改型产品
	元器件计数法	√	√		电子产品
	应力分析法			√	电子产品

在方案设计阶段，信息的详细程度只限于系统的总体情况、功能要求和结构设想。一般采用相似产品法，以工程经验来预计系统的可靠性，为方案决策提供依据，称此阶段为"可行性预计阶段"。

在初步设计阶段已有了工程图或草图，系统的组成已经确定，可采用元器件计数法或专家评分法预计系统的可靠性，发现设计中的薄弱环节并加以改进，称此阶段为"初步预计阶段"。

详细设计阶段的特点是系统的各个组成单元都具有工作环境和使用应用的信息，可采用应力分析法来较准确地预计系统的可靠性，为进一步改进设计提供依据，称此阶段为"详细预计阶段"。

可靠性预计应当尽早进行，与功能性能设计并行，以便在不同研制阶段都能和设计要求的可靠性相比较，这样就能及时在技术或管理上采取必要的改进措施。进行可靠性预计需要注意：

（1）可靠性预计与故障定义和任务剖面的相关性。
（2）在产品研制的各个阶段，可靠性预计应反复迭代进行。
（3）可靠性预计结果的相对意义比绝对值更为重要。
（4）可靠性预计值应当不小于合同书规定的可靠性要求（如留有 25% 余量）。

为了保证可靠性预计的精度，需要做到：
（1）对系统故障明确定义。
（2）明确任务定义，确保可靠性模型的正确性。要正确建立可靠性模型，应了解产品的工作原理，画出可靠性框图，建立数学模型。

(3) 明确时间基准,以便实现各分系统实际工作时间的精确性,这是因为可靠度是时间的函数。例如,卫星上的遥测分系统在每圈 98 min 的周期内,实际工作仅 18 min,其余时间关机,实际工作时间百分比为 18%,而能源分系统整个任务时间都在工作。

(4) 明确单元故障(率)定义。

(5) 正确获得系统所用元器件、零部件的基本故障率数据。可靠性数据来源:参考国内相似产品的数据,根据当前水平加以修正;参考国内相似产品,根据新产品的特点加以修正;查有关可靠性预计手册。

(6) 不同研制阶段可靠性预计方法的选取。

5.6 本章小结

本章主要介绍了可靠性工程中的重要内容——可靠性分配与预计,对其基本原理、流程、常用方法及工程应用实施进行了介绍,并阐述了在可靠性分配与预计中需要注意的基本原则和事项。

第 6 章
故障分析

前面介绍的可靠性建模、分配、预计等方法主要用来评价产品的可靠性水平是否满足可靠性的定量要求，但是这些方法不能直接指导产品设计，更重要的是不能直接用于提高产品的可靠性。因此，必须对系统及其组成单元的故障进行详细分析，形成故障分析技术，识别产品可能发生故障的部位和模式，即产品的薄弱环节，研究系统故障的原因，进行系统可靠性或安全性分析与评价，并有针对性地找出提高系统可靠性或安全性的途径及措施。故障分析技术已经成为可靠性工程的一项重要内容。本章对故障分析方法进行介绍，主要介绍最成熟、影响力也最大的故障模式影响及危害性分析（Failure Mode，Effects and Criticality Analysis，FMECA）方法，同时简要介绍另一种行之有效的方法——故障树分析（Fault Tree Analysis，FTA）方法。

6.1 概述

过去人们凭经验和知识判断元部件故障对系统所产生的影响，过分依赖人的知识水平和工作经验。为了摆脱对认知因素的过分依赖，需要找到系统全面标准化的分析方法，从而做出正确判断，将导致严重后果的单点故障模式消除在设计阶段，而非等到产品严重后果的单点故障模式信息才进行改善。例如，"挑战者"号航天飞机在进行代号 STS-51-L 的第 10 次太空任务时，右侧固态火箭推进器上面的一个 O 形圈故障，导致一连串的连锁反应，并且在升空后 73 s 时，爆炸解体坠毁。机上的 7 名宇航员都在该次意外中丧生，此次意外带来了灾难性的影响，最后发现导致系统故障的原因是发动机液体燃料管垫圈不密封。又如，飞机起落架锁机构是其运行极限位置的固定装置，它应能牢固地把起落架锁在所需位置。若起落架上位锁打不开，起落架就没法正常放下，飞机就没法正常着落，将导致致命性的影响。

"挑战者"号航天飞机的 O 形圈故障问题，设计师当时或许也考虑到了该问题，未想到会遇到如此低温的天气，并未对该故障模式及其影响进行具体分析，因此导致了灾难性事故的发生。若能在设计阶段就预先对这些故障进行分析，发现以上故障模式，也就是故障后果较严重的部分，一旦发现某种设计方案有可能造成不允许的后果，就要做出相应设计上的更改，使可靠性得到补偿，将能有效避免这些严重的事故。故障分析是开展可靠性、维修性、测试性、保障性和安全性设计分析的基础，而可靠性研究中的重要内容，也是提高产品可靠性的重要方法和措施之一。

故障分析方法可以从功能逻辑和故障物理两个角度进行分类，具体分类见表 6.1。其中，故障模式影响及危害性分析发展成熟，影响力也最大。另一类行之有效的方法——故障树分析，表达直观。本章主要介绍 FMECA 和 FTA，其中 FMECA 由 FMEA 发展而来，相比于 FMEA，FMECA 增加了定量的危害性分析。

表 6.1　故障分析方法分类

功能逻辑角度	故障物理角度
故障模式影响及危害性分析 （Failure Mode, Effect and Criticality Analysis, FMECA）	载荷–应力分析（如有限元）
故障树分析（Fault Tree Analysis, FTA）	应力–强度分析
可靠性框图（Reliability Block Diagram, RBD）	耐久性分析
潜在通路分析（Sneak Circuit Analysis, SCA）	可靠性薄弱环节仿真分析
容差分析（Tolerance Analysis, TA）	……

FMECA 始于 20 世纪 50 年代初，美国格鲁曼公司将其用于战斗机操纵系统的设计分析，取得了良好的效果。20 世纪 60 年代，美国国家航空航天局成功地将 FMEA 应用在航天计划上，到 20 世纪 70 年代，FMEA 则广为汽车产业中的零件设计所用。20 世纪 80 年代，许多汽车公司已经逐步认同该项技术的成效，并开始发展、建立内部适用的 FMECA 技术手册。1988 年，美国联邦航空局发布通知，要求所有航空系统的设计与分析必须采用 FMEA。1991 年，ISO9000 推荐使用 FMEA 来提高产品设计质量。1994 年，FMEA 成为 QS9000 的认证要求。美国三大汽车公司推出的汽车零部件生产和所属供应商的强制性要求。2007 年我国颁布 GJB/Z1391A—2006《故障模式影响及危害性分析指南》，增补了大量内容。2008 年发布 QS9000 FMEA 参考手册第四版，FMEA 技术作为风险控制的主要手段之一。FMECA 是一种由下而上的分析方法，从组成系统的最基本结构（零部件）可能产生的各种故障分析入手，逐级向上分析故障产生的影响，最终找出对系统的影响。也就是说，从最基本的零部件故障分析到最终系统故障，从故障的原因到故障的后果。

FTA 始于 20 世纪 60 年代初，1961 年由美国贝尔电话研究所提出，用于"民兵"导弹发射控制系统的可靠性分析。它是一种逻辑推理方法，是由上而下地找出导致某一事件（顶事件）发生的所有可能的各种中间因素（中间事件），一直找到最基本原因（基本事件），并研究这些因素间的逻辑关系。例如，在前面第 4 章的可靠性建模中提到的关于"泰坦尼克号"事件的故障树模型，顶事件是"船体沉没，造成船上 2/3 的人员死亡"，而基本事件是"观察员、驾驶员失误，船体钢材不适应海水低温环境"等。

故障模式影响及危害性分析和故障树分析在国内外都受到广泛重视及应用。二者目的一样，都是研究系统故障的原因，进行系统可靠性或安全性分析与评价，发现故障发生可能性较高或后果较为严重的部分，从而有针对性地采取设计措施，但是二者分析的方法和途径又有所不同。

6.2 故障模式影响及危害性分析

6.2.1 基本概念

首先介绍发展最成熟、影响力最大的故障模式影响及危害性分析方法。故障模式影响及危害性分析（FMECA）是分析系统中每一个产品所有可能产生的故障模式及其对系统造成的所有可能影响，并按每一个故障模式的严重程度、检测难易程度以及发生频度予以分类的一种归纳分析方法。

FMECA 包括故障模式及影响分析（FMEA）和危害性分析（CA），也可以单独开展 FMEA。FMEA 是指在产品设计过程中，通过对产品各组成单元潜在的各种故障模式及其对产品功能的影响进行分析，并把每一个潜在故障模式按它的严酷程度予以分类，提出可以采取的预防改进措施，以提高产品可靠性的一种设计分析方法。FMEA 实质是一种定性评价法，即使没有定量的可靠性数据，也能分析出问题所在。为了使 FEMA 用于定量分析，又加入了 CA，形成了 FMECA，相当于在 FMEA 的基础上再增加一层任务，即判断这种故障模式影响的致命程度有多大，使分析量化。因此，FMECA 可看作是 FMEA 的扩展与深化，当然也可单独开展 FMEA，但是 CA 必须在 FMEA 基础上进行。

在发达国家，故障模式及影响分析（Failure Mode and Effects Analysis，FMEA）已广泛应用于各领域内。美国国家航空航天局特别重视 FMEA，尤其是长寿命通信卫星，几乎无一例外地采用了这一手段。FMEA 被明确规定为设计人员必须掌握的技术，国内对产品采用 FMEA 技术也逐渐重视起来。其适用对象从最初的航空航天等军用领域，不断延伸至机械、汽车和医疗等民用领域，尤其是汽车设计领域已经称其为一项必不可少的核心技术。FMEA 技术是可靠性研究中的重要内容，也是提高产品可靠性的重要方法和措施之一。

从网络上查阅的关于华为推进 FMEA 的资料中可以看到，从 1998 年开始，华为已经开始推进可靠性设计分析工作。华为开始推进 FMEA 的过程中，同样遇到了"产品设计工程师不愿意做""做出来的 FMEA 结果不好用""做错了也不知道追究谁的责任"等各种问题。到 2002 年，华为已经把 FMEA 工作流程化，并且形成了详细的 FMEA 作业指导书。作业指导书中规定了相关部门、相关岗位在 FMEA 中的角色和职责，明确了 FMEA 工作质量的考核标准。可靠性工程师所在的管理部门既要指导项目组掌握 FMEA 方法，也负责对 FMEA 的结果进行评价，最重要的是这个评价结果要进入项目组的绩效考核中，并占有很大的比重。

FMECA 是一种系统化的故障预想方法，它的目的是从产品策划、设计（功能设计、硬件设计、软件设计）、生产（生产可行性分析、工艺设计、生产设备设计与使用）和使用发现各种影响产品可靠性的缺陷和薄弱环节，实施重点改进和控制，以避免不必要的损失和伤亡，为提高产品的质量和可靠性水平提供改进依据。FMECA 方法在型号研制的各个阶段都可以应用，其结果的正确性取决于分析人员的工程经验、水平及对产品深入了解的程度。FMECA 只考虑每个单一故障模式在系统中的影响，而没有考虑多个因素共同作用的影响。

具体来讲，实施 FMECA 的作用有以下 7 点：

（1）保证有组织地定性找出系统的所有可能的故障模式及其影响，进而采取相应的措施；

（2）为制定关键项目和单点故障等清单或可靠性控制计划提供定性依据；

(3) 为可靠性（R）、维修性（M）、安全性（S）、测试性（T）和保障性（S）工作提供一种定性依据；

(4) 为制定试验大纲提供定性信息；

(5) 为确定更换有寿件、元器件清单提供使用可靠性设计的定性信息；

(6) 为确定需要重点控制质量及工艺的薄弱环节清单提供定性信息；

(7) 可及早发现设计、工艺中的各种缺陷。

产品寿命周期内的不同阶段，FMECA 应用的目的和方法略有不同，详见表 6.2。从表中可以看出，在产品寿命周期的各个阶段虽有不同形式的 FMECA，但其根本目的都是从产品策划、设计（功能设计、硬件设计、软件设计）、生产（生产可行性分析、工艺设计、生产设备设计与使用）和使用角度发现各种缺陷与薄弱环节，从而提高产品的可靠性水平。在实际工程中，FMECA 一般分类为四类：系统 FMECA（SFMECA）、设计 FMECA（DFMECA）、过程 FMECA（PFMECA）、设备 FMECA（EFMECA），分别应用于产品开发中的产品策划、产品设计、工艺设计、产品投入运行阶段。

表 6.2 产品寿命周期各阶段的 FMECA

方法	系统 FMECA	设计 FMECA		过程 FMECA	设备 FMECA
		功能 FMECA	硬（软）件 FMECA		
阶段	策划阶段	方案阶段	研制阶段	生产阶段	使用阶段
目的	对产品开发过程策划综合评估，通过系统、子系统、分系统不同层次展开，自上而下逐层分析，更注重整体性、逻辑性	分析研究系统功能设计的缺陷及薄弱环节，为系统功能设计的改进和方案的权衡提供依据	分析研究系统硬件、软件设计的缺陷及薄弱环节，为系统硬件、软件设计的改进和保障性分析提供依据	分析研究所设计的生产工艺过程的缺陷及薄弱环节，为生产工艺的设计改进提供依据	分析研究使用过程中实际发生的故障、原因及其影响，为提供产品使用可靠性和进行产品改进、改型或新产品的研制提供依据

6.2.2 FMECA 的步骤

FMECA 的工程程序如图 6.1 所示，可分为三大步：

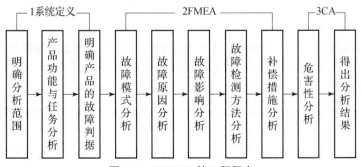

图 6.1 FMECA 的工程程序

步骤1：系统定义。首先需要收集、熟悉和掌握相关资料和信息，如产品结构和功能的相关资料、产品运行等资料和产品所处环境的资料。同时，需要定义系统及其功能，建立系统的功能框图和可靠性框图，列出各项功能级零部件故障模式。

步骤2：FMEA。列出各项功能级零部件故障模式、原因、影响，确定故障检测方法以及故障补偿措施。

步骤3：CA，即危害性分析。

通过以上3步，最终得到FMECA表。可见FMECA包含的步骤很多，程序是较为烦琐的。下面将对这三大步骤进行详细介绍。

根据FMECA要求及目标，对分析结果进行评审，尤其是对严酷度为Ⅰ类的故障模式进行评审，若需要改进，则反馈从系统定义重新进行分析，开展新一轮的FMECA，反之结束分析。

1. 输入和输出

（1）FMECA的输入信息具体包括：

①研制任务书或合同，总体及有关分系统的设计论证方案。

②任务剖面、寿命剖面，故障模式在不同任务的任务剖面产生不同的影响。

③各分系统、设备功能框图和可靠性框图。

④设计图纸和有关技术资料。

⑤相似产品的可靠性信息数据。

（2）FMECA的输出信息如图6.2所示，具体包括：

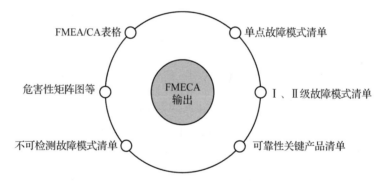

图6.2　FMECA的输出信息

①可靠性关键产品清单。可靠性关键产品是指危害性矩阵图中落在某一规定区域之内的产品。通过这份清单可在策划、设计、生产和使用中进行控制。

②Ⅰ、Ⅱ级故障模式清单。Ⅰ、Ⅱ级故障是指严酷度为Ⅰ、Ⅱ级或故障影响严重程度被评为9～10分的故障模式。这些故障模式有些可能已在可靠性关键产品清单中体现，但因其故障后果的严重性，需要再单独列出并加以控制。

③单点故障模式清单。单点故障是指系统中的某一产品的某一故障模式发生后将直接导致系统的故障。如果系统进行了定量的危害性分析，则那些故障影响概率$\beta=1$的故障模式即为单点故障模式。所提供的单点故障模式清单需要注明故障影响的严重程度，对于属于Ⅰ、Ⅱ级故障模式而清单中又属于单点故障模式清单中的故障模式尤其应加以控制。

④不可检测故障模式清单。可选项，如果不可检测故障模式会引起高严酷度故障，则要

将这些故障模式列成清单。

一份 FMECA 报告应该包含概述、引用文件、系统定义（系统工作原理、系统可靠性框图故障判据、故障影响及严酷度类别的定义）、分析说明、FMECA 过程、结论和建议、FMECA 各类故障清单、附件。

2. 步骤1：系统的定义

开展 FMEA 前应该明确分析对象，一般可按照层次结构对产品进行功能或硬件分级。对分析的系统下定义，主要包括任务功能（对功能的每项任务做说明）、环境条件、任务时间、功能框图和可靠性框图。在产品层次化分级的基础上，应明确 FMEA 分析的范围，即从哪个产品层次开始，到哪个产品层次结束，这种规定的 FMEA 层次称为约定层次。描述系统的功能任务及系统在完成各种功能任务时所处的环境条件，当功能差异较大时，应该根据不同的任务剖面单独开展 FMEA 分析。此外，还需根据约定对产品各个组成部分及相关性信息制定编码体系，同时还需制定系统及产品的故障判据、选择 FMECA 方法等。

故障模式是指故障的一种表现形式，一般是指能被观察到的一种故障现象，如电容开路或短路、晶体管极间开路或短路、零件断裂，以及炮弹的瞎火和早炸、弹簧的折断、火工品的受潮变质等。在对具体系统进行故障分析时，必须首先明确系统故障的判断标准，即系统的故障判据。故障的定义具有主观性，也就是说，同样的产品，不同的用户目的，故障的定义不同，对故障的判断标准也不同。以液压系统为例，其功能之一是装液压油，但围绕液压油泄漏的问题，不同的人从不同的观点看，故障有所不同。

3. 步骤2：FMEA

故障分析的目的是找出所有可能的故障模式，要求完备性，即故障模式尽可能全，同时要求唯一性，即识别的故障模式是明确的，且彼此之间具有互斥性，不能有交叉部分。因此，要求故障的判据不能过于宽泛，必须具备足够的分辨尺度，不可含糊。故障模式可以通过分析、预测、试验和统计等方法获取，其中新研制产品一般需通过实验分析或分析的方法获取其故障模式，而其他产品则主要通过经验获取故障模式，特别是对于产品中新材料、新结构、新器件等往往需要开展针对性试验。在分析过程中，一些可参考的故障模式分类如表 6.3 所示。

表6.3 故障模式分类

序号	故障模式	序号	故障模式	序号	故障模式
1	结构故障（破损）	9	内部泄漏	17	流动不畅
2	捆结或卡死	10	外部泄漏	18	错误动作
3	振动	11	超出允差（上限）	19	不能关机
4	不能保持正常位置	12	超出允差（下限）	20	不能开机
5	打不开	13	意外运行	21	不能切换
6	关不上	14	间歇性工作	22	提前运行
7	误开	15	漂移性工作	23	滞后运行
8	误关	16	错误指示	24	错误输入（过大）

续表

序号	故障模式	序号	故障模式	序号	故障模式
25	错误输入（过小）	28	无输入	31	（电的）开路
26	错误输出（过大）	29	无输出	32	（电的）泄漏
27	错误输出（过小）	30	（电的）短路	33	其他

对于机械产品具有的典型故障模式，通常可分为以下七大类：

（1）损坏型：断裂、变形过大、塑性变形、裂纹等。

（2）退化型：老化、腐蚀、磨损等。

（3）松脱性：松动、脱焊等。

（4）失调型：间隙不当、行程不当、压力不当等。

（5）堵塞或渗漏型：堵塞、漏油、漏气等。

（6）功能型：性能不稳定、性能下降、功能不正常。

（7）其他：润滑不良等。

故障模式分析仅能完成故障识别，但不一定要分析发生的原因，要求尽可能列举所有故障模式。为提高产品的可靠性，在列出所有潜在故障模式清单后，还需要通过故障原因分析，找出每个故障模式所产生的原因。对同一个故障可能由几个独立的原因造成，应把这些原因分别列出，进而采取针对性的有效改进措施，削减故障发生的可能性或控制故障。故障原因包括直接原因和间接原因。直接原因是导致产品功能故障的产品自身的那些物理、化学或生物变化过程等原因，直接原因又称为故障机理。间接原因是由其他产品的故障、环境因素和人为因素等引起的外部原因。例如，起落架上位锁打不开，其直接原因是锁体间隙不当、弹簧老化等，而间接原因是锁支架刚度差。

被研究的故障可能影响好几个产品的等级，因此应该评价每一个假设的故障模式的局部影响、对上级的影响以及最终的影响。按照约定层次的划分，故障影响分别被称为局部影响、高一层次影响和最终影响，因此，故障影响一般分为对自身、对上级及最终影响。

局部影响是指某产品的故障模式对该产品自身以及与该产品所在约定层次相同的其他产品的使用、功能或状态的影响。考虑故障模式对所研究单元的影响，确定局部影响的目的是对现有单元进行替换，或为建议采取某些措施提供一个依据，以及为更高功能级别的分析提供故障模式。

高一层次影响是指某产品的故障模式对该产品所在约定层次的高一层次产品的使用、功能或状态的影响。

最终影响是指系统中某产品的故障模式对初始约定层次产品的使用、功能或状态的影响，它可以是多重故障（同时出现两个或多个独立故障）的后果。例如，晶体管的电流超过过流保护阈值，同时保护电路故障，这时所引起的最终影响就是多重故障影响。

若对飞机液压系统中的一个液压泵分析，它发生了轻微漏油的故障模式（图6.3）。该故障模式发生时，对泵自身的影响可能是降低效率；对上级的影响则是对液压系统的影响，可能是压力有所降低；最终影响是指对飞机，可能是没有影响。

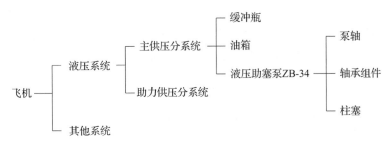

图 6.3　飞机液压系统中一个液压泵轻微漏油的故障模式分析

为更细致地评估故障影响，可通过故障模式的严酷度等级进行评判，从而给设计上的错误或由产品故障造成的最坏潜在影响规定一个定量的量度。例如，引信的早炸和瞎火绝不是同一个等级的故障影响。故障模式的严酷度等级一般分为 4 级，如表 6.4 所示。

表 6.4　故障模式的严酷度等级

严酷度等级	严酷度定义
Ⅰ级（灾难的）	这是一种会引起人员死亡或系统（如飞机、坦克、导弹及船舶等）毁坏的故障
Ⅱ级（致命的）	这种故障会引起人员严重伤害、重大经济损失或导致任务失败的系统严重损坏
Ⅲ级（临界的）	这种故障会引起人员轻度伤害、一定的经济损失或导致任务延误、降级的系统轻度损坏
Ⅳ级（轻度的）	这是一种不足以引起人员伤害、一定的经济损失或系统损坏的故障，但它会导致非计划性维护或修理

弄清了故障模式的影响程度，还需对故障进行检测。每一种故障模式都需要确定其故障检测方法，找出故障原因，进而提出改进措施。故障检测方法一般包括目视检查、离机检测、原位测试等手段。故障检测一般分为事前检测与事后检测两类，而对于潜在故障模式，应尽可能设计事前检测方法。在产品设计阶段，就得考虑产品在今后使用中，如何使检测人员或维修人员检测出每一种故障模式，并规定在出现不止一种故障模式引起同样故障迹象时，找出解决这种模糊点所用的方法。

在分析完每一种故障模式的原因、影响之后，应根据故障的可能性及后果，确定必须削减的故障模式，并给出相应的故障削减措施，这是提升产品可靠性的重要环节。补偿措施分为设计补偿措施、设备补偿措施和操作人员补偿措施。设计补偿措施在产品研制过程中采用，相当于对产品进行再设计。设备补偿措施通常包括：产品发生故障时，能继续安全工作的冗余设备；安全或保险装置，如监控及报警装置；可替换的工作方式，如备用或辅助设备；以消除或减轻故障影响的设计或工艺改进，如概率设计、计算机模拟仿真分析和工艺改进等。操作人员补偿措施包括：特殊的使用和维护规程，尽量避免或预防故障的发生；一旦出现某故障后，操作人员应采取的最恰当的补救措施。

4. 步骤 3：CA

CA，即危害性分析。危害性是对某种故障模式出现的频率（故障模式概率等级）及其所产生的后果（严酷度等级）的相对量度。危害性分析是 FMEA 的补充，在 FMEA 基础上进行，它对故障模式的危害度及发生的可能性进行综合评定，确定故障的影响，从而对系统中产品的重要程度进行分类并加以控制。

CA 的目的是将故障所产生的影响按照其后果的危害度加以分类，并计算造成每类危害的概率。CA 不仅有助于决定采取何种改进措施，还有助于确定改进工作的先后顺序以及建立可接受和不可接受的风险界限。表 6.5 为典型的 CA 表。

表 6.5　典型的 CA 表

初始约定层次产品				任务			审核			第　页　共　页			
约定层次产品				分析人员			批准			填表日期			

代码	产品或功能标志	功能	故障模式	故障原因	任务阶段与工作方式	严酷度等级	故障模式概率等级或故障数据源	故障率 λ_p	故障模式频率比 α	故障影响概率 β	工作时间 t	故障模式危害度 $C_m(j)$	产品危害度 $C_r(j)$	备注
1	2	3	4	5	6	7	8	9	10	11	12	13	14	15

故障模式概率等级一般分为 5 个等级：

（1）A 级（经常发生）：产品在工作期间发生故障的概率很高，一种故障模式出现的概率大于总故障概率的 20%。

（2）B 级（很可能发生）：产品在工作期间发生故障的概率中等，一种故障模式出现的概率为总故障概率的 10%~20%。

（3）C 级（偶尔发生）：产品在工作期间发生故障是偶然的，一种故障模式出现的概率为总故障概率的 1%~10%。

（4）D 级（很少发生）：产品在工作期间发生故障的概率很小，一种故障模式出现的概率为总故障概率的 0.1%~1%。

（5）E 级（极不可能发生）：产品在工作期间发生故障的概率接近零，一种故障模式出现的概率小于总故障概率的 0.1%。

CA 常用的方法有两种，即危害性矩阵法与风险优先数法。前者用于航空航天等军工领域，而后者则用于汽车等民用领域。本书主要面向航空航天武器装备的可靠性工程，故主要介绍危害性矩阵法。其基本思想都是综合考虑故障发生的可能性（故障模式概率等级）及严重程度（危害度）的影响，对故障模式进行排序，找出更重要的故障模式，以便给出针对性处理措施。

风险优先数（Risk Priority Number，RPN）由三项指标相乘构成，分别是发生度、严酷度以及侦测度，即风险优先数（RPN）= 发生度评分 × 严酷度评分 × 侦测度评分。发生度是指某项故障原因发生的概率，其评分为 1~10 分。严酷度是指当故障发生时，对整个系统或是使用者影响的严重程度，其评分为 1~10 分。侦测度是指当一项零件或组件已经完成，在离开制造场所或装配场所之前，能否检测出有可能会发生故障模式的能力，评分为 1~10

分，这需要在零件或组件投入生产之前进行，以评估各种工序流程的合理性和有效性。RPN越高，危害性越大，可从降低故障发生可能性、降低故障严重程度、提高故障检出可能性三方面提出改进措施。在利用 RPN 对故障模式进行评定时，可制定一个 RPN 门限值，超过此门限值的故障模式均应采取改进措施。

危害性矩阵是用来确定每一种故障模式的危害程度并与其他的故障模式相比较，表示故障模式的危害度分布，并提供一个用以确定改正措施先后顺序的工具。

危害性矩阵法又分为定性和定量方法。定性分析方法在难以得到产品的确切技术状态数据或故障数据（如故障率）的情况下使用，其分析结果是一个危害性分析坐标的点位置图，如图 6.4 所示。该图的横坐标表示严酷度等级，纵坐标表示故障发生可能性等级（故障模式概率等级），图中矩阵相应的位置根据分析结果填入故障模式的编号（如 A_1），并从该位置点到坐标原点连接直线，其他以此类推；越靠近右上角，其故障模式的危害性越大，越急需采取改进措施，降低高严酷故障模式发生概率或消除高可能故障模式的故障后果，也就是尽可能让故障模式分布在左下角。从故障模式分布点向对角线作垂线，以该垂线与对角线的交点到原点的距离作为度量故障模式（或产品）危害性的依据，距离越长，其危害性越大，越需要尽快采取措施。当采用定性分析法时，大多数分布点是重叠在一起的，此时只能按照区域分析。图 6.5 为危害性矩阵图，图中故障模式 M_1 比故障模式 M_2 危害性大。将所有的故障模式都在此图中标出，就能分辨何种故障模式的危害性最严重，这样有利于做出相应的改进措施。

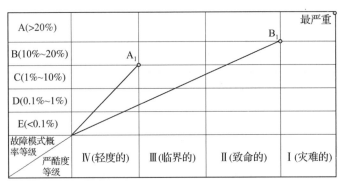

图 6.4　危害性分析坐标的点位置图

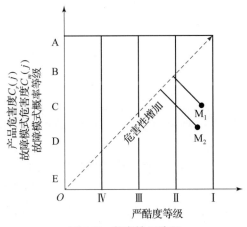

图 6.5　危害性矩阵图

根据严酷度类别和故障模式概率等级综合考虑，最后得出如下 4 级危害度：

1 级：I_A；　　2 级：I_B，II_A；　　3 级：I_C，II_B，III_A；

4 级：I_D，II_C，III_B，IV_A，III_E，I_E，II_D，III_C，IV_B，IV_D，IV_E，II_E，III_D，IV_C

其中，I_A 的含义是严酷度为 I 级且故障模式概率等级为 A 级，其余以此类推。

定量分析方法主要是计算故障模式的危害度和产品的危害度，在介绍计算公式之前先介绍两个基本概念：故障模式频数比 α 和故障影响概率 β。故障模式频数比 α 是产品的某一故障模式占其全部故障模式的百分比。如果考虑某产品所有可能的故障模式，则其故障模式频数比之和将为 1。表 6.6 展示了气体控制活门故障模式频数比及模式故障率，其中模式故障率 λ_m 是指产品故障率 λ_P 与某故障模式频数比 α 的乘积。

表 6.6　气体控制活门故障模式频数比及模式故障率

气体控制活门故障模式	故障模式频数比 α	产品故障率 λ_P	模式故障率 λ_m
不闭合	34%		0.041 97
不打开	57%	0.123 45	0.070 37
外部漏气	9%		0.011 11
总计	1.0		0.123 45

表 6.7 展示了双极型晶体管故障模式频数比及模式故障率，其一共三种故障模式，根据 α 和 λ_P，可求得相应的 λ_m。

表 6.7　双极型晶体管故障模式频数比及模式故障率

元器件故障模式	故障模式频数比 α	产品故障率 λ_P	模式故障率 λ_m
集电极到发射极击穿电压过低	34%		0.041 97
发射极到基极泄漏电流过大	57%	0.123 45	0.070 37
集电极到发射极开路	9%		0.011 11
总计	1.0		0.123 45

故障影响概率 β 是指假定某故障模式已发生时，导致确定严酷度等级的最终影响的条件概率。某一种故障模式可能产生多种最终影响，分析人员不但要分析出这些最终影响，还应进一步指明该故障模式引起的每一种故障影响的百分比，此百分比即为 β，并且多种最终影响的 β 值之和应为 1。

下面以火车制动系统为例，介绍故障模式频数比和故障影响概率。火车制动系统有两种故障模式，每种故障模式各占 50%，每种故障均会产生两类故障影响。比如，卡死会导致火车滑轨并驶入火车站、火车脱轨，这两类故障影响分别带来 II 级和 I 级严酷度，其对应的故障影响概率分别为 0.9 和 0.1。表 6.8 为火车制动系统的故障影响概率。

表 6.8 火车制动系统的故障影响概率

产品名称	故障模式	故障模式频数比 α	故障影响	严酷度等级	故障影响概率 β
制动系统	卡死	0.5	①火车滑轨并驶入火车站；	II	0.9
			②火车脱轨	I	0.1
	效率降低	0.5	①火车不能有效减速；	II	0.8
			②火车不能有效减速且发生安全事故	I	0.2

故障模式危害度用来评价单一故障模式危害性,计算如下：

$$C_m(j) = \alpha \times \beta \times \lambda_P \times t, \quad j = \text{I}, \text{II}, \text{III}, \text{IV} \tag{6.1}$$

产品危害度用来评价产品的危害性,计算如下：

$$C_r(j) = \sum_{i=1}^{n} C_{mi}(j), \quad i = 1, 2, \cdots, n \tag{6.2}$$

式中,n 为该产品的故障模式总数；$\sum_{i=1}^{n} C_{mi}(j)$ 为产品在第 j 级严酷度等级下的所有故障模式的危害度之和。

下面给出一个关于危害性定量分析的案例。

【例 6.1】若某一产品的故障率 $\lambda_P = 7.2 \times 10^{-6}/\text{h}$,在某一任务阶段,出现 2 个 II 级严酷度故障模式和 1 个 IV 级严酷度故障模式。这 3 个故障模式的频数比分别为 $\alpha_1 = 0.3$,$\alpha_2 = 0.2$,$\alpha_3 = 0.5$,故障影响概率 β 均为 0.5,在该阶段工作时间为 1 h。求该产品在此任务阶段,且严酷度等级在 II 级下的故障模式危害度 C_m 和产品危害度 C_r。

解：①求 C_m。

严酷度等级 II 级下第一个故障模式的危害度：

$$C_m = \beta\alpha_1\lambda_P t \times 10^6 = 0.5 \times 0.3 \times 7.2 \times 10^{-6} \times 1 \times 10^6 = 1.08$$

严酷度等级 II 级下第二个故障模式的危害度：

$$C_m = \beta\alpha_2\lambda_P t \times 10^6 = 0.5 \times 0.2 \times 7.2 \times 10^{-6} \times 1 \times 10^6 = 0.72$$

②求 C_r。

II 级严酷度的产品危害度：

$$C_r = \sum_{n=1}^{j} (\beta\alpha\lambda_P t \times 10^6)_n = \sum_{n=1}^{2} (\beta\alpha\lambda_P t \times 10^6)_n = \beta\alpha_1\lambda_P t \times 10^6 + \beta\alpha_2\lambda_P t \times 10^6 = 1.8$$

5. FMECA 表格

根据前面的分析结果撰写分析报告,分析报告以表格的形式显示,表格填写完毕,分析报告也就完成。美国 MIL-HBBK-1629 推荐的 FMEA 或 FMECA 的工作表格形式如图 6.6 所示。

FMEA 或 FMECA 表中应该包含以下要素：

（1）列出所有元件和零部件的故障模式。

（2）根据系统可靠性逻辑关系,用归纳推理的方法,分析上述各种故障模式对系统各部分功能造成的影响和后果。

初始约定层次产品					任务				审核			第 页 共 页
约定层次产品					分析人员				批准			填表日期
代码	产品或功能标志	功能	故障模式	故障原因	任务阶段与工作方式	故障影响			严酷度等级	故障检测方法	补偿措施	备注
						局部影响	高一层次影响	最终影响				
1	2	3	4	5	6	7	8	9	10	11	12	13
对每一产品的每一种故障模式采用一种编码体系进行标识	记录被分析产品或功能的名称与标志	简要描述产品所具有的主要功能	根据故障模式分析的结果，简要描述每一产品的所有故障模式	根据故障原因分析结果，简要描述每一种故障模式的所有故障原因	简要说明发生故障的任务阶段与产品的工作方式	根据故障影响分析的结果，简要描述每一种故障模式的局部、高一层次和最终影响，并分别填入第7~9栏			根据最终影响分析的结果按每种故障模式分配严酷度等级	简要描述故障检测方法	简要描述补偿措施	本栏主要记录对其他栏的注释和补充说明

图 6.6　FMEA 或 FMECA 的工作表格形式

（3）判定各种故障模式对系统各部分功能造成的故障影响严重等级（严酷度）。

（4）如需要的话，还应估计上述故障影响发生的概率（故障模式概率等级）。

（5）根据故障影响严重等级和发生的概率估计相应的危害度（定性、定量）。

（6）从上述分析中提取那些有过严重故障影响的相关信息，制作"致命故障报告表"上报有关部门，以便及时采取综合措施，将潜在的可能导致严重后果的故障模式尽早消除。

6. 实施 FEMCA 的注意事项和原则

（1）实施 FEMCA 需要注意以下几个方面：

①时间性。FMECA 应与产品设计同时进行，尽早利用其结果，尽早发现设计中的薄弱环节，并为安排改进措施的先后顺序提供依据，具有重要意义。在产品研制期间，常有设计修改，产品状态不断在变，FMECA 也必须及时修改，分析工作要与设计工作同时进行，使设计反映分析的结果。

②层次性。分析层次取到什么程度合适，应视情况不同而不同。按照产品研发阶段的不同，进行不同程度、不同层次的 FMECA，也就是 FMECA 应随着研制阶段的展开而不断补充、完善和反复迭代。

③灵活性。FMECA 应参照标准化的程序进行，但在某些方面也要体现其灵活性。

（2）实施 FEMCA 需要遵循以下几个原则：

①强调"谁设计、谁分析"原则。产品设计人员应负责完成该产品的 FMECA 工作，可靠性专业人员应提供分析必需的技术支持。实践表明，FMECA 工作是设计工作的一部分。"谁设计、谁分析"、及时改进是进行 FMECA 的宗旨，是确保 FMECA 有效性的基础，也是国内外开展 FMECA 工作经验的结晶。如果不由产品设计者实施 FMECA，必然造成分析与设计的分离，也就背离了 FMECA 的初衷。

②重视 FMECA 的策划。实施 FMECA 前，应对所需进行的 FMECA 活动进行完整、全

面、系统的策划，尤其是对复杂大系统，更应强调 FMECA 的重要性。其必要性体现在以下 3 方面：

　　a. 有助于保证 FMECA 分析的目的性、有效性，以确保 FMECA 工作与研制工作同步协调，避免事后补做的现象。

　　b. 对复杂大系统，总体级的 FMECA 往往需要低层次的分析结果作为输入，对相关分析活动的策划将有助于确保高层次产品 FMECA 的实施。

　　c. FMECA 计划阶段事先规定的基本前提、假设、分析方法和数据，将有助于在不同产品等级和承制方之间交流和分享，确保分析结果的一致性、有效性和可比性。

　　③保证实时性、规范性、有效性。实时性，即 FMECA 工作应纳入研制工作计划，做到目的明确、管理务实，且应与设计工作同步进行，将 FMECA 结果及时反馈给设计过程；规范性，即分析工作应严格执行 FMECA 计划、有关标准/文件的要求；有效性，即对分析提出的改进、补偿措施的实现予以跟踪和分析，以验证其有效性。

　　④FMECA 的裁剪和评审。FMECA 作为常用的分析工具，可为可靠性、安全性、维修性、测试性和保障性等工作提供信息，不同的应用目的可能得到不同的分析结果。各单位可根据具体的产品特点和任务对 FMECA 的分析步骤、内容进行补充、裁剪，并在相应文件中予以明确。

　　⑤FMECA 的数据。故障模式是 FMECA 的基础，而能否获得故障模式的相关信息是决定 FMECA 工作有效性的关键。在进行定量分析时还需故障的具体数据，而这些数据除通过试验获得外，一般是通过相似产品的历史数据进行统计分析。有计划有目的地注意收集、整理有关产品的故障信息，并逐步建立和完善故障模式及其频数比的相关故障信息库，这是有效开展 FMECA 工作的基本保障之一。

　　⑥FMECA 应与其他分析方法相结合。FMECA 虽是有效的可靠性分析方法，但并非万能。它不能代替其他可靠性分析工作，应注意 FMECA 一般是静态的、单一因素的分析方法，其在动态方面还很不完善，若对系统实施全面分析，还需与其他分析方法（如 FTA）相结合。

　　⑦ FMECA 团队协作和经验积累。往往 FMECA 都采用个人形式进行分析，但是单独的工作无法克服个人知识、思维的缺陷或缺乏客观性。从相关领域选出具有代表性的个人，共同组成 FMECA 团队，通过集体的指挥，达到相互启发和信息共享，就能够较为完整和全面地进行 FMECA 分析，大大提高工作效率。FMECA 特别强调程序化和文件化，应该对 FMECA 的结果进行跟踪与分析，以验证其正确性和改进措施的有效性，将好的经验写进企业的 FMECA 经验反馈中，积少成多，形成一套完整的 FMECA 资料，使一次次 FMECA 改进的量变汇集成企业整体设计制造水平的质变，最终形成企业独特的技术特色。

　　表 6.9 列出了认真贯彻 FMECA 的正确做法。

表6.9　认真贯彻 FMECA 的正确做法

正确做法	不正确做法	检查主要内容
从方案设计开始，应将"边设计、边分析"贯穿整个设计过程	设计图纸完成后再补做	何时做 FMECA

续表

正确做法	不正确做法	检查主要内容
组成团队进行 FMECA 工作，其中可靠性专职人员协助产品设计人员做好 FMECA 工作	仅由可靠性专职人员进行	由谁做 FMECA
设计改进、使用补偿措施应真正落实到设计和使用中	无设计改进、使用补偿措施，或仅采取更换、修理等事后措施，或不落实 FMECA 表中的措施	设计改进、使用补偿措施是否正确、是否落实
没有遗漏任何一个重要的和Ⅰ、Ⅱ级单点故障模式，并经各级设计师把关	故障模式分析不仔细，又未经各级技术领导审查把关	可靠性关键产品清单和Ⅰ、Ⅱ级单点故障模式清单是否完整，是否经过审查把关

6.2.3 FMECA 案例应用

某雷达系统的前置放大器目的是将信号源的微弱电压信号转为信号稳定、噪声耐受性够强的信号，用于进一步信号传输，避免信号失真。对该雷达系统的前置放大器接收机分系统开展的危害性分析，分析结果见表 6.10。根据此表可得，本设备的故障危害度为各个部件或元器件危害度的总和，即最后一列的各值之和，其值为 5.635。

表 6.10　某雷达系统的前置放大器接收机分系统的危害性分析结果

装置	功能	故障模式	故障后果	故障影响概率 β	故障模式频率比 α	故障率/($\times 10^{-6} \cdot h^{-1}$)	危害度
电阻 A1R1	电压分配器	断路	无输出	1	0.8	1.5	1.2
电阻 A1R1	电压分配器	电阻值变化	输出值不正确	0.1	0.2	1.5	0.03
电阻 A1R2	电压分配器	断路	无输出	1	0.8	1.5	1.2
电阻 A1R2	电压分配器	电阻值变化	输出值不正确	0.1	0.2	1.5	0.03
电容器 A1C3	去耦	断路	无影响	0	0.35	0.22	0
电容器 A1C3	去耦	短路	无影响	1	0.35	0.22	0.077
电容器 A1C3	去耦	漏电过大	无影响	0	0.2	0.22	0
电容器 A1C3	去耦	电容值下降	无影响	0	0.1	0.22	0
二极管 A1CR3	电压分配器	短路	无输出	1	0.75	1	0.75
二极管 A1CR3	电压分配器	间歇断路	无输出	1	0.2	1	0.2

续表

装置	功能	故障模式	故障后果	故障影响概率 β	故障模式频率比 α	故障率/ ($\times 10^{-6} \cdot h^{-1}$)	危害度
二极管 A1CR3	电压分配器	断路	无输出	1	0.05	1	0.05
三极管 A1CQ4	放大器	集电极到基极漏电	无输出	1	0.6	3	1.8
三极管 A1CQ4	放大器	低 β	无输出	1	0.35	3	0.05
三极管 A1CQ4	放大器	端部断开	无输出	1	0.05	3	0.15
变换器 A1T5	耦合	短回路	输出不正确	0.1	0.8	0.3	0.024
变换器 A1T5	耦合	断开电路	无输出	1	0.2	0.3	0.06
电阻 A1R6	电阻偏差	断开电路	无输出	1	0.05	0.005	0
电阻 A1R6	电阻偏差	电阻值变化	无影响	0	0.95	0.005	0
电容器 A1C7	旁通	断开电路	无影响	0	0.4	0.48	0
电容器 A1C7	旁通	短路	输出不正确	0.1	0.3	0.48	0.014
电容器 A1C7	旁通	漏电过大	无影响	0	0.2	0.48	0
电容器 A1C7	旁通	电容值下降	无影响	0	0.1	0.48	0

6.3 故障树分析

FMECA 为单因素分析法，只能分析单个故障模式对系统的影响，而 FTA 可分析多种故障因素（如硬件、软件、环境、人为因素等）的组合对系统的影响。FMECA 是 FTA 的基础，FTA 在核工业、航空、航天、机械、电子、兵器、船舶、化工等工程领域已得到广泛应用，尤其在武器系统可靠性中占有非常重要的地位。在产品的初步设计阶段及设计定型阶段，对产品的安全性及作用可靠性进行评估、分配与预计时，大多采用 FTA，即故障树分析。

6.3.1 故障树定义、目的和特点

故障树是用以表明产品哪些组成部分的故障或外界事件或它们的组合将导致产品发生一种给定故障的逻辑图，构图的元素是事件和逻辑门。事件用来描述系统和元部件故障的状态；逻辑门把事件联系起来，表示事件之间的逻辑关系。

故障树分析以系统最不希望发生的事件为顶事件，应用各种逻辑演绎的方法研究分析造成顶事件的各种直接和间接原因，是一种自上而下的演绎分析。通过对可能造成产品故障的硬件、软件、环境、人为因素进行分析，画出故障树，从而确定产品故障原因的各种可能组

合方式和（或）其发生概率。故障树分析包括定性分析和定量分析。前者寻找导致顶事件发生的原因事件及原因事件的组合，帮助分析人员发现潜在的故障及设计薄弱环节；后者根据底事件发生的概率计算和估计顶事件发生的概率。

故障树分析的焦点集中在可能引起安全隐患的故障上，目的是在设计过程中确定这些故障是如何发生的，估计其概率并采取纠正措施。通常与安全性相关的故障模式发生概率都很低，因此很难估计，而系统级的可靠性试验可能难以产生不安全的条件。由于设计的安全装置带有备份和冗余，因此系统的安全性故障通常是由一些事件综合引起，例如，锅炉过热并导致压力集结是由设备故障、人为失误和警报故障共同造成的。故障树分析是进行系统安全性分析的有效工具。发生重大故障或事故后，故障树分析是故障调查的一种有效手段，可以系统而全面地分析事故原因，为故障"归零"提供支持，为故障诊断、改进使用和维修方案提供指导。

6.3.2　工作要求

开展 FTA 需要遵循以下相关的工作要求：

（1）在产品研制早期就应进行 FTA，以便尽早发现问题并进行改进。与 FMECA 一样，随着设计工作进展，FTA 应不断补充、修改、完善。

（2）"谁设计、谁分析"。故障树应由设计人员在 FMECA 基础上建立，可靠性专业人员协助、指导，并由有关人员审查，以保证故障树逻辑关系的正确性。

（3）应与 FMECA 工作相结合。应通过 FMECA 找出影响安全及任务成功的关键故障模式（即Ⅰ、Ⅱ级严酷度的故障模式）作为顶事件，建立故障树进行多因素分析，找出各种故障模式组合，为改进设计提供依据。图 6.7 显示了根据 FMECA 的分析结果及系统可靠性框图建立的系统故障树。

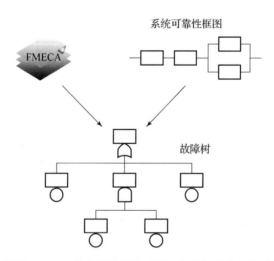

图 6.7　根据 FMECA 的分析结果及系统可靠性框图建立的系统故障树

（4）FTA 输出的设计改进措施，必须落实到图纸和有关技术文件中。

（5）由于故障树定性、定量分析工作量十分庞大，因此建立故障树后应采用计算机辅助进行分析，以提高其精度和效率。

6.3.3 故障树的定性分析

故障树分析的基本步骤：建立故障树；故障树定性分析；故障树定量分析；重要度分析；分析结论；确定设计上的薄弱环节；确定改进措施。故障树分析的基本步骤如图 6.8 所示。

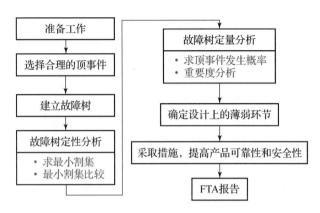

图 6.8 故障树分析的基本步骤

故障树定性分析的目的：寻找顶事件的原因事件及原因事件的组合（最小割集）；发现潜在的故障；发现设计的薄弱环节，以便改进设计；指导故障诊断，改进使用和维修方案。故障树定性分析步骤如下：

（1）枚举出所有的割集；

（2）从上述割集中找出全部最小割集；

（3）可从故障树中直接找出，如同从可靠性框图中找路集一样；

（4）使用最小割集的定义在全部割集中逐步剔除非最小割集。

下面给出故障树分析中割集和最小割集的概念。

割集（Cut Sets）：故障树中一些底事件的集合，若这些底事件同时发生，顶事件必然发生。

最小割集（Minimal Cut Sets，MCS）：若将割集中所含的底事件任意去掉一个就不再成为割集，这样的割集就是最小割集。

割集的阶数：最小割集中所含底事件的数目。

每个故障树都有有限数量的最小割集，因为事件的数量是有限的。研究最小割集的意义有如下 3 个方面：

（1）最小割集对降低复杂系统潜在事故风险具有重大意义。如果能使每个最小割集中至少有一个底事件恒不发生（发生概率极低），则顶事件就恒不发生（发生概率极低），从而使系统潜在事故的发生概率降至最低。

（2）消除可靠性关键系统中的一阶最小割集，可消除单点故障。可靠性关键系统不允许有单点故障，方法之一就是设计时进行故障树分析，找出一阶最小割集，在其所在的层次或更高的层次增加"与门"，并使"与门"尽可能接近顶事件。

（3）最小割集可以指导系统的故障诊断和维修。如果系统某一种故障模式发生了，则一定是该系统中与其对应的某一个最小割集中的全部底事件全部发生了。进行维修时，如果只修复某个故障部件，虽然能够使系统恢复功能，但其可靠性水平还远未恢复。根据最小割集的概念，只有修复同一最小割集中的所有部件故障，才能恢复系统可靠性、安全性设计水平。

因此，根据系统的故障树，找出其中的最小割集意义重大。根据与门、或门的性质和割集的定义，可方便找出图 6.9 所示故障树的割集为 $\{X_1\}$，$\{X_2, X_3\}$，$\{X_1, X_2, X_3\}$，$\{X_2, X_1\}$，$\{X_1, X_3\}$。该故障树的最小割集为 $\{X_1\}$，$\{X_2, X_3\}$。

下面介绍求取最小割集常用的两种方法，即下行法和上行法。

1. 下行法求解最小割集

下行法根据故障树的实际结构，从顶事件开始，逐层向下寻查，找出割集。实施规则是遇到与门增加割集阶数（割集所含底事件个数），遇到或门增加割集数。针对图 6.10 所示的故障树，采用下行法求取最小割集，步骤如表 6.11 所示，表中最右列所示的集合即为割集。从表中可见，因为 $\{X_6\}$ 是最小割集，所以 $\{X_5, X_6\}$ 和 $\{X_4, X_6\}$ 不是最小割集。

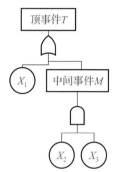

图 6.9　故障树示例 1

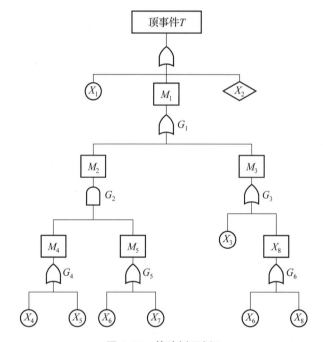

图 6.10　故障树示例 2

表 6.11　实施下行法的步骤

步骤	1	2	3	4	5	6
过程	X_1	X_1	X_1	X_1	X_1	X_1
	M_1	M_2	M_4, M_5	M_4, M_5	M_4, M_5	X_4, X_6
	X_2	M_3	M_3	X_3	X_5, M_5	X_4, X_7
		X_2	X_2	M_6	X_3	X_5, X_6

续表

步骤	1	2	3	4	5	6
过程				X_2	M_6	X_5, X_7
					X_2	X_3
						X_6
						X_8
						X_2

2. 上行法求解最小割集

上行法从故障树的底事件开始，自下而上逐层地进行事件集合运算，将或门输出事件用输入事件的并（布尔和）代替，将与门输出事件用输入事件的交（布尔积）代替，最后将顶事件表示为底事件积之和的最简式。

针对图 6.11 所示的故障树，采用上行法寻找最小割集，过程如下：

$$\Phi(X) = \{X_4[X_3 + X_2 X_5]\} \cup \{X_1[X_5 + X_2 X_3]\} \tag{6.3}$$

$$X_4[X_3 + X_2 X_5] = X_3 X_4 + X_2 X_4 X_5 \tag{6.4}$$

$$X_1[X_5 + X_2 X_3] = X_1 X_5 + X_1 X_2 X_3 \tag{6.5}$$

$$\Phi(X) = X_1 X_5 + X_3 X_4 + X_2 X_4 X_5 + X_1 X_2 X_3 \tag{6.6}$$

最终得该故障树的最小割集有 4 个，即 $\{X_1, X_5\}$，$\{X_3, X_4\}$，$\{X_2, X_4, X_5\}$，$\{X_1, X_2, X_3\}$。

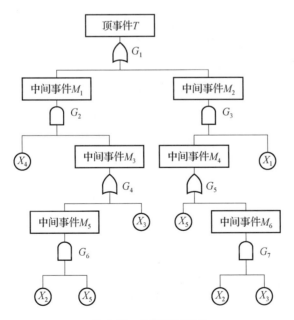

图 6.11 故障树示例 3

3. 最小割集和底事件重要性的确定

确定最小割集和底事件重要性的原则如下：

（1）阶数越小的最小割集越重要（系统的故障概率越高）。

(2) 低阶最小割集中的底事件比高阶最小割集中的底事件重要。

(3) 所含最小割集的最小阶数相同，且该阶数的最小割集的个数越多，则系统的故障概率越高。

(4) 在相同阶次条件下，在不同最小割集中重复出现次数越多的底事件越重要。

(5) 各底事件中出现在其中的最小割集的阶数越小，且在全部最小割集中出现的次数越多，则该底事件重要性越大。

下面通过一个案例来展示如何利用最小割集确定元器件故障基本事件的重要性。

【例 6.2】 从 8 种元器件中各取一个分别制成两个电路，设这 8 种元器件均为小概率故障事件，分别用 1，2，3，…，8 表示。经分析得出：电路 1 有 {1,2,3}，{2,4}，{1,7}，{3,4}，{5,6}，{8}，{2,6} 7 个最小割集；电路 2 有 {3,4,5}，{1,6,8}，{2}，{3,8}，{4,5,6}，{7} 6 个最小割集。试按照上述原则判定这两个电路的可靠性顺序，并分别指出以上 8 种元器件在电路 1 和电路 2 中的重要性大小。

解：(1) 判定电路的可靠性顺序。

分别统计电路 1、2 中各阶最小割集的数目，并按不可靠性从大到小顺序排列，如表 6.12 所示。

表 6.12　电路 1、2 不可靠性统计

电路名称	MCS 的数目/个			不可靠性顺序
	1 阶	2 阶	3 阶	
电路 2	2	1	3	1
电路 1	1	5	1	2

(2) 比较 8 种元器件在两个电路中重要性大小。

分别统计 8 种元器件基本事件在电路 1、2 的各阶最小割集中出现的次数，并按其重要性（即不可靠性）从大到小的顺序排列，分别如表 6.13 和表 6.14 所示。

表 6.13　电路 1 中各元器件的重要性顺序

元器件故障基本事件代号	在 MCS 中出现次数			重要性顺序
	1 阶	2 阶	3 阶	
8	1			1
2		2	1	2
4		2		3
6		2		3
1		1	1	4
3		1	1	4
5		1		5
7		1		5

表 6.14　电路 2 中各元器件的重要性顺序

元器件故障基本事件代号	在 MCS 中出现次数			重要性顺序
	1 阶	2 阶	3 阶	
2	1			1
7	1			
3		1	1	2
8		1	1	
4			2	3
5			2	
6			2	
1			1	4

6.3.4 故障树的定量分析

1. 故障树的结构函数

由于故障树是由构成它的全部底事件的"或"和"与"的逻辑关系联结而成，因此可用结构函数这一数学工具给出故障树的数学表达式，以便对故障树做定性分析和定量计算。

系统故障称为故障树的顶事件，以符号 T 表示，系统各部件的故障称为底事件，如对系统和部件均只考虑故障和正常两种状态，则底事件可定义为

$$x_i = \begin{cases} 1, \text{当第 } i \text{ 个底事件发生时(故障)}, i = 1, 2, \cdots, n \\ 0, \text{当第 } i \text{ 个底事件不发生时(正常)}, i = 1, 2, \cdots, n \end{cases} \quad (6.7)$$

系统顶事件的状态如用 ϕ 来表示，则必然是底事件状态 $x_i(i = 1, 2, \cdots, n)$ 的函数，即

$$\phi = \phi(x_1, x_2, \cdots, x_n) \quad (6.8)$$

同时，$\phi(x) = \begin{cases} 1, \text{当顶事件发生时} \\ 0, \text{当顶事件不发生时} \end{cases}$，$\phi(x)$ 定义为故障树的结构函数。

显然，图 6.12 所示的与门故障树的结构函数为

$$\phi(x) = \prod_{i=1}^{n} x_i \quad (6.9)$$

或门故障树（图 6.13）结构函数为

$$\phi(x) = \sum_{i=1}^{n} x_i = 1 - \prod_{i=1}^{n}(1 - x_i) \quad (6.10)$$

图 6.12　与门故障树

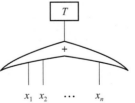

图 6.13　或门故障树

2. 定量分析

故障树的定量分析是指通过底事件发生的概率直接求顶事件发生的概率。设由 n 个底事件组成的故障树，其结构函数为

$$\phi(x) = \phi(x_1, x_2, \cdots, x_n) \tag{6.11}$$

类似于系统可靠度计算方法，如果故障树顶事件代表系统故障，底事件代表元部件故障，则顶事件发生概率就是系统的不可靠度 $F_s(t)$；若底事件互为独立，则可以根据结构函数计算顶事件发生概率，可以按最小割集之间不交与相交两种情况处理。

1）最小割集之间不相交的情况

已知故障树的全部最小割集为 K_1，K_2，$\cdots$，K_{N_k}，并且假定在一个很短的时间间隔内同时发生两个或两个以上最小割集的概率为零，且各最小割集中没有重复出现的底事件，也就是假定最小割集之间是不相交的，则有顶事件 T 为

$$T = \phi(\vec{x}) = \bigcup_{j=1}^{N_k} K_j(t) \tag{6.12}$$

$$P[K_j(t)] = \prod_{i \in K_j} F_i(t) \tag{6.13}$$

式中，$P[K_j(t)]$ 为在时刻 t 第 j 个最小割集发生的概率；$F_i(t)$ 为在时刻 t 第 j 个最小割集中第 i 个部件的故障率；N_k 为最小割集数。

因此有

$$P(T) = F_s(t) = P[\phi(\vec{x})] = \sum_{j=1}^{N_k} \left[\prod_{i \in K_j} F_i(t) \right] \tag{6.14}$$

式中，$P(T)$ 为顶事件发生概率；$F_s(t)$ 为系统不可靠度。

2）最小割集之间相交的情况

在大多数情况下，底事件可能在几个最小割集中重复出现，也就是说最小割集之间是相交的。这时精确计算顶事件发生的概率就必须用相容事件的概率公式，即

$$\begin{aligned} P(T) &= P(K_1 \cup K_2 \cup \cdots \cup K_{N_k}) \\ &= \sum_{i=1}^{N_k} P(K_i) - \sum_{i<j=2}^{N_k} P(K_i K_j) + \sum_{i<j<k=3}^{N_k} P(K_i K_j K_k) + \cdots + \\ &\quad (-1)^{N_k-1} P(K_1, K_2, \cdots, K_{N_k}) \end{aligned} \tag{6.15}$$

式中，K_i，K_j，K_k 分别为第 i，j，k 个最小割集。

在已知最小割集发生概率的前提下，利用式（6.15）可计算得到顶事件的发生概率。当最小割集的数目较大时，计算量将会非常大，式（6.15）所示的概率公式存在 2^{k-1} 项，可能产生"组合爆炸"问题。较好的解决方案是先化相交和为不交和，然后就可以精确求解顶事件的发生概率，可以采取以下两种方法。

（1）直接化法。

根据集合运算的性质，集合 K_1 和 K_2 的并集可用以下 2 项不交和表示，即

$$K_1 \cup K_2 = K_1 + \overline{K_1} K_2 \tag{6.16}$$

上式可用图 6.14 表示。

将上式推广到一般通式如下：

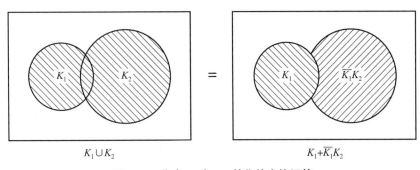

图 6.14 集合 K_1 与 K_2 并集的变换运算

$$\begin{aligned}
T &= K_1 \cup K_2 \cup \cdots \cup K_{N_i} \\
&= K_1 + \overline{K_1}(K_2 \cup \cdots \cup K_{N_i}) \\
&= K_1 + \overline{K_1}K_2 \cup \overline{K_1}K_3 \cup \cdots \cup \overline{K_1}K_{N_i} \\
&= K_1 + \overline{K_1}K_2 + \overline{\overline{K_1}K_2}(\overline{K_1}K_3 \cup \overline{K_1}K_4 \cup \cdots \cup \overline{K_1}K_{N_i}) \\
&= K_1 + \overline{K_1}K_2 + (K_1 \cup \overline{K_2})(\overline{K_1}K_3 \cup \overline{K_1}K_4 \cup \cdots \cup \overline{K_1}K_{N_i}) \\
&= K_1 + \overline{K_1}K_2 + \overline{K_1}\overline{K_2}K_3 \cup \overline{K_1}\overline{K_2}K_4 \cup \cdots \cup \overline{K_1}\overline{K_2}K_{N_i} \\
&= K_1 + \overline{K_1}K_2 + \overline{K_1}\overline{K_2}K_3 + \overline{\overline{K_1}\overline{K_2}K_3}(\overline{K_1}\overline{K_2}K_4 \cup \cdots \cup \overline{K_1}\overline{K_2}K_{N_i}) \\
&= \cdots
\end{aligned} \quad (6.17)$$

将上式递推,直到化全部相交和为不交和。

(2) 递推化法。

根据集合运算的性质,集合 K_1, K_2 和 K_3 的并集可用以下 3 项不交和表示,即

$$K_1 \cup K_2 \cup K_3 = K_1 + \overline{K_1}K_2 + \overline{K_1}\overline{K_2}K_3 \quad (6.18)$$

上式可用图 6.15 表示。

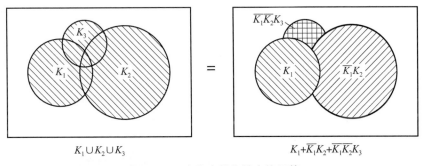

图 6.15 3 个集合并集的变换运算

将其推广到一般通式如下:

$$T = K_1 \cup K_2 \cup \cdots \cup K_{N_i} = K_1 + \overline{K_1}K_2 + \overline{K_1}\overline{K_2}K_3 + \cdots + \overline{K_1}\overline{K_2}K_3 \cdots \overline{K_{N_i-1}}K_{N_i} \quad (6.19)$$

在实际中,即使利用递推化法或直接化法将相交和化为不交和,精确计算时的计算量也十分大。但对于工程实际来说,这种精确计算是没必要的,主要是因为:

（1）底事件的数据是经统计得到的，与真实值存在一定的误差，因此用底事件的统计数据来精确计算顶事件的发生概率没有实际意义；

（2）通常情况下，产品的可靠度设计得都较高，对于武器装备系统来说更是如此，因此产品的不可靠度注定会很小。当按式（6.19）计算顶事件的发生概率时，收敛得非常快，主要是第一项在起作用或第一项及第二项在起作用，而后面项的值极小。故在实际工程中，往往取式（6.19）的第一项来近似，即

$$P(T) \approx S_1 = \sum_{i=1}^{N_k} P(K_i) \tag{6.20}$$

若取式（6.19）的前两项，则有

$$P(T) \approx S_1 - S_2 = \sum_{i=1}^{N_k} P(K_i) - \sum_{i<j=2}^{N_k} P(K_i K_j) \tag{6.21}$$

6.4 本章小结

本章主要介绍了目前广泛采用的故障分析方法，包括故障模式影响及危害性分析和故障树分析，给出了其具体故障分析的实施流程和方法。故障模式影响及危害性分析是目前发展最成熟、影响力最大的故障分析技术，其目的是从产品设计、生产和使用发现各种影响产品可靠性的缺陷和薄弱环节，实施重点改进和控制，以避免不必要的损失和伤亡，为提高产品的质量和可靠性水平提供改进依据。故障模式影响及危害性分析为单因素分析法，只能分析单个故障模式对系统的影响。故障树分析可分析多种故障因素（如硬件、软件、环境、人为因素等）的组合对系统的影响，它以系统最不希望发生的事件为顶事件，应用各种逻辑演绎的方法研究分析造成顶事件的各种直接和间接原因，尤其在武器系统可靠性中占有非常重要的地位。

第 7 章
故障预防与控制

前面 6 章对可靠性工程相关的表征、建模、分配与预计、故障分析基础理论进行了介绍，本章介绍工程中开展可靠性设计的常用方法。可靠性作为产品重要的质量特性之一，理应在产品设计研制中实现。在第 6 章中，对产品可能发生故障的薄弱环节进行分析确认后，需要根据产品故障发生的规律采取针对性的设计措施进行故障预防与控制。一般来说，产品过早发生故障是由设计不当、制造和零部件缺陷、包装或运输过程的异常应力、操作或维修错误，或者外部条件（环境或操作）超过了设计参数等原因造成的。可靠性工程师必须确保可靠性是产品设计和制造过程中的首要考虑因素。为了达到产品的可靠性指标，有很多方法可以供工程师选用，包括零部件和材料的选择、降额、应力 - 强度分析、使用新技术、简化和冗余等。一般来说，设计过程中可以联合使用这些方法，并在产品的性能和费用之间进行权衡。本章将对这些可靠性设计方法分别进行介绍。

7.1 零部件和材料选择

系统的故障由其元素、结构、环境共同决定。尤其对于机械产品来说，其一般属于串联系统，要提高整机可靠性首先应从零部件的严格选择和控制做起。例如，优先选用标准件和通用件，也可以选择加工专用零部件，后者可以拥有更大的公差和可靠度，具体在选择时成本是常用的一个权衡要素；选用经过使用验证的可靠的零部件；严格按标准的选择及对外购件的控制。在选择零部件的同时，也要考虑易修理、零部件易获取、能源要求、质量和尺寸等因素。历史数据对比较零部件的可靠性非常有用，充分运用故障分析的成果，采用成熟的经验或经分析试验验证后的方案。

了解材料的特性与系统所经受的外部应力很重要，如拉伸强度、硬度、冲击韧性、疲劳寿命、蠕变。零部件的物理设计会影响其疲劳性质，增加承受磨损或疲劳材料用量、改善零部件的材料特性、变更材料种类、重新设计零部件的外形，都是改进零部件可靠性的有效方法。为了提高经济效益，在电子系统设计中应格外重视电子元器件的选用与控制，各类产品中的元器件在不同故障阶段造成的经济损失情况如表 7.1 所示。可见，在产品研制阶段控制电子元器件的可靠性非常重要。

表 7.1 各类产品中的元器件在不同故障阶段造成的经济损失   单位：美元

设备类型	故障阶段			
	元器件购进时	装在印刷板电路上	系统试验时	现场使用时
消费者产品	2	5	5	50
工业用设备	4	25	45	215
军用设备	7	50	120	1 000
航天设备	15	75	300	2×10^6

7.2 余度设计

7.2.1 基本思想

余度设计也称冗余设计，是提高产品可靠性、安全性和生存能力的设计方法之一。它是为完成规定功能设置重复的结构、备件等，确保局部发生故障时，整机或系统不至于丧失规定功能的设计。

余度设计的基本思想是通过采用重复（多套附加的并联）部件或单元，正确、协调地完成统一功能/任务，达到提高可靠性的目的。当部件的可靠性已固定，无法通过固有产品设计来改进，且不能满足系统可靠性要求时，余度设计是唯一的选择。当某部分可靠性要求很高，但目前的技术水平很难满足，如采用降额设计、简化设计等可靠性设计方法不能达到可靠性要求，或者提高零部件可靠性的改进费用比重复配置还高时，余度设计很可能成为唯一或较好的一种设计方法。

例如，有一家生产电阻、电容、晶体管和感应器等电子元器件的大型电子公司，有一种新元件的故障率很低。为了满足政府合同规范，这种元件在高应力环境中工作 4 h 后必须仍然具有 90% 以上的可靠性。由于时间和成本的关系，不能重新设计这个元件，所以设计工程师正在考虑采用增加余度的方法达到所期望的可靠性。为了确定这一元件的可靠性，工程师选择 75 个元器件在高应力环境下进行试验，根据计算，在工作 4 h 后的可靠性达不到 90%，因此必须更改设计达到目标。增加余度部件是最好的设计方案，因此采用两个相同的元器件并联就能达到目标。

导弹系统中采用余度设计较多的是战斗部子系统。为了保险可靠，常采用两级或三级保险；为了使战斗部可靠起爆，在战斗部中采用两个或两个以上的起爆发火装置。在导弹武器的发射子系统中，为了可靠地将导弹发射出来，常在发射点火控制系统中并联备用子系统。余度系统在航天中应用非常广泛。例如，美国航天飞机主发动机和固体火箭助推器的推力矢量控制伺服机构采用四余度机械反馈伺服作动器，空气动力控制面伺服机构采用了四余度电反馈伺服作动器；"阿波罗"登月计划"土星 V"运载火箭的制导与控制系统采用三余度多数表决系统。此外，飞行器的飞控系统是较为常用的采用余度设计的例子，图 7.1 为飞控系统余度示意。

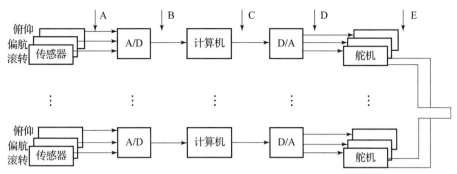

图 7.1 飞控系统余度示意

表 7.2 列举了各类飞行器所用的飞控系统采用余度设计的情况。

表 7.2 各类飞行器所用的飞控系统采用余度设计的情况

飞行器名称	国家	系统类型	余度数	故障等级	备份系统
"协和"客机	英国、法国	模拟	4	双故障工作	机械式
"猎人"飞机	英国	模拟	4	双故障工作	机械式
F-8	美国	数字	1	故障-安全	模拟式
F-4SFCS	美国	模拟	4	双故障工作	直接电气连接
"狂风"	英国、意大利、德国	模拟	4	双故障工作	机械式
CCV YF-16	美国	模拟	4	双故障工作	无
YF-17	美国	模拟	4	双故障工作	机械式
CCV F-4	美国	模拟	4	双故障工作	直接电气连接
YC-14	美国	数字	3	单故障工作	机械式
F-8C	美国	数字	3	单故障工作	模拟式
航天飞机	美国	数字	4	双故障工作	直接电气连接
F-16	美国	模拟	4	双故障工作	无
F-18	美国	数字	4	双故障工作	机械式
"幻影" 2000	法国	模拟、数字	3,4	单、双故障工作	无
JA-35 "龙"	瑞典	数字	1	故障-安全	机械式
"幻影" 4000	法国	模拟、数字	4	双故障工作	无
CCV F-104	德国	数字	4	双故障工作	机械式
"美洲虎"	英国、法国	数字	4	双故障工作	无
T-2	日本	数字	3	双故障工作	机械式

续表

飞行器名称	国家	系统类型	余度数	故障等级	备份系统
JA-37 "雷"	瑞典	数字	3	双故障工作	机械式
AFTI F-16	美国	数字	3	双故障工作	模拟式
"幼狮"	以色列	数字	2	单故障工作	机械式
"狮"	以色列	数字	4	双故障工作	模拟式

7.2.2 余度分类

按照结构形式分类，余度可按图 7.2 所示进行分类，其中工作余度类是并联各单元同机工作。备用余度类也可以称为后备余度类，其中的非运行状态备用只有一个单元工作，其余处于单元待机状态，而当工作单元故障时，备用单元通过开关逐个替换，直到所有单元故障，系统才故障。备用余度类中的运行状态备用，即所谓热备份，其结构工程上近似等同并联系统。

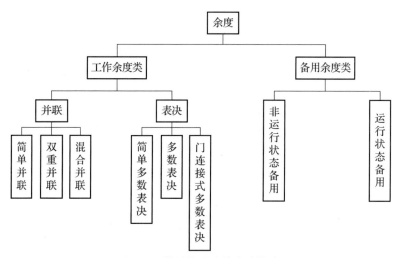

图 7.2 按结构形式的余度分类

若按照余度所使用的资源分类，可分为以下 4 类：硬件余度，通过使用外加的元器件、电路、备份部件等对硬件进行余度；数据/信息余度，通过诸如检错及自动纠错的校验码、奇偶位等方式实现的数据/信息余度；指令/执行余度，通过诸如重复发送、执行某些指令或程序段实现的指令/执行余度；软件余度，通过诸如增加备用程序段、并列采用不同方式开发的程序对软件进行余度。

【例 7.1】某靶弹系统由靶弹和地面设备组成。其中，靶弹由固体发动机、制导控制系统、电气系统、弹体结构件、弹载遥测设备、杀伤效果测量设备、曳光管、贮运发射箱等组成；地面设备由运输发射车、测试发控车、模型训练弹、技术阵地总装测试设备、发射阵地保障设备和配套软件等组成。该系统根据指挥中心的供靶需求，利用地面发射系统，将靶弹按照指定弹道进行发射。

根据精度分配，可采用惯性导航装置或者卫星导航装置，为靶弹的运动轨迹进行导航设计，用元器件计数法，可以预计得到惯性导航装置的故障率为 $\lambda_s = 37.8 \times 10^{-3}/h$，卫星导航装置的故障率为 $\lambda_s = 42.3 \times 10^{-3}/h$，现在要求靶弹的导航系统可靠性在 2 000 s 的工作可靠度为 0.999。

若采用惯性导航、卫星导航的单一导航模式，导航系统的可靠度分别为

$$R_{gd} = e^{-\lambda t} = e^{-37.8 \times 10^{-3} \times 2\,000/3\,600} = 0.979$$

$$R_{wd} = e^{-\lambda t} = e^{-42.3 \times 10^{-3} \times 2\,000/3\,600} = 0.977$$

由计算结果可知，无法满足导航系统可靠度 0.999 的要求。为了满足军方研制任务书的要求，同时考虑项目进度和产品的时间、成本的关系，不能重新研制，需要采用货架产品，采用卫星导航+惯性导航的余度设计模式提高靶弹导航系统的可靠性。采用两个相同功能的导航系统并联就能达到目标，并联后的靶弹导航系统的可靠度为

$$R_{dh} = R_{gd} + R_{wd} = 1 - [1 - \exp(-42.3 \times 10^{-3} \times 2\,000/3\,600)] \times$$
$$[1 - \exp(-37.8 \times 10^{-3} \times 2\,000/3\,600)] = 0.999\,5$$

7.2.3 工作要求

并联余度对产品可靠性的影响如图 7.3 所示。并联余度 n 增加会带来以下 4 方面的影响：

（1）任务可靠度提高；
（2）增加额外部件的成本；
（3）增加系统的尺寸或质量；
（4）维修和预防性维护的增加。

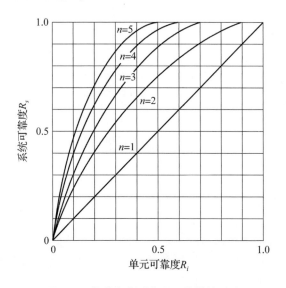

图 7.3 并联余度对产品可靠性的影响

因此，并非 n 越大越好，且随着 n 的增加，余度带来的可靠性提高效果越发不明显。余度设计中常采用的余度数不会特别多，如动力装置、安全装置、制动装置并联时，常取 $n = 2 \sim 3$。余度（冗余）设计会增加系统的尺寸或质量，特别是机械系统采用并联结构时，

尺寸、种类、质量都随着并联数成倍地增加，因此不如在电子、电信设备中用得广泛。

通过采用不同的余度结构，可在单元可靠度相同的情况下，获得具有较高任务可靠性的产品系统，对余度进行优化。例如，假设单元可靠性已知，希望提高系统的可靠性。这里并联的单元数量为设计变量，如果费用与单元有关，就可执行最优方案，在不同单元中分配余度。假设一个系统中有 m 个独立单元，为串联关系，令

（1） $R_i(t)$ 为已知的单元 i 在 t 时刻的可靠度；

（2） n_i 为并联单元 i 的数量（设计变量）；

（3） c_i 为单元 i 的费用；

（4） B 为额外单元（余度）的可用预算。

则可形成如下所示的优化问题，寻求最佳的并联单元数量，在最大化系统任务可靠性的同时，满足费用约束，即余度之后增加的费用不超过可用预算。

$$\left.\begin{array}{l}\max \quad R_s(t) = \prod_{i=1}^{m}\{1-[1-R_i(t)]^{n_i}\} \\ \text{s.t.} \quad \sum_{i=1}^{m} c_i n_i \leq B + \sum_{i=1}^{m} c_i\end{array}\right\} \tag{7.1}$$

余度设计往往使整机的体积、质量、费用均相应增加。余度设计在提高任务可靠度的同时降低了基本可靠性，使维修保障成本提高。采用余度设计时，要在可靠性、体积、质量及成本4个方面进行权衡。系统是否采用余度设计，需从可靠性、安全性指标要求的高低，元器件和成品的可靠性水平，非余度和余度方案的技术可行性，研制周期和费用，使用、维护和保障条件，质量、体积和功耗的限制等方面权衡分析后确定。在进行余度设计时，不是构成系统所有的单元都需要进行余度设计，而是应选取那些可靠性薄弱环节和对执行任务及安全性影响至关重要单元进行余度设计。为了提高系统的任务可靠性，可以对单元进行权衡。如果提高单元的元器件可靠性可以与进行余度设计有相同可靠性水平，同时提高单元的元器件水平较容易且成本不高，那就采取提高单元的元器件可靠性水平，即选用高可靠性元器件，尤其对长期工作的通信产品尤为重要，其往往在较长工作时间更能体现选用高可靠性元器件的优越性。

7.3 降额设计

7.3.1 基本思想

电子产品和机械产品都应该进行降额设计。降额设计基本思想是在设计时有意识地降低元器件在工作时所承受的热、电、机械等各种应力，包括环境应力和工作应力，如电应力、温度应力、结构应力等，使工作应力低于其额定应力，以达到改善元器件可靠性的目的。降额设计可以通过降低零件承受的应力或提高零件强度的办法来实现。

研究表明，元器件在额定条件下工作，环境、工作应力的变化会造成元器件的故障。实质上，缓慢的物理化学变化，会使元器件特性退化、功能丧失，这种变化的快慢与温度和施加在元器件上的应力大小直接相关。例如，纸介电容器在额定电压下的故障率为 $7.5 \times$

$10^{-5}/h$，而在 50% 额定电压下的故障率为 $0.5 \times 10^{-5}/h$，即可靠性额定电压下的 15 倍；变压器的内部温度为 100 ℃时的故障率为 $11 \times 10^{-5}/h$，而在内部温度为 60 ℃的故障率为 $0.05 \times 10^{-5}/h$，即可靠性是内部温度为 100 ℃时的 22 倍。因此，可以通过改善元器件的环境条件、降低零件承受的应力来提高可靠性。当然，故障率降低的数量并不与工作应力水平的降低成正比，它们之间有个极限值，超过极限值之后，再降低工作水平对提高可靠性作用不大。

降额设计对电子产品非常有效，即可将电压或电流额定值设计得高于实际值。电压和温度是电子元器件常用的降额应力。对于电子元器件，已有一些降额工作的曲线和图表，给出了不同降额工作水平和不同温度下故障率的百分比，这些可以通过各种元器件手册查到。

当机械零部件的载荷应力以及承受这些应力的具体零部件的强度在某一范围内呈不确定分布时，可以采用提高平均强度（如通过加大安全系数实现）、降低平均应力、减少应力变化（如通过对使用条件的限制实现）、减少强度变化（如合理选择工艺方法、严格控制整个加工过程或通过检验或试验剔除不合格的零件）等方法来提高可靠性。

另一种降额设计是改善元器件的环境条件（温度、湿度、震动、冲击）。用密封、保温等措施均可改善元器件的环境条件，从而提高可靠性。例如，导弹仪器舱采用隔热、防震和消声的措施可以提高系统的可靠性。

降额设计广泛应用于电子元器件，同时电控系统、机械零部件、机械结构都存在降额设计问题。

7.3.2 方法介绍

降额设计最重要的是确定降额准则，具体如何确定呢？工程经验证明，大多数机械零件在低于额定承载应力条件下工作时，其故障率较低，可靠性较高。为了找到最佳降额值，需做大量的试验研究。对于元器件降额，可采取的方法有电阻降低功率、电容降低工作电压、半导体降低工作功率、数字电路降低周围环境和电负荷。电子元器件降额设计时，降额系数可采用电流、电压和功率降额系数。降额幅度越大，寿命越长，但质量、体积和成本增加，有时反而带来不利影响，因而存在一个优化问题。

降额设计的主要任务是合理选定降额系数。降额系数（降额因子）= 实际工作应力/额定应力 <1，最佳范围为 0.5~0.9。表 7.3 为常见元器件的降额系数。

表 7.3 常见元器件的降额系数

元器件种类	降额系数	降额等级		
		Ⅰ级	Ⅱ级	Ⅲ级
线性电路 双极性或 MOS （中小规模）	电源电压/最大绝对值	0.70	0.80	0.80
	输入电压/最大绝对值	0.60	0.70	0.70
	输出电流/最大功能值	0.70	0.80	0.80
	最高结温/℃	80	95	105

续表

元器件种类	降额系数	降额等级		
		Ⅰ级	Ⅱ级	Ⅲ级
双极性数字电路（中小规模）	电源电压容限/标称值	±3%	±5%	见技术条件
	频率/最大值	0.80	0.90	0.95
	输出电流/最大值	0.80	0.90	0.90
	最高结温/℃	85	100	115
MOS、CMOS数字电路（中小规模）	电源电压/最大绝对值	0.70	0.80	0.80
	频率/电源电压最大值	0.80	0.80	0.90
	输出电流缓存器触发器/A	0.80	0.90	0.90
	最高结温/℃	85	100	110
电压调整器	电源电压/最大绝对值	0.70	0.80	0.80
	输入电压/最大绝对值	0.70	0.80	0.80
	输入输出电压差/V	0.70	0.80	0.80
	输出电流/最大绝对值	0.70	0.75	0.80
	最高结温/℃	80	95	105

降额应该从怎样的温度、电应力值开始降额，降额多少才合适呢？通常采用降额图法、降额系数法。图 7.4 为半导体器件典型的降额曲线，当工作温度达到 T_s 时，则开始降额。图 7.5 显示了最高温度为 150 ℃ 的半导体器件降额图，从图中可以看到开始降额的温度值以及降额的幅度。

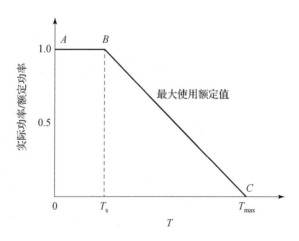

图 7.4　半导体器件典型的降额曲线

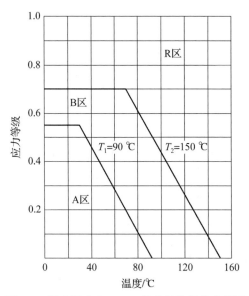

图 7.5　最高温度为 150 ℃的半导体器件降额图

7.3.3　工作要求

开展降额设计需掌握的准则有以下 4 点：

（1）系统中故障率较高，功能很强，采用其他技术途径难以达到提高可靠性要求的重要组成单元、子系统、元器件，在必要时采用降额设计。

（2）对负载、应力等降低幅值不能过大，应该仔细分析计算，并尽可能通过试验考核，降额之后应确保系统（子系统、组成单元）的功能和可靠度要求，不致引起性能下降。

（3）机械结构的应力不能降得太小，即安全系数不能过大，不能导致体积、质量的大幅度上升。

（4）电子元器件在降额使用时，应保证良好的工作特性曲线。线性元器件降额只能在线性范围，不能出现非线性。

7.4　裕度设计

7.4.1　基本思想

在机械可靠性设计领域，为了保证结构的安全可靠，在设计中引入一个大于 1 的安全系数，试图保障机械零件不发生故障，这种设计方法就是裕度设计方法，通常也称为安全系数法。对于机械零件产品，采用裕度设计方法可以有效保证其许用强度以一定比例（安全系数）大于其内部应力。对于涉及安全的重要零部件，还可以采用极限设计方法，以保证其在最恶劣的极限状态下也不会发生故障。裕度设计方法的特点有直观、易懂、使用方便，通常应用于机械可靠性设计领域。

裕度设计有两种类型：第一种是中心裕度设计方法，定义安全系数为结构强度极限的样本均值 μ_s 与危险截面应力样本均值 μ_L 的比值；第二种是可靠性裕度设计方法，定义安全系

数为可靠度 R_r 对应的构件材料强度下限值 $S_{\min}$ 与可靠度为 R_s 对应的工作应力上限值 $L_{\max}$ 之间的比值，则安全系数为

$$n_R = S_{\min}/L_{\max} \tag{7.2}$$

其中，可靠性裕度设计方法使工作应力的极大值 $L_{\max}$ 小于构件材料极限应力的极小值 $S_{\min}$。

7.4.2 方法特点

裕度设计方法也存在不少问题。首先，裕度设计方法通过选取一定的安全系数，经过长期实践检验具有其可行性，但是从本质来讲存在问题，常规设计法虽然综合考虑某些方面影响因素确定安全系数 n，但是它具有相当的盲目性和主观性，不同的设计者对同样条件下工作的零件安全系数值的选择常有较大的差异。

其次，裕度设计方法不能明确显示设计的安全程度。例如，$n=1.5$，形式上好像设计的零件强度有 50% 的安全裕度，即能承受 50% 的超载。实际上由于载荷与材料强度的随机性，零件可能超载 100% 尚未破坏，也可能仅受 90% 就发生破坏。安全系数选择没有与可靠性指标联系起来，主观随意性较大，因人而异，不能给出设计效果的精确度量。传统安全系数的特点决定了在设计中采用它是不能保证机械结构可靠性的。表 7.4 列举了 11 个与不同的均值和标准差相对应的安全系数及可靠度（表中应力和强度均为正态分布）。可见，在同样的安全系数下，结构可靠性可能相差很大。例如，表中前 8 个例子，安全系数都是 2.5，但可靠度却是从 0.662 8 一直到接近 1，而第 9 例安全系数是 5，可靠度为 0.973 8，第 10 例安全系数是 1.25，可靠度却是 0.999 1。

表 7.4 安全系数与可靠度

序号	强度均值 μ_S	应力均值 μ_L	强度标准差 σ_S	应力标准差 σ_L	安全系数 μ_S/μ_L	可靠度 R
1	500	200	20	25	2.5	~1.0
2	500	200	80	30	2.5	0.999 7
3	500	200	100	30	2.5	0.997 9
4	500	200	80	75	2.5	0.996 5
5	500	200	120	60	2.5	0.987
6	500	100	20	25	2.5	0.964
7	250	100	10	15	2.5	0.916 6
8	250	100	250	255	2.5	0.662 8
9	500	100	200	50	5.0	0.973 8
10	500	400	20	25	1.25	0.999 1
11	500	100	50	50	5.0	~1.0

在常规设计中，人们为了弥补安全系数的不准确性，常常采用较大的安全系数，以防止零件的破坏，从而导致零件尺寸和质量加大。对于飞行器设计，由于对气动特性估计存在较

大不确定性,在进行控制系统设计时,往往施加非常大的拉偏带,即让气动系数存在很大范围的波动。由于安全系数过大严重制约了控制性能的提升,进而制约飞行器总体设计水平的提升,因此突破这类基于裕度设计的保守性非常重要。

7.5 概率设计

机械结构的可靠性一般比电子设备高。机械设计的可靠性传统方法是裕度设计方法,一旦给定了安全系数,根据机械结构的应力性质与所选用材料来确定极限应力(如强度极限、屈服极限、疲劳极限等),然后计算许用应力,从而确定所设计的结构尺寸。裕度设计方法将强度和应力作为常量进行设计的方式存在其固有的问题,即实际强度和应力都具有随机性,理应看作随机变量,设计会更加合理,而不是盲目地要求产品的平均强度增加。

此外,大量事实表明,电子设备虽然容易出现故障,但发生的故障不一定都对系统产生严重后果。机械结构虽然不容易出现故障,然而却可能发生罕见的故障而产生灾难性后果,如大型压力贮罐破裂、锅炉爆炸、飞机失事等。因此,进行机械结构的可靠性设计,保证机械结构的高可靠性,是一项十分重要的工作。本节将介绍机械结构可靠性设计的概率设计法。

7.5.1 应力与强度的随机性

在机械产品中,广义的应力是引起故障的负荷,强度是抵抗故障的能力。应力是外界环境施加的,在试验或工作环境中,应力不可能是一成不变的,其受随机因素的影响;产品的强度也不可能一成不变,其受产品材料,如均匀程度、密度等影响,因此产品的强度也是随机变量。随着科学技术的发展,人们已经认识到工作应力和极限应力的随机性。例如,设计自行车,由于骑车人体重各异,道路及车速不同,实际载荷不是一个确定值,而是随机变量。由于加工误差的存在,零件实际尺寸也是随机变量,因此零件的工作应力也是随机变量。此外,相同材料试验结果表明其极限应力也是随机变量。

由于影响应力和强度的因素具有随机性,所以应力和强度具有离散性。要确定应力和强度的随机性,首先应了解影响应力和强度随机性的因素。影响应力的主要因素有所承受的外载荷、结构的几何形状和尺寸、材料的物理特性等;影响强度的主要因素有材料的机械性能、工艺方法和使用环境等。下面对这些影响应力和强度的随机性因素进行介绍。

1. 载荷

机械产品所承受的载荷大都是一种不规则的、不能重复的随机性载荷。例如,自行车因人的体重和道路的情况等差别,其载荷就是随机变量。飞机的载荷不仅与载重量有关,而且与飞机质量、飞行速度、飞行状态、气象及驾驶员操作有关。零件的故障通常是其所承受的载荷超过了零件在当时状态下的极限承载能力的结果。零件的受力状况包括载荷类型、载荷性质,以及载荷在零件中引起的应力状态。

实际上,机械结构所受应力很难控制为一个常数值。例如,汽车车架的载荷随时间变化曲线如图 7.6 所示,从该图可以看出,其所受载荷随时间有较大的变化,因此可以判断它所受的应力也随时间有较大的变化,而不是一个常数值。

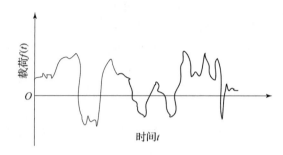

图 7.6　汽车车架的载荷随时间变化曲线

2. 设计与几何形状及尺寸

由于制造（加工、装配）误差是随机变量，所以零件的尺寸也是随机变量。设计方案的合理性和设计考虑因素不周到是零件故障的重要原因之一。例如，轴的台阶处直角形过渡、过小的内圆角半径、尖锐的棱边等造成应力集中，这些应力集中处有可能成为零件破坏的起源地。对零件的工作条件估计错误，如对工作中可能的过载估计不足，造成设计的零件承载能力不够。选材不当是导致故障的另一个重要原因，设计者仅根据材料的常规性能指标做出决定，而这些指标根本不能反映材料对所发生故障类型的抗力。

3. 材料性能与生产情况

生产中的随机因素非常多，如毛坯生产中产生的缺陷和残余应力，热处理过程中材质的均匀性难保一致，机械加工对表面质量的影响，装配、搬运、储存和堆放、质量控制、检验的差异，这些因素构成了影响应力和强度的随机因素。零件的故障原因还与材料的内在质量以及机械制造工艺质量有关，如冶金质量、机械制造工艺缺陷。机械零件的材料在冶炼、锻造、焊接和热处理等加工过程中存在差异，试样的取样位置、试验加载方式、试验环境的不同以及尺寸公差等因素也会影响测得的材料强度，最终导致强度试验数据产生离散现象。例如，用同种材料做成 5 个同型标准试件，在万能材料试验机上进行拉伸试验，得到的应力 – 应变曲线如图 7.7 所示。从该图中可以清楚地看到，实际试件没有两个试件有相同曲线，即使对同种材料得到的应力 – 应变曲线也不是一条，这说明各种材料的机械性能（如极限 σ_p、

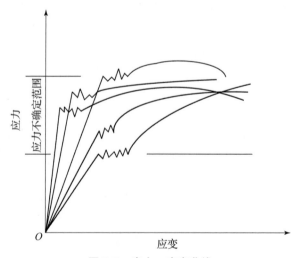

图 7.7　应力 – 应变曲线

弹性极限 σ_e、屈服极限 σ_s 和强度极限 σ_b）不是一个常数值，而是一组离散数值，但其离散程度一般没有应力（载荷）的离散程度大。

4. 使用维护情况

使用维护情况主要指使用中的环境影响以及操作人员和使用维护的影响，如工作环境中的温度、湿度、沙尘、腐蚀液（气）等的影响，操作人员的熟练程度和维护保养的好坏。机器的使用和维修状况也是故障分析必须考虑的一个方面。机器在使用过程中超载使用、润滑不良、清洁不好、腐蚀生锈、表面碰伤、共振频率下使用、违反操作规程、出现偶然事故、没有定期维修或维修不当等，都会造成零件的早期破坏。

总而言之，在工程实际中，机械结构所承受的应力及所具有的强度都是一组离散性的随机变量，重要的是应了解其概率分布规律。

7.5.2 应力与强度的分布

机械结构常见的应力和强度的概率分布类型有 3 种，即正态分布、对数正态分布、威布尔分布，具体介绍如下：

（1）正态分布。一般机械零件的静强度、材料性能、尺寸偏差等基本上可归纳为正态分布，它是机械结构强度中最常见的一种分布。

（2）对数正态分布。结构的疲劳强度常呈现这种分布。

（3）威布尔分布。它有 3 个参数（即形状、位置、尺寸参数），特别是形状参数，使其对于连续随机变量，它是适应性最好的一种分布。也正因为这 3 个参数，威布尔分布应用起来较复杂，从而使它在一些统计推断和可靠性统计的使用中受到限制。

此外，随着机械运转或者存放时间的增加，由于疲劳、磨损或老化变质等因素的作用，应力与强度分布的相对位置也在变化。例如，图 7.8 显示了这种变化对结构可靠性变化的影响。在时间 $t = 0$ 时，全部结构的强度都大于应力，结构在完全可靠地工作；时间变化到 t_1 时刻时，由于强度分布的下降，部分结构的强度小于应力（图中阴影部分），结构不能可靠地工作。机械结构的这种可靠性变化应引起重视。

7.5.3 应力－强度干涉理论

概率设计法以应力－强度干涉理论为基础，将应力和强度作为服从一定分布的随机变量处理。因此，应用概率统计理论对机械零件和部件进行设计，保证具有一定的可靠度要求，此时允许工作应力与极限应力具有一定的干涉，这种分布称为应力－强度干涉模型。

1. 传统安全系数和可靠性

传统安全系数法取安全系数 $C = \mu_S/\mu_L$。图 7.9（a）～（d）中具有相同 μ_S 和 μ_L 数值，故具有相同的安全系数，但其可靠性却有较大差异。图 7.9（a）、（b）最大应力小于等于最小强度，应力和强度分布曲线无干涉区，因此可靠性 $R_a = R_b = 1$；图 7.9（c）、（d）最大应力大于最小强度，应力和强度分布曲线有干涉区（图中阴影部分），故其可靠性 $0 < R_c$（或 R_d）< 1。产生上述差异的原因可以从图中明显地看出，即原因是 4 种情况的应力和强度分布的离散程度不同，图 7.9（a）离散程度最小，图 7.9（b）、（c）次之，图 7.9（d）离散程度最大。在工程实践中，任何机械结构的应力和强度的散布都是客观存在的，在这种前提下为了保证机械结构的可靠性，应如何选择安全系数呢？显然，图 7.9（a）是不可取的，

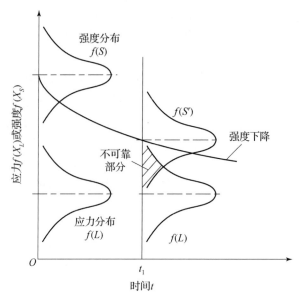

图 7.8 应力与强度分布相对位置的变化对结构可靠性变化的影响

因为尽管这种情况的可靠性很高,但所取安全系数过大,会使结构质量加大,浪费材料。图 7.9(b)~(d)较直观地反映了安全系数对可靠性的影响。在工程实践中,根据对其结构可靠性的不同要求,可按图 7.9(b)~(d)的不同情况确定安全系数。为此,仅了解机械结构可靠性与应力、强度的均值和离散程度的定性关系是不够的,还应掌握它们之间的定量关系。

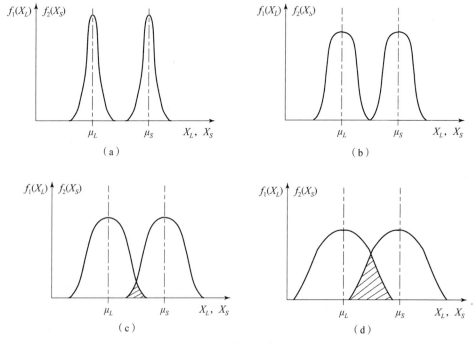

图 7.9 应力和强度分布

2. 应力-强度干涉理论

图 7.9（c）、（d）中的阴影部分称为应力-强度干涉区。现将图 7.9（c）、（d）中的干涉区放大，如图 7.10 所示。

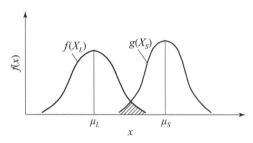

图 7.10　应力-强度干涉理论模型

假设应力为 X_L，则当强度 X_S 大于应力时，结构是安全可靠的。应力 X_L 和强度 X_S 均为随机变量，则 $X_S - X_L$ 也为随机变量。应力与强度关系存在以下 3 种关系：

（1）$P(X_S > X_L) \to 1$，安全系数 $\gg 1$，虽然可靠性很高，但必然引起质量和体积增大，应予以避免；

（2）$P(X_S > X_L) \to R$，安全系数为适当值，应重点关注；

（3）$P(X_S > X_L) \to 0$，安全系数 $\ll 1$，应予以避免。

因此，强度大于应力情况的概率，即结构的可靠性为

$$R = P(X_S > X_L) \tag{7.3}$$

式（7.3）即为应力-强度干涉模型。

为了计算上式所示的可靠度，绘制图 7.11 所示的应力-强度干涉区图。令所给应力 X_L 在一个区间 $\left[x_L - \dfrac{\mathrm{d}x}{2},\ x_L + \dfrac{\mathrm{d}x}{2}\right]$ 内取值，根据概率论，面积 A_1 表示应力在该区间的概率，即

$$P\left(x_L - \frac{\mathrm{d}x}{2} < X_L < x_L + \frac{\mathrm{d}x}{2}\right) = f_1(x_L)\,\mathrm{d}x = A_1 \tag{7.4}$$

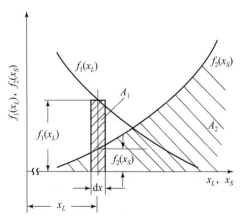

图 7.11　应力-强度干涉区图

强度大于 x_L 的概率，以图 7.11 中的面积 A_2 表示为

$$P(X_S > x_L) = \int_{x_L}^{+\infty} f_2(x_S)\,\mathrm{d}x = A_2 \tag{7.5}$$

因为 $\left(x_L - \dfrac{dx}{2} < X_L < x_L + \dfrac{dx}{2}\right)$ 与 $(X_S > x_L)$ 为两个独立事件，且只要结构不发生破坏，这两个事件都发生。按概率乘法定理，两个独立事件同时发生的概率等于两个事件单独发生概率的乘积，则区间 $\left[x_L - \dfrac{dx}{2},\ x_L + \dfrac{dx}{2}\right]$ 内的可靠度 dR 为

$$dR = f_1(x_L) dx \int_{x_L}^{+\infty} f_2(x_S) dx \tag{7.6}$$

整个应力分布的可靠度 R 为

$$R = \int_{-\infty}^{+\infty} dR = \int_{-\infty}^{+\infty} f_1(x_L) \left[\int_{x_L}^{+\infty} f_2(x_S) dx\right] dx \tag{7.7}$$

根据积分性质，上式也可写为

$$R = \int_{-\infty}^{+\infty} f_2(x_S) \left[\int_{x_S}^{+\infty} f_1(x_L) dx\right] dx \tag{7.8}$$

当函数 $f_1(x_L)$ 和 $f_2(x_S)$ 已知时，利用式（7.7）和式（7.8）可以计算出机械结构的可靠度。

设应力 X_L 和强度 X_S 都是正态分布，则其概率密度函数分别为

$$f_1(x_L) = \dfrac{1}{\sqrt{2\pi}\sigma_L} e^{-\dfrac{(x_L - \mu_L)^2}{2\sigma_L^2}},\quad -\infty < x_L < +\infty \tag{7.9}$$

和

$$f_2(x_S) = \dfrac{1}{\sqrt{2\pi}\sigma_S} e^{-\dfrac{(x_S - \mu_S)^2}{2\sigma_S^2}},\quad -\infty < x_S < +\infty \tag{7.10}$$

式中，μ_L 和 μ_S 分别为应力和强度的均值；σ_L 和 σ_S 分别为应力和强度的标准差。

由于可靠性是指随机变量 X_S 大于随机变量 X_L 的概率，如果令 $\delta = X_S - X_L$，则可靠性为随机变量 δ 的概率。因为 X_S 和 X_L 都是正态分布，故此它们之差 δ 也是正态分布的随机变量，其概率密度函数为

$$f(\delta) = \dfrac{1}{\sqrt{2\pi}\sigma_\delta} e^{-\dfrac{(\delta - \mu_\delta)^2}{2\sigma_\delta^2}} \tag{7.11}$$

根据概率论理论可知，上式中 $\mu_\delta = \mu_S - \mu_L$，$\sigma_\delta = \sqrt{\sigma_S^2 + \sigma_L^2}$，于是机械结构可靠度为

$$R = P(X_S > X_L) = P(\delta > 0) = \dfrac{1}{\sqrt{2\pi}\sigma_\delta} \int_0^{+\infty} e^{-\dfrac{(\delta - \mu_\delta)^2}{2\sigma_\delta^2}} d\delta \tag{7.12}$$

令 $u = \dfrac{\delta - \mu_\delta}{\sigma_\delta}$，则当 $\delta = 0$ 时，$u = \dfrac{-\mu_\delta}{\sigma_\delta}$；当 $\delta = +\infty$ 时，$u = +\infty$；且有 $d\delta = \sigma_\delta du$。

将上述变量代入式（7.12），则有

$$R = \dfrac{1}{\sqrt{2\pi}\sigma_\delta} \int_{-\dfrac{\mu_\delta}{\sigma_\delta}}^{+\infty} e^{-\dfrac{u^2}{2}} \sigma_\delta du = \dfrac{1}{\sqrt{2\pi}} \int_{-\dfrac{\mu_\delta}{\sigma_\delta}}^{+\infty} e^{-\dfrac{u^2}{2}} du \tag{7.13}$$

令 $Z = \dfrac{\mu_\delta}{\sigma_\delta}$，并代入式（7.13），则有

$$R = \dfrac{1}{\sqrt{2\pi}} \int_{-Z}^{+\infty} e^{-\dfrac{u^2}{2}} du \tag{7.14}$$

由于标准正态分布随机变量的概率密度函数曲线对称于纵坐标轴，如图 7.12 所示。这

样可以判断图 7.12 中左右两图的阴影面积相等，故有

$$\frac{1}{\sqrt{2\pi}}\int_{-Z}^{+\infty} e^{-\frac{u^2}{2}} du = \frac{1}{\sqrt{2\pi}}\int_{-\infty}^{Z} e^{-\frac{u^2}{2}} du \tag{7.15}$$

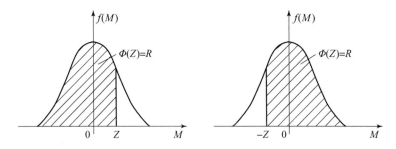

图 7.12　标准正态分布的对称性

则机械结构可靠度也可用下式表示：

$$R = \frac{1}{\sqrt{2\pi}}\int_{-\infty}^{Z} e^{-\frac{u^2}{2}} du \tag{7.16}$$

式（7.16）为典型的标准正态分布函数。

使用表 7.5，根据已知积分限 Z 可查得 R，同样也可以从已知的 R 查得 Z（表 7.6）。式（7.16）中的积分限 Z 可由下式求得，即

$$Z = \frac{\mu_\delta}{\sigma_\delta} = \frac{\mu_S - \mu_L}{\sqrt{\sigma_S^2 + \sigma_L^2}} \tag{7.17}$$

表 7.5　由 Z 求 R

Z	0.0	0.1	0.2	0.3	0.4	0.5	0.6	0.7	0.8	0.9
3	0.9$_2$865	0.9$_3$032	0.9$_3$313	0.9$_3$617	0.9$_3$663	0.9$_3$767	0.9$_3$841	0.9$_3$892	0.9$_4$277	0.9$_4$519
4	0.9$_4$683	0.9$_4$793	0.9$_4$867	0.9$_5$146	0.9$_5$459	0.9$_5$660	0.9$_5$789	0.9$_5$870	0.9$_6$207	0.9$_6$521
5	0.9$_6$713	0.9$_6$830	0.9$_7$004	0.9$_7$421	0.9$_7$667	0.9$_7$810	0.9$_7$893	0.9$_8$401	0.9$_8$668	0.9$_8$818
6	0.9$_9$013	0.9$_9$470	0.9$_9$718	0.9$_9$851	0.9$_{10}$223	0.9$_{10}$598	0.9$_{10}$794	0.9$_{10}$896	0.9$_{11}$477	0.9$_{11}$740

表 7.6　由 R 求 Z

R	Z	R	Z	R	Z
0.5	0	0.995	2.576	0.999 999	4.753
0.9	1.282	0.999	3.091	0.999 999 9	5.199
0.95	1.645	0.999 9	3.719	0.999 999 99	5.612
0.99	2.326	0.999 99	4.265	0.999 999 999	5.997

我们称式（7.17）为联结方程，当载荷与强度都服从正态分布时，它是把结构强度、载荷和结构可靠性三者联系起来的最基本的关系式，而把 Z 称为可靠性系数或概率安全余

量。认识应力-强度干涉模型很重要，这里应特别注意此处提及的应力、强度均为广义的应力和强度。广义应力可以是任何导致故障（失效）的因素，如温度、电流、载荷；广义强度可以是任何阻止故障（失效）的因素，如极限应力、额定电流。

关于应力-强度干涉模型有3点说明：①干涉模型是可靠性分析的基本模型，无论什么情况均适用；②干涉区的面积越大，可靠度越低；③关于R的计算公式仅为干涉模型的公式化表示，实际应用意义很小。

3. 两类可靠性问题

对于概率设计，通常涉及两类可靠性问题：①已知可靠性系数Z，求$R=\Phi(Z)$，这属于可靠性估计；②已知可靠性要求R，求可靠性系数$Z=\Phi^{-1}(R)$，这属于可靠性设计。接下来通过算例对这两类可靠性问题分别进行介绍。

【例7.2】某发动机零件在正态分布的应力条件下工作，其强度亦为正态分布。综合应力均值$\mu_L=24\ 108\ \text{N/cm}^2$（241.08 MPa），标准差$\sigma_L=2\ 753.8\ \text{N/cm}^2$（27.54 MPa）；零件综合强度均值$\mu_S=56\ 497\ \text{N/cm}^2$（564.97 MPa），标准差$\sigma_S=5\ 507.6\ \text{N/cm}^2$（55.08 MPa）。求零件的可靠度$R$的大小。

若假定该零件因热处理使其综合强度标准差增大到$10\ 339\ \text{N/cm}^2$（103.39 MPa），则该零件的可靠度有何变化？

解：本例属于第一类问题——可靠性估计，下面举例说明式（7.17）和表7.5的使用。

（1）求零件热处理前的可靠度。根据式（7.17）求出可靠性系数：

$$Z=\frac{\mu_S-\mu_L}{\sqrt{\sigma_S^2+\sigma_L^2}}=\frac{56\ 497-24\ 108}{\sqrt{5\ 507.6^2+2\ 753.8^2}}=5.26$$

由表7.5查得可靠度为

$$R=0.999\ 999\ 9$$

（2）求零件热处理后的可靠度。根据式（7.17）计算Z值：

$$Z=\frac{56\ 497-24\ 108}{\sqrt{10\ 339^2+2\ 753.8^2}}=3.03$$

通过查阅标准正态分布函数表可得

$$R=\Phi(Z)=0.998\ 777$$

（3）结论。当该零件进行热处理后，可靠度R从0.999 999 9下降到0.998 777。由此可见，当零件工作应力或材料性能等有关系数发生波动后，可以从联结方程看出可靠度变化的情况。

【例7.3】一根钢丝绳受到拉伸载荷$F \sim N(544.3,113.4^2)\text{kN}$，已知钢丝的承载能力$Q \sim N(907.2,136^2)\text{kN}$。求该钢丝的可靠度$R$。

解：这属于第一类问题——可靠性估计，则

$$Z=\frac{\mu_Q-\mu_F}{\sqrt{\sigma_Q^2+\sigma_F^2}}=\frac{907.2-544.3}{\sqrt{136^2+113.4^2}}=2.049\ 4$$

因此，$R=\Phi(2.049\ 4)=0.979\ 82$。

若采用另一厂家生产的钢丝绳，由于管理严格，钢丝绳的质量一致性较好，Q的标准差降为90.7 kN，这时有

$$Z\approx 2.5, R=\Phi(2.5)=0.993\ 9$$

比较上述分析可知，安全系数 $\mu_Q/\mu_F \approx 1.67$ 并未改变，但由于 Q 的标准差减小，使可靠性增加，即 $\sigma_Q \downarrow \Rightarrow R \uparrow$，这也进一步说明传统安全系数法的不足。

【例7.4】 某连杆机构中，工作时连杆受拉力 $F \sim N(120,12^2)$ kN，连杆材料为 Q275 钢，强度极限 $\sigma_B \sim N(238,19.04^2)$ MPa，连杆的截面为圆形，要求具有 0.9 的可靠度。试确定该连杆的半径 r。

解：本例属于第二类可靠性问题——可靠性设计。

设连杆的截面积为 A（mm^2），则应力为

$$\sigma = \frac{F}{A} = \frac{(120,12^2) \times 10^3}{A}(\text{MPa})$$

因要求 $R = 0.9$，查标准正态分布函数表可得 $Z = \Phi^{-1}(0.9) = 1.285$，因此有

$$\frac{\bar{\sigma}_B - \bar{\sigma}}{\sqrt{S_{\sigma_B}^2 + S_\sigma^2}} = \frac{238 - 12 \times 10^4/A}{\sqrt{19.04^2 + (12 \times 10^3/A)^2}} = 1.285$$

整理可得 $A^2 - 1\,019.17A + 252\,692 = 0$，从中可解得 $A = 593.16\ mm^2$。

因此，$r = \sqrt{\dfrac{593.16}{\pi}} = 13.74$ mm，可取 $r = 14$ mm。

【例7.5】 发动机壳体破裂在发动机故障中属于 II 级严重故障，可能造成严重的损伤，因而在发动机的壳体产品交付过程中，会对一批壳体产品进行水压试验，模拟壳体在设计值的爆破压强条件下能否正常工作，针对某一批次的发动机的壳体，开展地面水压试验，共选取 5 台壳体，测量爆破压强为 8 238 kPa、7 845 kPa、8 532 kPa、8 434 kPa、7 845 kPa。地面点火试验 4 发，测得最大工作压强为 6 385 kPa、6 478 kPa、6 537 kPa、6 400 kPa，假设该发动机由同一批图样、同一批材料和工艺制造（即总体样本一致，服从正态分布），求壳体结构可靠度。

解：根据题设计算爆破压强、工作压强的均值和标准差如下：

$$\hat{\mu}_S = \bar{x}_S = \frac{1}{n_S}\sum_{i=1}^{n_S} x_{Si} = 8\,179\ \text{kPa}$$

$$\hat{\mu}_L = \bar{x}_L = \frac{1}{n_L}\sum_{i=1}^{n_L} x_{Li} = 6\,450\ \text{kPa}$$

$$\hat{\sigma}_S^2 = S_S^2 = \frac{1}{n_S - 1}\sum_{i=1}^{n_S}(x_{Si} - \hat{\mu}_S)^2 = 322.6^2\ \text{kPa}$$

$$\hat{\sigma}_L^2 = S_L^2 = \frac{1}{n_L - 1}\sum_{i=1}^{n_L}(x_{Li} - \hat{\mu}_L)^2 = 70.89^2\ \text{kPa}$$

根据式（7.17）得发动机壳体结构可靠度计算如下：

$$\hat{R} = \Phi\left(\frac{\hat{\mu}_S - \hat{\mu}_L}{\sqrt{\hat{\sigma}_S^2 + \hat{\sigma}_L^2}}\right) = \Phi\left(\frac{\bar{x}_S - \bar{x}_L}{\sqrt{S_S^2 + S_L^2}}\right) = \Phi\left(\frac{1\,729}{330.3}\right) = \Phi(5.235)$$

4. 应力、强度为其他分布

当应力、强度均为指数分布时，它的可靠度如何计算呢？图 7.13 为应力和强度均为指数分布时的干涉模型。

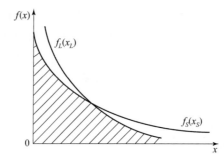

图 7.13 应力和强度均为指数分布时的干涉模型

应力分布函数为

$$F_L(x_L) = 1 - e^{-\lambda_L x_L}, \quad x_L \geqslant 0 \tag{7.18}$$

强度分布密度为

$$f_S(x_S) = \lambda_S e^{-\lambda_S x_S}, \quad x_S \geqslant 0 \tag{7.19}$$

则可靠度为

$$R = \int_{-\infty}^{+\infty} F_L(x_L) f_S(x_S) \mathrm{d}x_S = \int_0^{+\infty} (1 - e^{-\lambda_L x_L}) \lambda_S e^{-\lambda_S x_S} \mathrm{d}x_S = \frac{\lambda_L}{\lambda_L + \lambda_S} = \frac{\bar{x}_S}{\bar{x}_S + \bar{x}_L} \tag{7.20}$$

式中,λ_L 为应力分布参数,$\lambda_L = 1/\bar{x}_L$;λ_S 为强度分布参数,$\lambda_S = 1/\bar{x}_S$;$\bar{x}_L$ 为应力均值;$\bar{x}_S$ 为强度均值。

【例 7.6】 已知某设备工作任务时间服从指数分布,均值 $\bar{x}_L = 2$ h,平均无故障间隔时间也服从指数分布,即 MTBF = $\bar{x}_S = 98$ h。试求完成一次任务的可靠度。

解: 本例中应力为工作任务时间,强度为平均无故障工作时间,这里应用应力和强度的广义定义,由式(7.20)可得

$$R = \frac{\bar{x}_S}{\bar{x}_S + \bar{x}_L} = \frac{98}{98 + 2} = 0.98$$

对于应力和强度都服从正态、指数、对数正态分布的情况,可靠度的计算都非常简单。若应力和强度服从不同的分布,则可靠度的计算相对复杂。表 7.7 对应力和强度服从各种分布下的可靠度计算进行了汇总。若应力和强度服从非常规的分布,难以得到式(7.8)的解析解,此时可采用蒙塔卡罗仿真方法进行求解。

表 7.7 各种分布下的可靠度计算

序号	应力分布	强度分布	可靠度公式
1	正态 $x_L \sim N(\bar{x}_L, s_{x_L}^2)$	正态 $x_S \sim N(\bar{x}_S, s_{x_S}^2)$	$R = 1 - \Phi(Z_R) = \Phi(-Z_R)$ $Z_R = -\dfrac{\bar{x}_S - \bar{x}_L}{\sqrt{s_{x_S}^2 + s_{x_L}^2}}$,$\Phi(\cdot)$ 查正态分布表
2	对数正态 $\ln x_L \sim N(\mu_L, \sigma_L^2)$	对数正态 $\ln x_S \sim N(\mu_S, \sigma_S^2)$	$R = 1 - \Phi(Z_R) = \Phi(-Z_R)$ $Z_R = -\dfrac{\mu_S - \mu_L}{\sqrt{\sigma_S^2 + \sigma_L^2}}$,$\Phi(\cdot)$ 查正态分布表

续表

序号	应力分布	强度分布	可靠度公式
3	自然对数 $x_L \sim \ln(\mu_L, \sigma_L^2)$	自然对数 $x_S \sim \ln(\mu_S, \sigma_S^2)$	$\sigma_L^2 = \ln\left(\dfrac{s_{x_L}^2}{\bar{x}_L^2} + 1\right)$, $\mu_L = \ln \bar{x}_L - \dfrac{\sigma_L^2}{2}$ $\sigma_S^2 = \ln\left(\dfrac{s_{x_S}^2}{\bar{x}_S^2} + 1\right)$, $\mu_S = \ln \bar{x}_S - \dfrac{\sigma_S^2}{2}$
4	常用对数 $x_L \sim \lg(\mu_L, \sigma_L^2)$	常用对数 $x_S \sim \lg(\mu_S, \sigma_S^2)$	$\sigma_L^2 = 0.434\ 3\lg\left(\dfrac{s_{x_L}^2}{\bar{x}_L^2} + 1\right)$, $\mu_L = \lg \bar{x}_L - 1.151\sigma_L^2$ $\sigma_S^2 = 0.434\ 3\lg\left(\dfrac{s_{x_S}^2}{\bar{x}_S^2} + 1\right)$, $\mu_S = \lg \bar{x}_S - 1.151\sigma_S^2$
5	指数 $x_L \sim e(\lambda_L)$	指数 $x_S \sim e(\lambda_S)$	$R = \dfrac{\lambda_L}{\lambda_L + \lambda_S} = \dfrac{\bar{x}_S}{\bar{x}_S + \bar{x}_L}$, $\bar{x}_L = \dfrac{1}{\lambda_L}$, $\bar{x}_S = \dfrac{1}{\lambda_S}$
6	正态 $x_L \sim N(\bar{x}_L, s_{x_L}^2)$	指数 $x_S \sim e(\lambda_S)$	$R = e^{-\frac{1}{2}(2\bar{x}_L \lambda_S - \lambda_S^2 s_{x_L}^2)}$
7	指数 $x_L \sim e(\lambda_L)$	正态 $x_S \sim N(\bar{x}_S, s_{x_S}^2)$	$R = 1 - e^{-\frac{1}{2}(2\bar{x}_S \lambda_L - \lambda_L^2 s_{x_S}^2)}$
8	指数 $x_L \sim e(\lambda_L)$	伽马 $x_S \sim \Gamma(\alpha_S, \beta_S)$	$R = 1 - \dfrac{\beta_S}{\beta_S + \lambda_L}\alpha_S$
9	伽马 $x_L \sim \Gamma(\alpha_L, \beta_L)$	指数 $x_L \sim e(\lambda_S)$	$R = \dfrac{\beta_L}{\beta_L + \lambda_S}\alpha_L$
10	伽马 $x_L \sim \Gamma(\alpha_L, \beta_L)$	正态 $x_S \sim N(\bar{x}_S, s_{x_S}^2)$	$R = 1 - (1 + \bar{x}_S \beta_L - s_{x_S}^2 \beta_L^2) e^{-\frac{1}{2}(s_{x_S}^2 \beta_L^2 - 2\bar{x}_S \beta_L)}$
11	瑞利 $x_L \sim R(\mu_L)$	正态 $x_S \sim N(\bar{x}_S, s_{x_S}^2)$	$R = 1 - \dfrac{\mu_L}{\sqrt{\mu_L^2 + s_{x_S}^2}} e^{-\frac{1}{2}\left(\dfrac{\bar{x}_S^2}{\mu_L^2 + s_{x_S}^2}\right)}$

7.6 稳健性设计

7.6.1 基本思想

传统的设计思想认为只有质量最好的元器件（零部件）才能组装成质量最好的整机，而只有最严格的工艺条件才能制造出质量最好的产品。总之，成本越高，产品的质量越好，可靠性越高。自20世纪70年代开始，世界上技术先进国家已开始以一种全新的设计理念取代了传统的设计思想。这种新的设计理念认为，使用最昂贵的高等级、一致性最好的元器件并不一定能组装出稳健性最好的整机，成本最高，并不一定质量最好。产品抗干扰能力的强弱主要取决于各种设计参数（因素）的搭配。设计参数搭配不同，输出性能的波动大小不同，平均值也不同。这就是稳健性设计的思想。

稳健性设计是由日本著名的质量管理专家田口玄一创立的质量工程观中的一个分支，因此通常被人们称之为田口方法（Taguchi Method）。这是一种低成本、高效益的质量工程方法，强调产品质量的提高不是通过检验，而是通过设计。稳健性设计方法将一个产品的设计划分为系统设计、参数设计和容差设计，是一种在设计过程中充分考虑影响其可靠性的内外干扰而进行的一种优化设计。

据资料介绍，日本数百家公司每年应用田口方法完成10万项左右的实例项目研究，在不增加成本的情况下，大大提高了产品设计和制造质量。田口的稳健性设计方法被日本人作为日本产品打入国际市场并畅销不衰的奥妙之一，是日本经济腾飞的秘诀和成功之道。许多大公司的《设计规程》中明确指出设计人员在设计过程中必须采用田口方法，否则在技术评审中难以通过。美国波音公司已采用田口方法成功地进行了飞机尾翼设计。美国国家航空航天局从1994年开始计划用3~4年时间推行田口方法，从对高级领导人进行培训、转变观念入手，并首先在航天飞机燃料储箱设计中应用。美国每年完成的案例在5 000个以上。美国应用田口方法节约经费达900万美元，且美国70%以上的工程技术人员都了解田口方法。由于世界范围内高技术产业兴起和社会生产力的迅速发展，国际市场竞争的焦点已开始由价格的竞争转向质量设计的竞争。设计竞争的严峻形势迫使每个企业重新考虑其质量经营战略。

产品稳健性和可靠性是正相关的。产品的稳健性通常可以定义为产品在干扰因素影响下，其关键性能依然能够满足用户要求的能力，即要求产品性能对各种扰动因素不敏感。进行稳健性设计的基本思想是令系统的性能对制造过程的波动或工作环境的变化不敏感。

7.6.2 田口的3次设计

田口的3次设计分别为系统设计、参数设计和容差设计。

1. 系统设计

系统设计指的是专业人员根据各个技术领域的专门知识，对产品进行整个系统结构的设计，也就是通常所说的产品质量设计，目的是实现各种设计要求，解决设计要求中可能存在的矛盾，形成设计原型。系统设计阶段，需要求出产品的性能指标与各有关参数之间的函数关系。

2. 参数设计

参数设计指的是在全系统设计基础上，决定或选定系统各参数的最优参数组合。要求不仅应使产品有良好性能，而且在环境改变或元器件有所波动劣化的情况下，按照这种参数组合制造出来的产品，在性能上仍能保持稳定。参数设计的基本原理为不同的设计方案，不同的可控因素水平组合，其质量特性 y 的均值和抗干扰能力（方差）均不同。参数设计的任务是利用质量特性 y 与参数之间的非线性效应，选择功能性最好的参数组合，使均值满足性能要求，同时使方差最小。参数设计涉及如下基本概念：

(1)望目特性、望小特性和望大特性。这里考虑的质量特性或输出特性可以为:望目特性,如结构的最大应力尽可能接近极限应力;望小特性,如最小化结构所受的最大应力;望大特性,如最大化结构所受的最大应力。

(2)信噪比和灵敏度。用来度量某次试验的稳健性优劣程度;信噪比越大,系统的稳健性越好,抗干扰能力越强;灵敏度表示误差与方差的平均变化程度。

(3)试验因素,即试验设计中需要考虑的因素。例如,对导弹气动外形的设计,可以考虑弹体的关键几何参数(如弹径、弹长、头部外形形状和尺寸等)作为试验因素。

(4)试验设计。正交试验设计是最为常用的一种试验设计方法。图7.14显示了常用的正交表 $L_n(t^q)$ 及其各个符号的含义。

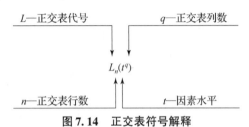

图 7.14 正交表符号解释

正交表 $L_9(3^4)$ 表示最终形成的试验设计样本有 9 行、4 列、3 水平,具体见表 7.8,其中每一行形成一个样本,每列代表各个因素,表中数字代表每个因素对应的水平。

表 7.8 正交试验设计样本

试验号 \ 列号（因素水平）	1	2	3	4
1	1	1	1	1
2	1	2	2	2
3	1	3	3	3
4	2	1	2	3
5	2	2	3	1
6	2	3	1	2
7	3	1	3	2
8	3	2	1	3
9	3	3	2	1

参数设计的实施步骤如下:

(1)确定可控因素水平表,利用正交表进行内设计;可控因素为试验水平可以指定并加以挑选,人为加以控制的因素。

(2)确定误差因素水平表,利用正交表进行外设计(内外表直积法);误差因素为造成产品质量特性波动的原因,包括外干扰、内干扰和外内因素相互干扰。

(3) 实施试验,计算质量特性、信噪比和灵敏度;

(4) 分析试验结果,确定最佳参数设计方案。

找出一组设计,其对误差因素的影响最小、最不敏感,且其对应的性能值与期望值相近。根据具体情况决定采用:

直接择优,即利用正交选优法,经过几轮设计,求得参数的最佳组合。

稳定性择优,即利用正交选优法与误差正交法安排设计方案和计算,得到第一轮优设计的好条件;重复第一轮的步骤,进行第二、第三轮稳健性择优设计,前一轮的好条件作为后一轮的初始条件。如此循环若干轮可找到工程满意的好条件,整数化后即可得稳健性择优设计的参数组合。

下面以图 7.15 所示的复合材料梁结构设计示意图为例,对可控因素相关的正交表的生成进行说明。该梁由一块铝板在其底部固定。L、L_1、L_2、L_3、L_4、L_5、L_6 分别代表梁的总长度和各垂直外力到 O_1 端的距离,大小分别为 1 400 mm、200 mm、400 mm、600 mm、800 mm、1 000 mm、1 200 mm。A 和 B 代表梁的宽度和高度,C 和 D 代表铝板截面的宽度和高度(A、B、C 和 D 单位均为 mm),P_1、P_2、P_3、P_4、P_5、P_6 为均匀间距地分布在梁上的垂直外力(单位为 kN)。E_w、E_a 分别代表梁和铝板的杨氏模量,其值分别为 $E_w = 8.75$、$E_a = 70$(单位为 GPa)。

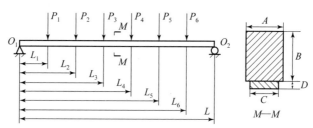

图 7.15 复合材料梁结构设计示意图

考虑可控因素为梁的宽度 A 和高度 B、铝板截面的宽度 C 和高度 D,其变化范围见表 7.9。

表 7.9 复合材料梁设计变量变化范围

设计变量	A	B	C	D
上限	110	220	85	22
下限	90	180	75	18

选用正交设计 $L_9(3^4)$ 作为内表设计。根据表 7.9 提供的变化范围,指定每个因素为 3 水平,生成内设计正交试验样本,具体如表 7.10 所示。

表 7.10 内设计正交试验样本

样本编号\设计变量	A	B	C	D
1	90	180	75	18
2	90	200	80	20

续表

设计变量 样本编号	A	B	C	D
3	90	220	85	22
4	100	180	80	22
5	100	200	85	18
6	100	220	75	20
7	110	180	85	20
8	110	200	75	22
9	110	220	80	18

3. 容差设计

选择系统各元器件的最佳参数组合是参数设计的目的。当仅用参数设计还不能充分衰减内、外噪声的影响时，即使要增加成本，也应将元器件自身的波动控制在一定的范围之内，这就是容差设计的目的。因此，容差设计在参数设计之后进行。

对产品的某个性能指标而言，若产品过于依赖它的某个元器件或某一部分性能，也就是说产品对某一部分的改变非常敏感，这种产品就不是好的产品。

首先要研究按参数设计确定的最佳水平组合取值。各误差因素的各水平均确定之后，即可将误差因素分配给选定的正交表。在直接对这些数据进行方差分析后，即可判断哪些误差因素对质量特性值的影响大。对于贡献大的误差因素，可选用质量等级高的优质元器件，这样就能有效控制质量特性值的波动，提高产品质量的稳定性。由于采用高质量的元器件将提高产品成本，故应结合经济性分析来确定元器件的容差。产品的功能受噪声影响会偏离目标值，随偏离的程度不同，将给用户带来不同程度的损失。但选用价格低廉的零部件或元器件（即它们本身质量等级较低，误差较大）时，系统质量特性值的波动有多大，此时仍要应用试验设计法这一工具来确定。

参数设计后确定了一组参数组合，但某些输出特性波动范围依然较大，是否还能减少参数波动幅度使产品质量特性更加稳定（提高了稳健性，提高成本）？是否可以考虑适当降低元器件精度等级以降低成本？这两个问题实质上是确定适当的元器件精度，以使产品的使用寿命周期费用最低。其基本思想为根据各个参数的波动对产品质量特性贡献（影响）的大小，从经济性角度考虑有无必要对影响大的参数给予较小的容差，即用较高质量等级元器件代替较低质量等级元器件。

7.6.3 稳健优化设计

田口3次设计存在以下局限性：

（1）需通过多轮正交试验求解，从而使效率明显降低；

（2）由于田口的3次设计对目标值的寻优过程是在某些离散点中找最优解，不是连续寻优，所以该方法容易漏掉最优解；

(3) 只适用于解决单目标、少变量和无约束的一类简单问题。

为此，将不确定性分析及优化算法逐渐融入稳健性设计中，形成了现代的稳健优化设计，相比于田口方法更为先进。稳健优化设计（Robust Optimization Design）采取优化的思想，通过同时最小化产品性能的均值及其方差（抗干扰能力），得到满足稳健性要求的产品。

稳健优化设计的数学模型如下：

$$\left.\begin{aligned} &\text{find} \quad \mu_{X_i}, \quad i=1,\cdots,d \\ &\min \quad F = \mu_f + k\sigma_f \\ &\mu_g + k\sigma_g \leq 0 \end{aligned}\right\} \quad (7.21)$$

式中，μ_f 和 σ_f 分别为性能 f 的均值和标准差；μ_{X_i} 为设计变量 X 的均值，此处的设计变量可以认为是上述提及的待优化配置的参数。

图7.16为稳健优化设计的基本概念。确定性最优旨在找到一个最优的设计变量，使目标函数最小。例如，对于飞机结构设计而言，这里可以是通过设计飞机的几何外形参数，使飞机的质量尽可能小。但是在实际中，由于生产制造等因素可能会存在几何外形的波动，而且飞行中环境因素、推力等都会存在不确定性，因此使飞机的起飞质量也会存在波动。若设计不当，极有可能使当前设计由于设计变量和环境、推力等发生微小波动，而导致飞机起飞质量发生极大变化。因此，产生了稳健优化设计，使当前最优设计对不确定性因素不敏感，从而保证稳健性。这里飞机的几何外形参数相当于是田口参数设计中的内层参数，可控，也是最终需要给出设计值的量。环境、推力、生产制造导致的外形波动等不确定性因素可认为是外层设计中的误差因素，不可控。通过稳健优化设计，找到最佳的几何外形参数，可使飞机起飞质量最小，且对误差因素不敏感。

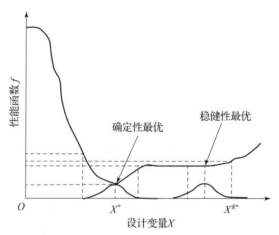

图7.16 稳健优化设计的基本概念

为了求解上述优化问题，需要采用优化算法，主要分为全局优化算法和局部优化算法。前者包括遗传算法、模拟退火、蚁群算法、禁忌搜索算法等；后者最为常用的是序列二次规划（SQP）。此外，要求解上述优化问题，最为关键的环节为不确定性传播（也称为不确定性分析），即评估在不确定性的影响下，性能响应的不确定性。这可以采用多种方法实现，如蒙特卡罗仿真（MCS）、工程中通常采用泰勒级数近似方法来计算性能响应的均值和方差，也可采用新型方法，如代理模型、高斯积分型数值积分、混沌多项式。关于不确定性传播的介绍，读者可参阅熊芬芬等所著的《工程概率不确定性分析方法》。

7.7 耐环境设计

耐环境设计的基本思想为在设计时就考虑产品在整个寿命周期内可能遇到的各种环境影响，如装配、运输时的冲击、振动影响，贮存时的温度、湿度、霉菌等影响，使用时的气候、沙尘振动等影响，确保产品在预期使用环境中执行预定的功能且不被破坏。因此，必须慎重选择设计方案，采取必要的保护措施，减少或消除有害环境的影响。例如，对在热源附近工作的组件进行防热、隔热设计；对在电磁场附近工作的组件进行防电磁辐射设计；对在舰上使用的导弹系统进行防盐雾设计。盐雾环境对产品的腐蚀破坏作用，主要是由于盐雾中含有各种盐分，氯化钠等盐分的富集使盐雾中含有大量氯离子。氯离子很容易穿透金属的保护膜，同时保护膜很容易吸附有一定水合能的氯离子，使氯离子取代氧化物中的氧而在吸附点上形成可溶性的氯化物，破坏了金属的钝性，加速了金属的腐蚀。

耐环境设计要从认识环境、控制环境和适应环境3个方面加以考虑。认识环境指的是不应只注意产品的工作环境和维修环境，还应了解产品的安装、贮存、运输的环境。控制环境指的是在小范围内为所设计的零部件创造一个良好的工作环境条件，或人为地改变对产品可靠性不利的环境因素。适应环境指的是在无法对所有环境条件进行人为控制时，在设计方案、材料选择、表面处理、涂层防护等方面采取措施，提高机械零部件本身耐环境的能力。

对于武器系统而言，防护是非常重要的。现代战役中很重要的一种攻击对方的手段就是电磁干扰。一旦遇到较强的电磁干扰，系统的电子元器件能否完成预定的功能，就难说了。某些情况下，为了避免这种事情，我们宁肯不用电子的，而采用机械的或半机械的。虽然电子的精度高，但是最大缺点就是害怕干扰。比如风沙，伊拉克战争中，美军的装备都要抗风沙，若不考虑，到了伊拉克很快就会丧失功能。再比如海浪，海浪的最大影响就是腐蚀性，海军的装备最重要的就是抗腐蚀性。

7.8 简化设计

在满足预定功能的情况下，机械设计应力求简单、零部件的数量应尽可能减少，越简单越可靠是可靠性设计的一个基本原则，是减少故障、提高可靠性的最有效方法。但是，不能因为减少零部件而使其他零部件执行超常功能或在高应力的条件下工作。简化设计旨在减少产品组成数量及其相互之间的联结，尽可能实现零部件的标准化、系列化和通用化，尽可能采用经过考验的可靠性有保证的零部件，尽可能采用模块化设计。

国内外的导弹在可靠性设计中采用简化设计技术的有不少先例。例如，俄罗斯的"通古斯卡"弹炮一体化系统，将导弹火炮探测跟踪雷达火控系统集装在一个底盘上，一个设备可以完成多种功能。又如，我国某导弹系统，电器系统设计中运载器的微动开关采用一对节点，省去了弹上末端开关和过载开关，实现了同一功能由一个部件完成。这样简化系统，减少设备和组成部件，从而实现提高系统可靠性的目的。

7.9　本章小结

本章主要对工程中开展可靠性设计的常用方法进行介绍，从基本原理、工作要求以及工程实施应用展开了详细阐述，主要对余度设计、降额设计、裕度设计、概率设计、稳健性设计进行了详细介绍，此外还简要介绍了耐环境设计和简化设计。针对故障分析中发现的危害性较大的故障模式，通过合理利用这些可靠性设计方法，提高产品的可靠性。

参 考 文 献

[1] 黄春. 从"刹车门"浅析丰田质量管理缺陷 [J]. 合作经济与科技, 2011 (10): 20-21.
[2] 子衿. 再未上浮的潜艇 [J]. 海洋世界, 2012 (12): 70-73.
[3] 文浩, 刘雨霏. 长征五号的重生之路 [J]. 卫星与网络, 2019 (12): 16-19.
[4] 袁鹏, 马悦飞. 波音737MAX飞机事故与质量启示 [J]. 质量与可靠性, 2021 (1): 64-66.
[5] 徐辉, 张大尉. V-22"鱼鹰"飞机典型事故浅析 [J]. 教练机, 2019 (3): 29-32.
[6] 曾声奎, 任羿. 可靠性设计分析基础 [M]. 北京: 北京航空航天大学出版社, 2015.
[7] 张莹婷.《中国制造2025》解读之: 中国制造2025, 我国制造强国建设的宏伟蓝图 [J]. 工业炉, 2019, 41 (3): 55.
[8] ELSAYED E A. 可靠性工程 (第2版) [M]. 杨舟, 译. 北京: 电子工业出版社, 2013.
[9] 刘品. 可靠性工程基础 [M]. 北京: 中国计量出版社, 2002.
[10] 焦志刚, 岳明凯. 弹药可靠性工程 [M]. 北京: 国防工业出版社, 2013.
[11] 宋笔锋, 冯蕴雯, 刘晓东, 等. 飞行器可靠性工程 [M]. 西安: 西北工业大学出版社, 2006.
[12] DIXON W J, MASSEY F J. Introduction to statistical analysis [M]. New York: McGraw-Hill, 1957.
[13] 刘伟力, 姜箴, 丁春光, 等. 两种统计检验法在异常评分筛选中的应用研究 [J]. 电子产品可靠性与环境试验, 2020, 38 (Z1): 16-19.
[14] HAWKINS D M. Identification of outliers [M]. Berlin: Springer, 1980.
[15] ELSAYED E A, THORRAS O B. Analysis and control of production system [M]. New Jersey: Prentice-Hall International, Inc., 1994.
[16] LEONARD T, HSU J S J. Bayesian methods: An analysis for statisticians and interdisciplinary researchers [M]. Cambridge, U.K; New York: Cambridge University Press, 1999.
[17] 张品, 董为浩, 高大冬. 一种优化的贝叶斯估计多传感器数据融合方法 [J]. 传感技术学报, 2014, 27 (5): 643-648.
[18] 侯建华, 田金文. 基于贝叶斯最大后验估计的局部自适应小波去噪 [J]. 计算机工程, 2006 (11): 13-15, 60.

[19] 王华伟,高军. 复杂系统可靠性分析与评估 [M]. 北京:科学出版社,2013.

[20] 阮渊鹏. 基于蒙特卡洛模拟的复杂系统可靠性评估方法研究 [D]. 天津:天津大学,2013.

[21] 吴士权. 田口玄一法在质量工程中的应用 [J]. 质量译丛,1991(1):26–29.

[22] 熊芬芬,杨树兴,刘宇,等. 工程概率不确定性分析方法 [M]. 北京:科学出版社,2015.